中国传媒大学影视艺术学院
中美大学生影视专业在读精品教材

［第三版］

# 摄像基础

# Video Basics

［美］赫伯特·泽特尔 著

王宏／张晗／陈明 译

中国传媒大学出版社

·北京·

# 主编的话

新十年初始的2000年2月，我们立项并承担了国家广播电影电视总局人文社会科学研究项目“中美大学影视专业在校生同步在读教材比较研究及双系列教材丛书”的出版任务。首先启动的是23本中国大学影视专业教材“21世纪中国影视艺术系列丛书”工程的前期论证、确定教材内容、写作和陆续出版工作，目前该套丛书已出版14部。与此同时，“美国大学影视专业教材系列丛书”的前期调研、论证也在有条不紊地进行。一直以来，我们与美国几十所大学影视学院、系保持着良好的学术上的交流和教学上的联系，对他们的教学与教材建设有较多的了解。此外，东西方文化理念上的差异、各自悠久历史和传统的互补、影视艺术语言的融通性、人才培养的意识与迫切需求，使我们萌生了引进并翻译一套美国大学生影视专业在读教材的想法。经过专家、教授和北京广播学院影视艺术学院学术委员会细致的调研、论证、教材挑选，最后决定翻译出版这套教材，首批出版的教材有：《图像 声音 运动——实用媒体美学》、《电视制作手册》、《电视现场制作与编辑》、《视觉传播：形象载动信息》、《摄像基础》、《电子媒介经营与管理》、《生活中的媒介》、《技术的艺术：影视制作的美学途径》、《影视导演技术与美学》。这套精选的“中美大学影视专业在读精品教材”，与我国目前使用的自编教材，具有较强的互补性，其特点体现在：通俗易懂。教材丛书的作者多结合自己丰富的媒体工作实践，科学而又有说服力地将影视纳入媒体及艺术范畴内进行理论分析与归纳，使影视专业的知识建构系统而合理，并与其他艺术进行横向的比较分析。书中影视专业知识深入浅出、难易结合、立意新颖、知识构架严谨。每一本教材在美国均经过了较长时间的教学实践检验，具有较好的教学效果和良好的媒介评价。艺术与技术融会贯通。影视艺术总是离不开技术的作用与支持。艺术与技术的互动依存关系是影视艺术的一大特点，这一特点也体现在这套教材之中。技术的进步与突前发展，给影视艺术的形态、创作意识、审美领域、制作手段带来了新的思考与变化。艺术与技术的相互作用与融合，将影视艺术带入了一个崭新的思维领域与空间。拓展知识领域。该套教材以影视艺术为本体，边缘涉及美术、音乐、文学艺术以及视觉、色彩、心理等内容。同时将影视艺术与计算机、多媒体网络、平面制作设计结合起来，形成较为全面、完整的知识结构体系。该套教材十分可贵的是：它能调动读者的整体感受，激发读者美学思考。它带给我们一个全新的思维方式并带领我们进入一个新的艺术与技术融会贯通后的知识领域。该系列丛书不仅仅给予我们新的知识，还给我们提供了一个供影视专业学生培养自己创新观念与思维的手段、条件与方法。

近年来，国内影视专业不乏优秀的译介作品，可是能够把相当数量的美国大学生影视专业在读教材成套翻译，并与中国大学生影视专业教材同步出版、比较学习的，并不多见。我们将在这种比较学习和研究中，得出更多的有益思考，用以指导我们的影视专业教学，指导我们的影视艺术实践。这套教材不仅适合北京广播学院（现中国传媒大学）及各类院校的影视专业，对活跃在电影、电视实践领域的一线的导演、摄影、美术、录音、技术制作以及市场经营等领域的人员同样有意想不到的支持、启发、帮助，从而更新从业人员的创作理念、思维，更新制作手段，使影视艺术观念和创作不断进步。作为这套教材丛书编委会的主编，我衷心希望读者能与我们一同分享西方影视教育的前沿研究成果。这套“中美大学生影视专业在读精品教材”的出版是多方努力的结果。首先感谢原书 Herbert Zettl，Paul M. Lester，Ronald J. Compesi，Peter K. Pringle，Michael F. Starr，William E. McCavitt，Jean Folkerts，John S. Douglass，Glenn P. Harnden，Michael Rabiger 提供的如此优秀的影视专业教材，感谢北京广播学院出版社购买丛书的版权并给予出版。感谢这套丛书的译者付出的辛勤劳动以及全体译校人员的通力合作，使这套书圆满完成翻译、审校和定稿任务。这套丛书原著题材广泛，翻译和校译人员较多，原著文笔和译文风格不尽一致，难免有不妥之处，希望学生、老师和影视工作者批评指正。

2003年5月

# 作者简介

赫伯特·泽特尔（Herbert Zettl），美国旧金山州立大学广播和电子传播艺术教授，主讲电视制作和媒体美学。在加盟旧金山州立大学之前，他曾就职于KOVR（萨克拉门托），并出任CBS旧金山分部KPIX的制作人兼导演。在KPIX期间，由于在娱乐节目中的创新而荣获艾美奖（与美国电视艺术与科学学院旧金山协会的两位同仁分享）。泽特尔不仅参与制作过许多CBS和NBC电视网的节目，并且目前仍活跃在各种试验性的电视制作工作中。由于对电视行业的突出贡献，美国电视艺术与科学学院北加利福尼亚协会授予了他享有盛誉的协会银制奖章。与此同时，泽特尔还担任着（美国）国内外大学和传媒行业广播运营和媒介美学方面的顾问。

泽特尔的其他著作包括《图像 声音 运动》（Sight Sound Motion）和《电视制作手册》（Television Production Handbook）等书。它们与这本书一样，也已被译成了其他语言。他所撰写的许多涉及电视制作和媒体美学方面的论文，已经在美国国内以及欧亚各国的传媒刊物上发表。此外，他还在各种交流会议上发表过许多关于电视制作和媒体美学方面的讲演。

由他制作、Wadsworth出版公司出版发行的互动多媒体CD-ROM《泽特尔视频教室2.1》（Zettl's Video Lab 2.1）赢得了许多重大奖项，包括Macromedia的公众奖、高等教育类多媒体教材金奖，以及继续教育多媒体教材和教材教育多媒体教材两项银奖。

# 中译版序

感谢中国传媒大学出版社翻译、出版我的《摄像基础》(第三版),能与这样一家声望卓著的机构合作,我深感荣幸。

《摄像基础》(第三版)旨在帮助读者有效地学习影视节目制作从节目构思到最终完成的整个过程。本书的章节顺序完全对应电视实际制作的各个环节展开:如何产生一个好的构思和可行的目标?创作有效的视频和音频形象需要哪些人员、设备和技巧?如何配合不同的演播室和实地制作环境?在阅读本书时,读者不妨设身处地,假设自己是某家制作公司的见习生,由这家公司的人带着你将整个制作过程走一遍,教你如何轻松而自信地使用制作节目所需的那些主要设备。

祝你走运。

2003年5月

于美国旧金山

# 前 言

尽管现在的技术更新已经从模拟设备转变为数字设备，但《摄像基础》(第三版)的基本目标与前两版相比并没有发生什么变化，仍然是阐述如何产生有价值的电视构思，如何将它转化成有效的视频信号。

在《摄像基础》(第三版)中，我收入了涉及数字概念、设备以及制作技巧的所有基本信息，与此同时又让所有的材料能在一个学期的有限时间里轻松地读完并掌握。无论是使用模拟设备还是数字设备，这本书都将帮助初学者在摄像制作实践方面打下牢固的基础。

我希望我对“基础”的强调不至于让读者误认为我是在暗示视频制作是一件简单容易的事；我也没有必要拿一大堆设备和制作细节来吓唬初学者，而且光凭一堆设备和制作细节也不可能进行制作。

**《摄像基础》(第三 版)的构架** 几乎所有投身于视频制作的热情高涨的初学者都忽略了一件事——掌握娴熟的设备运用技巧远不如拥有有价值的内容更为重要。为了说明鲜明的构思和高效的制作过程比利用设备进行编码重要得多，《摄像基础》(第三版)从构思制作过程入手，然后过渡到实现制作所必需的工具和技巧，最后再到制作环境以及在这个环境中工作的演播人员。

具体而言，本书共分为四个部分：第一部分介绍制作流程、制作人员以及如何产生构思；第二部分主要讲解模拟和数字图像的创作与处理，讲解创作有效图像和声音所必需的主要工具和过程；第三部分侧重于视频图像的录制、转换和编辑；最后，第四部分主要探讨出镜人及演播室和现场制作环境。

《摄像基础》(第三版)有如下特点：

**视频** “视频”(video)一词贯穿全书，其含义比“电视”一词更为宽泛。当今的许多制作活动都发生在传统的电视台环境之外，并且不以传播为目的。因此，“视频”一词并不是为了区分商业与非商业，或艺术节目与日常节目，它包含了当今通过电子传播的活动影像的所有范畴，从我们所说的传统的电视到企业制作以及多媒体内容。

**基础** 本书涉及的内容、工具和活动旨在帮助那些在摄像制作领域毫无基础知识的初学者起步。如果某些解释看起来比其他解释复杂，那是因为这些制作领域更为复杂。总之，本书的“要点”就是在全书中自始至终突出这些基本观念。

**模拟和数字** 今天，数字技术已成为摄像制作设备和流程中的一个重要组成部分。在某些情况下，无论是使用数字设备还是模拟设备，制作流程都是完全相同的，比如数字摄录一体机和模拟摄像机，无论在外观上还是操作上都十分相似。而在其他制作环节，比如剪辑，数字技术就不仅仅意味着技术设备的转变，还意味着全新的制作观念。非线性编辑不仅仅是在电脑辅助线性编辑基础上的进步，而是一种全新的手段，要求全新的思维方式和镜头选择与排序方式。此外，还有一个更明显的发展变化，即视频图像的产生不再依靠摄像机，而是可以由计算机生成。这种合成图像将会出现在特效、互动图像、多媒体和虚拟现实等背景中，而合成数字音频与视频图像制作现在已成为影视制作中的基本活动。

**艺术性** 正因为《摄像基础》的宗旨是充当一件完整的学习工具，因此摄像制作的美学原则就成了全书的重点。对艺术性的强调不仅能帮助读者了解如何获得特殊的视听效果，还能帮助大家理解为什么要取得这样的效果。尽管制作工具在不断地、迅速地变化，但美学原则依然适用于各种类型的节目制作。

# 致谢

和《摄像基础》的前两个版次一样，我在撰写第三版的时候也得到了许多人的慷慨帮助。首先，我要感谢“A 小组”的全体成员：广播、电视与电影剪辑师Karen Austin；项目编辑Cathy Linberg；执行编辑Deirdre Cavanaugh以及执行营销经理 Stacey Purviance。在写作本书的艰难过程中，是Karen让我始终保持着旺盛的斗志；而创意与形象公司的Gary Palmatier和Robaire Ream则运用他们的聪明才智，将我一页页的手稿变成现在这本手册的模样。我还要感谢Elizabeth von Radics，感谢她在文字编辑上表现出来的多才多艺和渊博知识，感谢她如此高超的专业技术。还有Ed Aiona ,他给这个版次提供了许多精美的图片，使我的许多构思得以与图像产生联系。此外，还要感谢Bobbie Broyer，感谢他拍摄了那么多难得的镜头。

我要特别感谢犹他大学的Paul S. Rose博士，感谢他以极大的耐心和细心通读我的手稿并帮助我搞清复杂的技术知识。我还要感谢以下认真审读《摄像基础》(第二版)并对第三版的编写提出一系列改进建议的人员：Karl Bardon, New York University; Robert Clark, Missouri Southern State College；Marco Dominguez, Butler University；Jim Dove, Arizona State University；Gerald Gibson，Elon University；Sue Lawrence，Marist College；John Mackerron，Towson State University；Lawrence Mullen，University of Nevada,, Las Vegas；Ron Osgood，Indiana University；Fred Owens，Youngstown State University；Paul Rose，University of Utah；Doug Underwood，Central Missouri State University；以及 Susan Brown Zahn，Indiana State University.

感谢前几版的审读人员：Peter Gershon, University of West Florida；August Grant, University of Texas at Austin；James Keener，University of Hartford；Michael Korpi, Baylor University；Gary Larson, North Dakota State University；Danita McAnally，Amarillo College；Michael Ogden，University of Hawaii at Manoa：Collin Pillow，University of Arkansas，Little Rock 以及 John Walsh，Black Hill State University，South Dakota.

最后，我要衷心地感谢我在旧金山州立大学广播与电子传播艺术系的同仁，感谢他们与我分享他们的专长。他们是：John Barsotti，Ron Compesi，Marty Gonzales，Joshua Hecht，Jerry Higgins，Hamid Khani，Phil Kipper，Winston Tharp 以及下列人员和机构：Phil Arnone，Ed Cosci，Ronald Louie of KTVU Oakland-San Francisco; Hal Morrison and Jay Warner of Panasonic；Ken Kaplan of KRON-TV，San Francisco；Michael Fellner and Ben Jenkins of nmtv.

感谢为本书图片提供肖像的下列人员：Socoro Aguilar-Uriante，Karen Austin，Gabriella Bolton，Ken Baird，Rudi Benzler，William Carpenter，Neela Chakravartula，Christine Cornish，Ed Cosci，Poleng Hong，Michael Huston，Olivia Jungius，Akiko Kajiwara，Hamid Khani，Fawn Luu，Orcuu Malkoclar，Johnny Moreno，Anita Morgan，Celeste Mulzer,Genevieve Mulzer，Regina Mulzer，Einat Nov，Cathy Palmatier，Richard Piscitello，Ildiko Polony，Kerstin Riediger，Joaquin Ross, Algie Salmon-Fattahian，Alisa Shahonian，Mike Vista，Andrew Wright 以及 Arthur Yee.

感谢我太太 Erika，是她的耐心和鼓励使我得以完成如此大幅度的修改工作。

赫伯特·泽特尔

# 学习指南

以下为《摄像基础》（第三版）的部分重点：

**制作模式** 第一章将介绍效果—动因制作模式，设计该模式的目的是为了达到视频制作效果的最大化，该模式还可以在各个制作环节充当评估工具。

**合成视频图像** 计算机生成的合成（非拍摄）音频、视频与虚拟现实已成为视频制作的一个重要部分，因此，我们将在本书中对此加以讨论，以此作为更传统的制作方法的补充。

**多媒体与CD-ROM** 现在，越来越多的摄像活动不仅是出于向大众进行无线或有线传播的目的，还出于针对高度细分的受众创作CD-ROM多媒体节目的目的。这些程序会在适当的章节进行介绍。

**演播室制作与实地制作** 现代电视要求我们在多机室内拍摄与单机实地拍摄之间自由转换，因此，对这两种制作技巧的讨论将贯穿全书。

**重要术语** 每章的重要术语将出现在各章的开头，这些术语的目的是为了使读者提前对各章将出现的术语有所准备，并在必要时发挥快速查考的作用。课文中的重要词汇均以黑体字出现。

**要点** 要点的目的是为了巩固和强调各章的主要概念与问题，同时，它们还有助于加强传播目的、传播人员、传播设备以及各个制作环节之间的联系。

# 目录 CONTENTS

# 第一部分

# 第一部分

# 制作流程与制作人员

Triple-I公司是一家专门为企业拍摄各种录像的公司，主要生产教学录像、促销宣传录像以及普通广告，而后者涉及的范围则从早餐谷物到政治候选人，无所不包。Triple-I还制作过好几个获奖的MTV作品。假设你是该公司的一名实习生，在你第一次到这家公司时，就有人告诉你，实习期间最重要的事就是学会如何卓有成效地将头脑中的构思转变成成品。

下面，本书将就如何以最少的人力、物力、财力，从最初的构思到有条不紊地完成这些构思给读者提供一些建议。

第 *1* 章

# 制作流程

## 重要术语

actual process message **实际传播讯息** 节目对受众的实际影响。

defined process message **明确的传播讯息** 节目对受众的预期传播效果。

documentary script format **纪录片脚本格式** 在左边一栏写出主要的画面，在右边一栏部分或全部写出对话及主要的声音的一种脚本形式。又叫双栏脚本。

drama script format **戏剧脚本格式** 包括完整的对白、旁白和主要的人物动作的脚本形式。又叫单栏脚本。

effect-to-cause model **效果—动因模式** 将想法转化为想要达到的传播效果，然后再确定所需要的媒介元素以达到这个传播目的。

medium requirements **媒介元素** 制作所需的所有的人员、设备以及预算、工作进度表和各种制作环节。

news script format **新闻脚本格式** 在左边一栏说明拍摄对象、播放录像的种类和长度以及特效；在右边一栏说明新闻导语和所播新闻片断的声音的入点、出点的一种脚本形式。

postproduction **后期制作** 发生在拍摄之后的所有制作活动，通常指图像编辑和声音的剪辑。

preproduction **前期准备** 所有摄制细节的准备活动。

process message **传播讯息** 受众在收看节目的过程中实际接受到的讯息。

production **拍摄** 拍摄或播映事件的实际活动。

script **脚本** 说明观众将会看到和听到哪些内容的文案。

假如是看老电影，而里面又有制片人的镜头的话，你大概就会对制片人的模样形成一点印象：他们总是叼着雪茄、戴着帽子。他们的主要工作就是和剧作家就创意争吵；与明星们就费用争吵。但对制片人及其工作的这种印象其实与现实的情况已经大相径庭。今天的制片人很少抽烟，也很少戴帽子，他们最关心的不再是和演艺明星们争吵，而是协调大量的制作细节。

作为一名制片人，你有可能这一分钟还在和编剧讨论剧本，下一分钟就在忙着寻找一种合理的服务方式或为外景拍摄的工作人员分发便携设备和工具。这两种活动在制作过程中同等重要。Triple-I的负责人会告诉你，一名优秀的制片人不是那种一瞬间就在头脑中产生绝妙创意的人，而是那些勤勤恳恳、不放过任何机会的人。一名优秀的制片人必须认真完成每一个细节。即使你拥有一个由资深制作人员组成的超级团队，也仍然要一而再、再而三地检查每一个人是否都在规定时间内完成了分派的工作。好制片人的信条就是反复检查。

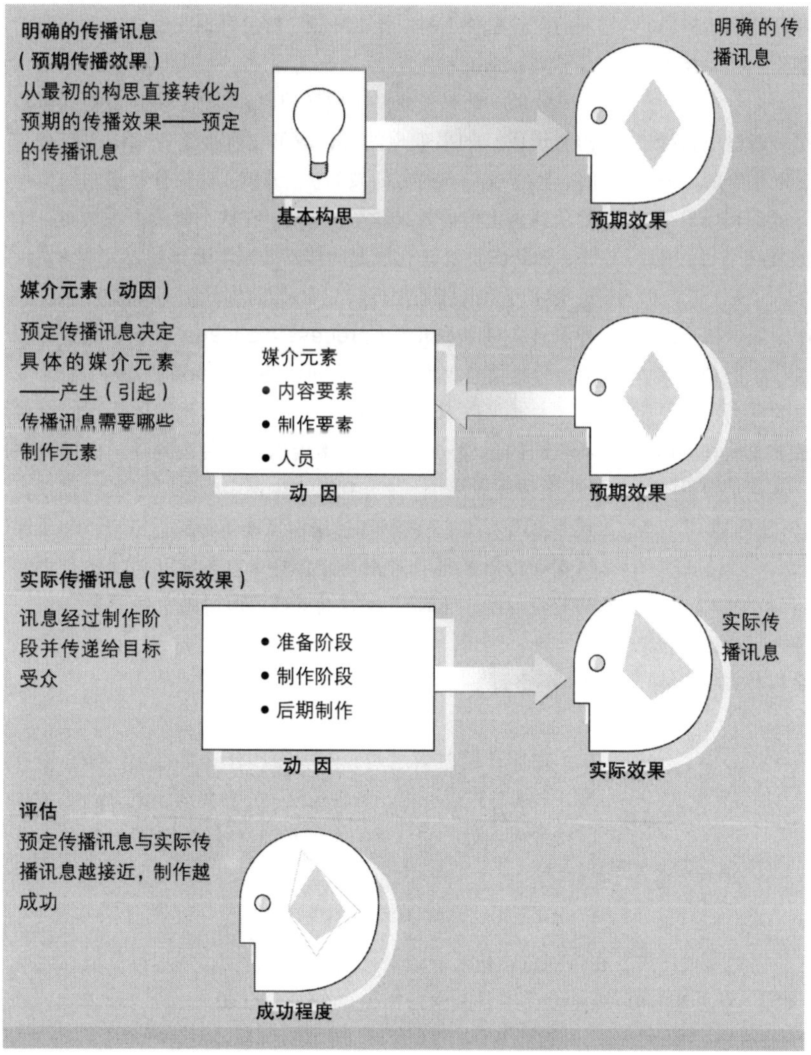


**图1.1 效果—动因制作模式**
效果—动因模式表明如何最大效率地把构思转化为最终的节目

## 要点1 好制片人要再三检查。

多年过去，节目制作流程已经形成了一些套路，这些套路有助于制作者完成复杂的协调工作，帮助他妥善处理各项事务。这个流程包括拍摄前、实际拍摄中和拍摄后的大量的琐碎工作。用制作术语来说，即前期准备阶段、拍摄阶段和后期制作阶段。

在**前期准备阶段**（preproduction），你首先要有最初的节目构思，明确自己节目的受众，最后，为了将自己最初的构思转变成有效的视觉与听觉形象，还要动用必需的人员和设备。小心谨慎的前期准备工作是提高影视制作效率和效果的关键因素。

在**摄制阶段**（production），你才真正将自己原始构思转化（编码）为电视节目。制作阶段涉及到制作人员、技术人员以及各种制作设备的操作与配合。

在**后期制作阶段**（postproduction），你从素材中选择出最好的片段，在必要的地方对它们的画质和音质加以润色，矫正在拍摄中出现的一些瑕疵。然后再将镜头和场景组合成一个整体——电视节目。需要大量剪辑的复杂节目，其后期制作阶段最长。

现在，你应该能够回答最初的构思是如何变成影视产品这个问题了：从前期准备到拍摄，再到后期制作。但到底具体要求哪些步骤呢？如何使这些步骤效果好、效率高呢？要回答这些问题，就必须更多地了解一种制作模式，这种制作模式将指导你达到这些原本难以实现的目标，这就是效果—动因制作模式。以下是本章将要具体讨论的一些问题：

◎**效果—动因制作模式**

节目基本构思；预期传播效果；媒介元素（动因），包括设备和人员；脚本格式；实际传播效果和对实际传播效果的评估

◎**创意的产生**

发散思维和集思广益

### ◎效果—动因制作模式

和所有概念模式一样，**效果—动因模式**（effect-to--cause）也不是一个在任何情况下都能奏效的系统，但它可以帮助我们确定制作的基本步骤，帮助我们决定如何理顺拍摄环节。这种模式是基于这样一个认识：即真正有价值的讯息并不是你最初开始的那个讯息，而是观众最终感受到的那个信息。这个过程有点像烹饪：你的成功不是由配料（最初的想法）来决定的，而是由品尝它的客人是否爱吃（真正接受的讯息）来决定的。那么，是否可以先想好最后做出来的菜肴是什么样、什么味道，然后再想要做成这样的菜肴都需要什么配料呢？

效果—动因模式基于同样的原理工作：一旦最初的节目构想形成，如果理想的话，就可以直接朝着你希望观众了解、感受或行动的方向发展①。该模式建议你从最初的构思跳跃到预定传播效果阶段。然后，在这个阶段再来做案头工作，判断需要要达到预期的传播效果需要哪些媒介要素。由于实际传播讯息是在观众观看节目的过程中产生的，因此这种讯息又叫**传播讯息**（process massage）。就像做好的饭菜，传播信息是惟一真正有价值的传播效果（见图1.1）。

大家可以看到，效果—动因模式向我们展示了四个各不相同的过程：（1）从基本构思逐渐过渡到预定传播讯息（预期传播效果）；（2）判断产生预定效果需要哪些媒介要素（动因）；（3）在制作过程中贯彻实际传播讯息；（4）评估实际传播效果，观察预定传播讯息与实际传播讯息之间的契合程度。下面，我们就来具体地讨论这些要素。

#### 基本构思

在你开始做饭之前，对要做些什么菜肯定已经心中有数，影视制作也一样。如果还没决定打算告诉观众什么就扛着摄像机四处拍摄，那简直就是浪费时间。制作过程是否卓

---

① 虽然本章引用的资料年头非常久远，但它们仍然是很经典，在将创意转化为有效的传播上，其帮助作用不可比拟。效果—动因模式这个概念与写作教学目标十分相似。参见Robert Mager的《准备教学目标》（*Preparing Instructional Objectives*）（第2版修订版）（Belmont,Calif,:Lake Publish Co.,1984）。

有成效取决于你对自己打算传播的内容是否清楚。比如，假设你刚搬到一个大城市，你每天的交通往返促使你想为这个疯狂大城市的司机做一点事。当然，现在你还不准备马上就开始拍摄，因为即使你改变自己的想法，去"拍一部关于大城市疯狂司机的记录片"，这个城市的交通也不会有什么改善。如果你向 Triple-I 的专业人员建议拍这么一部纪录片，他们大概会首先问你纪录片的内容是什么，你为什么要选择纪录片这种形式。你必须更多地考虑究竟希望观众通过节目学到什么，才能成为更好的司机。想要达到的效果（传播讯息）表示得越清晰准确，你就越容易拿出恰当的节目形式和步骤。

但是，必须注意，最初的创意大多是模糊的，不可能明确到足以产生预期传播效果的程度。在确定预期传播讯息之前，还应该就节目的多种可能形态做几次集体性的讨论。但在这个传播讯息没确定之前，还不能进行具体的节目操作。

## 预期传播效果：明确的传播讯息

"拍一些关于大城市疯狂司机的东西"是一个高尚的动机，但这种动机几乎没有说清楚如何去实现这个目的，它所表示的也许是你想通过电视节目使司机们变得更加遵纪守法，更有责任感，更彬彬有礼。这是一个很高的目标，也许要用一个系列节目而非某个单个的节目才能达到这个目的，甚至有可能只能完成这个庞大、困难的目标的一部分。每一个节目都应该有一个具体的传播目的。和大多数教学目标一样，具体目标比笼统的目标更为有效，对于学习者而言，小步骤也比大步骤更容易掌握。

与其去指责"大城市疯狂司机"的所有坏习惯，不如将给你印象最深、你认为最为重要的一个问题单列出来。比如说，你也许发现滥用或不用转向灯严重威胁着交通安全。此时，与其同时指责城市司机的所有坏习惯，不如提出一个单一的目标：劝说司机们正确使用转向灯。现在你要做的就是重新对这个目的加以叙述，使它成为一个**明确的传播讯息**（defined process message）（即预定传播效果）：传播讯息应该向大城市司机说明转向灯的正确使用方法，劝说他们正确使用转向灯。

声明中应该包含有用的传播讯息所需的全部要素；明确哪些人是预期受众（城市司机），明确了自己希望观众了解、学习、感受到什么。在这个节目中，你的目的是让观众了解什么时候以及如何使用转向灯（说明转向灯的正确使用方法），然后促使他们正确地使用转向灯（劝他们正确使用转向灯）。这些准确的讯息将对你确定节目应该包含什么内容以及如何制作它提供极大的帮助。在后面的媒介元素内容中我们还将运用这个例子。

**要点 2 明确的传播讯息意味着预期的传播效果。**

但是，如果节目的传播目的更大，如果你想到达的是笼统而非具体的某一个受众，你该怎么办？你仍然必须事先想好传播讯息吗？是的，你必须这样做，只不过这个传播讯息没有转向灯那个案例中的传播讯息那么明确。不管传播讯息多么笼统，都能给你一些提示，使你明白为了将基本的创意转换为电视节目需要哪些设备和人员。

比如，你打算"拍一个无家可归者的节目"，以便让那些家庭温暖舒适的人们更加明白无家可归意味着什么。你或许想拍摄一部纪录片，表现那些睡在街上、公园里或地铁长凳上或用小推车推着自己所有家当的流浪者。也许，在你脑海中已经有了一些场景画面，用无家可归的流浪者与幸运的社会成员做一些对比，比如穿着优雅的人从流浪者身边匆匆走过去参加舞会。

尽管你的脑海中有许多这种鲜明的画面，但你究竟想让观众感受、了解和做些什么呢？纪录片是不是达到这个目的的最佳节目形式？在明确节目效果——某个传播讯息——前，你根本无法真正地回答这个问题。有一种可能性：传播讯息应该让受众去体验、起码暂时体验到作为一个流浪汉是什么感觉。

与转向灯那个节目相比，这个节目的传播讯息不是特别明确，受众也更加笼统（"观众"代替了"大都市司机"），预期效果是引起某种感觉（让观众体验作为一个流浪者的感受）而不是达到某种教育目的（说明转向灯的正确使用方法）。但是这个传播讯息仍然为节目制作提供了明确的线索。其主要的传播目的是让我们感受到，至少在那么一瞬间，感受到无家可归是什么滋味。让他们了解自己生活的城市中到底有多少流浪者、有多少流浪者在利用收容所，远不如让他们产生共鸣和深入感受无家可归者的生存状态重要，这些内容又可以引出新的制作手段。

与其表现大量的流浪者，不如跟踪拍摄某一个流浪者的一天，集中表现他所遇到的种种问题以及由于流浪而导致的沮丧与恐慌。但这样做也有一个问题：即大多数有家可归的人很难真正去体会流浪者的生活。为了引起观众的共鸣，你或许不愿意选择一个长期在街头流浪的人作为拍摄对象，而是选择一个刚刚沦落为无家可归的人。比如，假设你第一次远离家乡来到大城市却被人偷了钱包，你的感受会怎样？你突然没了钱，没了身份证、信用卡，也不知道自己身处何方，你成了一个无家可归的人。你所遇到的大多数人不是忽视你，就是在你向他们求助时怀疑地走开。好在你突然想起了自己的长途信用卡密码，但你找到的第一部公用电话却是坏的，第二部电话虽然是好的，但你却只听到朋友的电话留言。这时，天色渐暗，又黑又冷，并且开始下雨。你可以从这里开始。

可以看到，即使是这种相对笼统的传播讯息，也能为你接近主题提供新的可能性，并且包含了实施创意所必需的一些媒介元素线索。你已经迈出了完成Triple-I创作要求的一大步。此外，你的创作努力并不是随意的，而是围绕着某个具体的主题和目的。下面的内容将帮助你完成Triple-I的第二大要求——“卓有成效的节目制作”。

## 动因：媒介元素

一旦明确了自己想要做什么，就必须去实现它。再有独创性的创意，如果只停留在头脑中，便毫无价值。我们现在已经到了制作阶段，或者说到了“动因”阶段，进入了效果—动因模式（见图1.1）。这个转化环节就是我们通常所说的制作阶段。它涉及到如何有效地运用各种**媒介元素（media requirements）**，如内容元素（明确的传播讯息、受众分析、脚本）、设备和其他工具（镜头、灯光、音响设备、摄像机、编辑设备、演播室或外景地等等）以及人员（幕前和幕后工作人员）。你是否能选择到恰当的媒介元素来完成预定的传播任务，要求你对各工种人员的职责和各种设备的功能有一个全面的了解。还是那句老话，对于制作所需的元素和具体程序来说，整体指导元素就是明确的传播讯息。

我们暂且将细节探讨放在一边，先来看看在正确使用转向灯的那个例子中，传播讯息能告诉我们什么重要媒体元素。这个例子再次表明，传播信息应该向大都市市司机说明转向灯的正确使用方法并且劝导司机们正确使用转向灯。

这个传播讯息清楚地说明了谁是节目的预定受众（大都市司机）和节目的主要内容（向大都市司机说明转向灯的正确使用方法并劝导司机们正确使用）。

**目标观众** 因为你要达到教育目的（帮助司机正确使用转向灯），因此，必须尽可能多地了解自己的目标观众——大都市的司机。你对目标受众了解得越多，就越容易确定自己应该表现些什么内容，确定按什么顺序来制作预期传播讯息。

在这个例子当中，你必须了解城市司机的驾驶和生活习惯。是不是大多数司机真的会忽视转向灯？如果是，是在什么情况下发生的？这类信息会告诉你在节目中可以采用什么例子。怎样才能最有效地到达最大多数的目标受众？在他们大多数人都在路上时肯定不行。

电视广告制作者在将传播讯息转换成媒体元素之前，应该进行广泛的受众调查。他们当然希望了解大城市中男女司机的比例，了解他们的年龄、收入水平、教育程度以及从事的不同职业，尤其是了解他们的居住场所。此外，他们也希望了解人们独特的驾驶习惯。这些细节将给调查者提供典型的城市司机的人口统计学画像。

即便传播讯息完全是劝服性的，和电视广告中的一样，电视节目的制作人对受众能接受什么节目、能接受多少节目有浓厚的兴趣：他们看什么电影？看什么报纸、杂志和书？听什么音乐？穿什么衣服？买什么东西？在哪里购买等等。关于目标受众普通日常生活方式的这些信息为电视制作者提供了消费心态方面的数据，在策划无线及有线电视节目时，这种受众分析尤为重要。如果你做的是合作节目或教育节目，目标受众就更容易确定。比如，如果传播讯息是教银行的新职员兑现支票，或者教三年级学生乘法表，那就不必进行人口统计学或消费心态画像。不过，对受众在什么时候、什么情况下愿意看这个节目，还是要进行了解的。你对目标观众了解得越多，就越容易把确定的传播讯息转化为媒体元素，就越能提高整个制作过程的效率。Triple-I的成员很乐于听到这句话。

现在，你要把自己好的打算和传播讯息转化为实际的电视节目。转化过程要求你必须搞清楚自己想表现什么、想说什么（即内容），搞清楚自己制作这个节目需要哪些设备、工具和人员。

**内容** 若想表现良好或恶劣的驾驶习惯，你应该到交通拥挤的大街上。比如，可以在交通高峰时段，在大街上进行拍摄，指出有多少司机并线或转弯时因为怕麻烦而没有使用转向灯，然后解释这种错误的潜在危险；可以举出正确使用转向灯的驾驶情况。现在，你脑子里应该有一个具体而明确的拍摄脚本顺序了。我们将在以后的章节讲解各种脚本的格式。

写脚本时，必须考虑两个因素：时间和资金。就算你的创意可以与好莱坞的大制作媲美，但如果没有好莱坞的预算和相应的制作时间，你仍然不会成功。时间和资金作为制作元素就像摄像机和话筒。在你只有两台摄像机时，不可能得到六台摄像机同时拍摄的那种效果；同样，如果你只有 500 元，也不可能得到耗资 100 万那样的作品；如果你只有一个月的时间来完成节目，就不要创作或采用必须到世界各地拍外景、后期制作周期长达两个月的脚本。

**设备与工具** 我们知道，节目的绝大部分是通过外景拍摄而不是在演播室内完成的，这个因素对我们选择设备十分重要。本书的一个大部分旨在帮助大家了解这类制作活动以及各种不同的后期制作到底需要哪些设备。

**人员** 好脚本也有助于你判断自己需要多少人员，需要哪些类型的制作人员。但是，即使不考虑传播讯息的大小，也必须要有一位制片人负责整个制作工作，需要一位导演负责指导每一天的拍摄工作，需要各种助手和一个技术娴熟的制作团队。此外，还需要“演职人员”——出镜的人员、不出镜的解说；如果剧本要求，还需要扮演各种交通专家的人；最后，还需要驾驶节目中用来进行演示的汽车的驾驶员和其他帮助完成节目的人员。

假如你自己必须为动用的所有人员和设备付钱，你就会明白为什么即便一个简单的电视节目也会花费一大笔钱。这就要求对各种人员和设备进行周密的计划和合理的调配。

**要点 3　媒体元素包括内容元素（明确的传播信息、受众分析、脚本）、制作元素（设备、工具、进度安排）以及人员（出镜人、技术人员和非技术人员）。**

## 脚本形式

你知道，**脚本（script）**非常重要，它能说明节目创意在观众收看节目时实际应该转化成什么样子。脚本就像一道菜谱，将节目的主要元素以及如何使这些元素组合起来达到预期的传播效果一一罗列出来。按效果—动因制作模式的语言来说，脚本可以帮助你将传播讯息转化为具体的媒体元素。也许你并不想成为一名专业脚本创作人员，但你必须熟悉电视节目的基本脚本形式，这样才能最大限度地完成这个转化过程。

尽管脚本之间的差异很大，但其基本形式无外乎三种：（1）纪录片式脚本，（2）新闻式脚本，（3）戏剧式脚本。

**纪录片式脚本** 由于这种脚本形式大量用于一些非纪录片创作，所以**纪录片式脚本（documentary script format）**又叫做“双栏脚本”：左边一栏是所有的画面信息，右边一栏列出所有的声音信息（见图 1.2）。

| 画面 | 声音 |
|---|---|
| 祁博女士（采访场景） | 祁博：不用转向灯真的是一个十分严重的问题吗？我必须承认，我也经常不用转向灯。于是，我在交通高峰时段和维特中尉一起开车出去了一次。我看到的情形令人十分吃惊。 |
| VTR#1 声音 | 我十分惊讶…… |
| 同期声 | 入点：“噢，它差点儿撞在这辆车上……”<br>出点：“……中尉先生，你绝对给我上了一课。” |
| 祁博特写（采访场景） | 祁博：在这短短的 10 钟内，我目睹了七起由于没有使用转向灯超车而差点发生的事故。 |
|  | 这也许没有确凿的科学依据，但却足以改变我的想法。问题是，我们为什么不能多用转向灯呢？<br>维特中尉对此有自己的看法…… |
| VTR#2 同期声 | 入点：“人们老是着急……”<br>出点“……司机缺乏基本的谦让。” |
| 特写（采访场景） | 祁博：这表明，我们的侧重点出了问题，我们应当强调良好的驾驶传统与礼仪，而不是一味地强调提高转向灯的使用次数。 |

**图 1.2 纪录片式（或双栏）脚本**
双栏脚本左边一栏是所有的画面信息，右边一栏列出所有的声音信息，对话与解说也全部包括在内。

请注意声音栏的内容，所有的音响提示，包括主持人的名字，都采用了大写字母，而所有说的话则采用了常规的大小写混合方式；画面栏，大、小写字母都在用。有些脚本创作人员习惯于在画面一栏全部采用大写字母，因为这一栏的文字不用念出来。但是，由于大、小写混用的方式更易于阅读，因此你会发现大部分画面栏都采用了这种形式。如果演员有大量的即兴表演，那么声音栏只说明谁讲话、大致讲什么。这种脚本叫做不完全双栏脚本（见图 1.3）。

| 画面 | 声音 |
| --- | --- |
| 凯蒂特写 | 凯蒂：<br>但关于森林大火的争论仍在继续。如果我们任由大火自生自灭，将会损失大量珍贵的木材和难以计数的动物，更不用说对居住在那里的人民生命安全和财产的威胁。休博士，您是什么立场? |
| 切休博士特写 | 休博士：<br>（说“的确如此。但是动物们往往会在未受到伤害之前就跑出来，而且过火林还可以促进新植物的生长”。） |
| 切双人镜头 | 凯蒂：<br>这可以通过人工控制下的林火来实现吗? |
|  | 休博士：<br>（说“一可以。但所需的费用太大，而且仍然会有森林大火需要我们去对付”。） |

**图 1.3 不完全双栏脚本**
不完全双栏脚本在左边栏说明所有的画面信息，右边栏只包括部分对话或解说。问题通常会完整地写出来，但回答只有一部分。

**新闻式脚本** 来自两家新闻社的新闻之间的惟一共同点在于，它们或多或少都是两栏的。在**新闻式脚本**（**news script format**）中，右边一栏包含记者或主持人所说的话，加上前面一条录制新闻片断最后一句话的出点，左边一栏说明谁在说话、其姓名、镜号和各个新闻片断的时长；以及预录的插入镜头是采用**配音**（**voice-over**）还是**同期声**（**sound-on-tape**）（见图 1.4）。

| | |
| --- | --- |
| 玛丽 出镜 | 纳米管将让现在最快的计算机看起来像恐龙一样落伍。加利福尼亚大学的亚历山大教授已经揭开了第一台超级计算机的神秘面纱……由纳米管单独驱动代替硅片驱动。硅谷会陷入困境吗? |
| VTR#1 玛丽配音 | 通过 10 年的深入研究，亚历山大教授在伯克莱地区的研究工作最终有了回报，他们研制出了一种只有火柴盒大小的计算机，但其运算速度比硅谷最好的计算机还要快几千倍。 |
| 同期声 | 入点：“秘密就在于纳米管……” |
|  | 出点：“……将使硅谷的芯片彻底过时。” |
| 玛丽 O/C | 亚历山大教授认为这仅仅是一个开始…… |

**图 1.4 新闻式脚本**
新闻式脚本也是双栏脚本，左栏包括出镜人、插入片断时长和特效等信息；右栏包含口播新闻稿及新闻片断录像音响的入、出点。

新闻撰稿人对声音栏的格式可能看法不尽相同，他们大多数会采用大写字母来写播音稿，但也有人喜欢采用大写字母开头的方法，还有一些人将这两种方法混合使用。尽管全部用大写字母其实更难于朗读，但这却是长期以来大家比较偏爱的一种新闻稿写作形式。用打字机的大写字母打所有新闻稿和用电动打字机（用打字机终端连接电话线传送信号的打字机）比用大小些混合速度快。而且，在早期的台词提示器上，这种稿件也更易于口播。但是，现在的文字处理器和计算机辅助台词提示系统却具备了所有这些优点，同时还可以避免原来的不足。所以，今天越来越多的新闻稿开始采用常规的大小写混合的格式。

**戏剧式脚本　戏剧式脚本（drama script format）**，又叫单栏脚本，在一栏中即可包含完整的对话、画外音和主要的动作提示，参见图 1.5。

可以看出，所有角色的名字（比如维基、尤兰达）和声音提示（主题 #2）都是用大写字母写的；所有对话（或画外音）则采用了大小写混合形式；具体音调或姿态（如吃惊）和方向（如去拿椅子）也采用了大小写混合形式，只是用括号与对话加以清楚地区别。不过，你会发现有些脚本的指令采用了大写形式。特定镜头（如特写、双人镜头）通常省略，由导演加进脚本中。

## 实际传播效果：实际传播讯息

不管你为做一顿饭做了多少计划和准备，只有人们喜欢吃才算是成功。节目制作也一样，不管你对节目付出了多少努力，不管你如何严格地遵从自己预先设定的传播讯息，真正起作用的只有一件事，即节目是否在目标观众身上达到了预期的传播效果。**实际传播讯息（actual process message）**——受众在传播过程中接受的讯息——与预期传播讯息越接近，节目就越成功。

## 效果评估

如果打算问几个电视节目制片人他们如何评估自己的节目，他们给你的答案大概不会很清晰：“嗯，我主要看某个特定的场景是否起到了效果”或“如果感觉对了，通常就没问题”。别人也许会告诉你说，他们会征求邻居的意见，或者，他们或许会说没时间去做正式评估。与其他创作活动一样，对某样东西“感觉不错”是一个重要的标准，而且往往行之有效。但是，如果有人要求你的节目达到最佳效果，你就需要一些更精确的评估方法。一般说来，效果—动因模式会有所帮助。

**构成评估**　若想控制节目制作过程，就必须在制作期间检查每一个主要环节，看自己是应该进入下一步，还是必须对上一个环节加以改进。这种制作程序通常叫做构成评估。

第 6 场

日景　室外音乐台旁的桌边

主题 #2　乐队
我们听到舞曲的最后一小节。乐队即将休息。艾伦和尤兰达回到自己的桌子旁边，与刚才一直在看他们跳舞的司图尔特会合。在他们跳舞时，维基已经和司图尔特在一起了，现在正坐在艾伦的座位上。

艾伦
（惊讶地）
你坐了我的座位

维基
哦，你的座位？难怪这么舒服。但是我没在椅子上看见你的名字，你知道，预定这个座位……你叫什么来着？

艾伦
艾伦

维基
艾伦，姓什么？

艾伦
艾伦·富兰克 … 喜欢直来直去！

维基
这个座位已经被艾伦·富兰克先生预定了！

司图尔特
艾伦·富兰克博士

维基
哦，博士！你是什么博士？

司图尔特
（为艾伦拿来另一把椅子）
他是哲学博士

维基
（笑）
哲学博士？看上去到是像！

艾伦
你什么意思？

**图 1.5　戏剧式或单栏脚本**
单栏戏剧式脚本包含对白的每一个字和主要动作的相关描述。

**要点 4 构成评估是在节目制作过程中对每一个环节所做的评估。**

比如，在转化成媒体元素之前，应当再次检查最初的节目构思，特别是对传播讯息的说明。这个讯息是否包含了所有必须而有用的元素，比如目标观众和预期传播效果？是否准确到足以指导你进入制作环节的程度？如果是，那么就可以将它们转化成为媒体元素；如果不是，就要付出更多，考虑自己打算用什么来完成节目。

当进入模式中的媒体元素阶段时，首先要检查自己是否确实需要前面列出的设备和人员。如果必须大大缩减预算，你将去掉什么？你是否还能顺利地完成预定的传播讯息？还是必须重新创作一个新的？

**整体评估** 这个步骤包括对成品节目的最后评估，更重要的，是对节目对目标观众的实际传播效果——即实际传播讯息的评估。

**要点 5 整体评估是对成品节目对受众的实际传播效果的最终评估。**

在电视节目完成时，应该尽量客观地看待它，并根据预定的传播讯息对它进行评估。节目能否达到了预期的传播效果？即便你具备敏锐的判断力和评估技巧，节目的最后成功还依赖于它对受众的实际影响。实际传播讯息与预定传播讯息吻合的程度越高，传播就越成功。

注意，正因为节目制作人了解制作过程，了解自己在节目制作过程中必须克服哪些大大小小的问题，因此他们的最后评估也很容易受到影响。比如，你可能会为一个漏拍的镜头感到沮丧，即使现在节目中的那个镜头恰到好处。因此，在任何情况下都不要为漏拍的镜头或漏掉的音效感到后悔，一旦把自己的节目呈现给广大的受众，你就要完全认同这个节目。毕竟，节目的成功与否是由纪录在磁带上的镜头而不是漏掉的镜头来决定的。

**要点 6 实际传播讯息与预定传播讯息越接近，传播就越成功。**

这种整体评估的问题在于：它很难评价节目对大范围受众的实际影响，这就是为什么收视率调查机构更热衷于推测观众数量而不热衷于测量节目影响的缘故。收视率的问题在于，我们错误地把收视观众的数量等同于节目的质量，等同于预定传播讯息与实际传播讯息的契合程度。

如果你的收视群体小且十分具体，比如参加某一课程的高中生或大学生，那么整体评估做起来就容易得多。在这种情况下，只需在节目的最后让这些学生填写调查问卷即可。尽管无线电视节目更难以从观众中获得这种反应，但你仍然可以告诉观众你自己想了解什么，告诉他们将信函、电子邮件或热线电话送到哪里，以此来得到这种观众反应。只要你提出的问题恰到好处，就可以推测出自己的节目会对观众产生什么样的情感作用，至少在一定程度上可以做到。一旦你的电视系统能做到互动，你就更容易测量出观众对自己所接收的节目的反应。

尽管效果—动因模式并不一定能保证制作出完美的作品，但它确实能指导你在无需太多试验和不犯太多错误的情况下找到有效的制作方法。运用得当，它肯定能帮助你达到Triple-I对“最大程度、最有效地制作节目”的要求。

## ◎创意的产生

但这还不是全部，Triple-I的工作人员还提出了一种情形，他们希望能在酝酿构思并将这些构思最终转换成电视节目的时候将“出众的创造力”与制作效率和制作结果结合起来。这是一种很高的要求，你也许会争辩说创造力是一种很难确定的东西，而创作过程本身其实就具有很大的神秘性。但这种争辩不会被人看作是有创造力的一种表现，反而有可能被人当作初出茅庐的新手，不会得到很高的评价。

在电视节目制作中，创造力意味着要根据相应的基础和严格的时间进度表拿出好的创意，意味着根据要求激发自己的创造力。节目的进度不可能允许你等着灵感和创作火花的自然产生。

因此，你必须培养自己激发灵感和创造力的实用技巧。这些技巧也许不会产生创造力，但它们却可以帮你发掘埋藏在内心深处的创意，帮你将它们带入自己的意识，使它们召之即来。有两种比较有名且经常使用的发掘创意的方法：发散思维[1]和头脑风暴[2]。

## 发散思维

拿一张纸，在纸中间写一个看起来大致能代表节目中心构思或传播讯息的词，用圆圈将它圈起来。现在，再写一个与关键词多少有点联系的词，用箭头将两者连起来。然后，再写一些与它们有关联的词语联想，将它们和最后一个被圈起来的词连接起来。

很快，你就将获得一大堆词语或构思。不要试图去设计一个发散图，或是把它逻辑化。行动要快，这样你就不会去仔细琢磨这些联想。让自己的心灵自由驰骋。如果感到筋疲力尽，不要强迫自己去寻找更多的联想词或更有逻辑的词。根据发散思维的创始人之一，嘉伯利里的观点，发散思维有一个自然限度[3]。你大概会知道什么时候自己的创意成分够了，什么时候可以停下来。到那个时

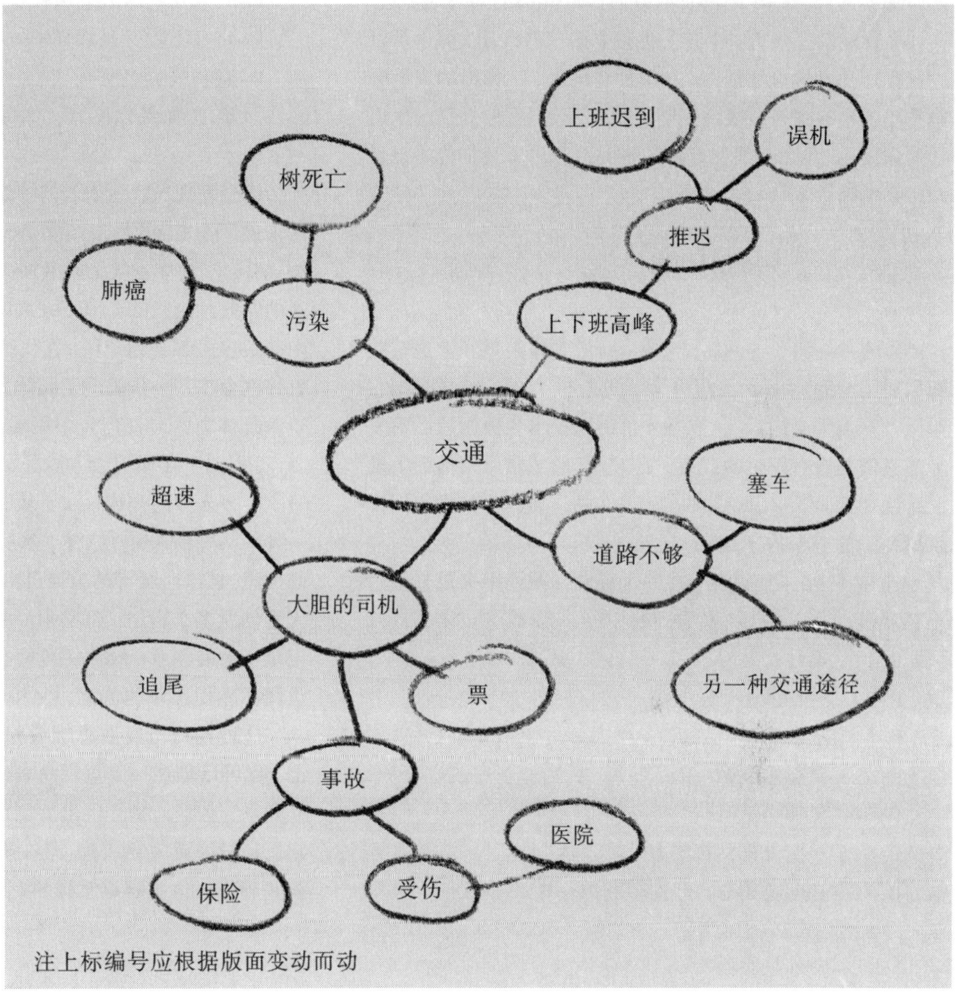


**图 1.6　发散思维**

请注意，发散思维从中心构思开始，然后根据你认为与之相关的东西从不同的方向发散出去。一旦将最明显的联想列出来，即刻停止，发散思维便会显现出新的构思或实现原来构思的新手段，还有可能触发新的发散思维。

---

① 发散思维：一种解放想象力的技巧，由嘉伯利里·卢塞·里柯（Gabriele Lusser Rico）在他的著作《自然写作方法》（*Writing the Natural Way*）（Los Angeles; J.P. Tarcher,Inc,1983）中提出来。

② 参见詹姆斯·L.亚当斯（James L.Adams）《观点大碰撞》（*Conceptual Blockbusting*）3d ed.（Reading Mass; Addison Wesley,1990）

③ 见里柯：《自然写作方法》，第 28—37 页。

刻，可以看看成品图表，找寻可行的方案。这些方案肯定能揭示出一些以前并不明显的新关系，极有可能给你提供一些新的洞察力（见图 1.6）。

这些发散思维方案可以充当整个节目、传播讯息和媒介元素的起跳平台。如果某个词或短语特别迷人但却有点不般配，那就去寻找一个新的发散方向，放弃旧的那一个。

尽管发散思维基本上是一种独立的创造活动，但也可以进行集体的发散思维创作。在这种情况里，工作组的成员会制作出各自的图表，然后一起分享、比较。这种分享产生出新的方案，产生出最终能导致各种关系和构思乃至传播讯息和作品的新线索。

## 头脑风暴

你的一位朋友告诉你，Triple-I的工作人员经常进行**头脑风暴（brain storming）**活动，Triple-I 的一位成员把它叫做"观点大碰撞"①。你可以自由地提出各种创意而不去考虑它们是否有即时的意义，Triple-I 的成员希望借助大量的常规观点而产生出新颖的构思和方法。她这样描述常规头脑风暴中的一个程序：

10 或 12 名工作人员坐成一个圆圈，圆圈中央放着一台小录音机，一名工作人员先开始（P-1= 工作人员 1）：

P-1："敲门，敲门！。"

P-2："谁在那儿？"

P-3："黛娜丽。"

P-4："黛娜丽是谁？"

P-5："黛娜丽是山。"

P-6："一定是喜马拉雅山。"

P-7："在阿拉斯加，和麦金利山一样。"

P-8："总统！"

P-9："稀薄的空气。"

P-10："又是政治。"

P-1（又说）："不，沉重的呼吸！"

（全体大笑）

P-2："雪洞——穴居人。"

P-3："女穴居人怎么样？"

P-4："不要又是那样——我要一点热茶，"

P-5："或更多氧气。"

等等，（如果你愿意，你可以继续这次头脑风暴。）

你会发现，这些创意的顺序毫无逻辑可言，按你朋友的话来说，研讨会的发展结果是大家交换了许多希奇古怪的想法，引起了许多欢笑。当参加头脑风暴的成员创意和精力枯竭的时候，他们就会停下来去听录音。在播放录音时，他们中的很多人都会记笔记。在头脑风暴中产生出来的某些创意也许就会在某一条表现工间休息或攀登麦金利山时喝茶有助于恢复体力的电视广告中展现出来。

Triple-I 研讨会包含了成功的头脑风暴的全部要素：（1）由多人共同完成；（2）从一个笼统的创意或任务（推销一种新品牌的茶叶）入手，然后让每个人说出涌现在脑海中的构思；（3）让所有的思维自由驰骋，不对任何创意做评判，无论创意多么出格，都必须一视同仁；（4）叫人用笔或磁带记录所有的创意；（5）一旦所有的观点都记录下来，小组成员便回顾提出来的创意，从中寻找相关的创意或联想。

这种技巧与发散思维很相似，只是在发散思维研讨会上，你可以创建一个直观图表，从中发现各种观点之间的相互联系。头脑风暴产生出的创意比发散思维更丰富多彩，但它们比图表更为复杂，并且在确定传播讯息或在将之转化成视频制作时也更难以掌握。

**要点 7　成功的发散思维和头脑风暴依赖于自由的、直觉的和天马行空般的创意涌动。**

为了确保自己在和Triple-I的制片人讨论时不致漏掉任何一个重要的节目制作环节，我们应该重温一遍本章的重点。或者，借用资深导演最喜欢、最常用的建议来说："再次重申，请记住……"

---

① 见亚当斯：《观点大碰撞》，也见罗伯特 · H.迈克金（Robert H. Mckim）的《视觉思维的经验》（*Experiences in Visual Thinking*）第二版（Boston, PWS Engineering,1980）。

## 再次重申，请记住：

◎**制作流程**

这个过程分为三个阶段：预备阶段、制作阶段、后期制作。前期准备阶段提出节目创意，决定媒体元素（人员、设备和工具）；制作阶段包括协调、摄制、技术人员和各种制作设备；后期合成阶段则要挑选出最好的镜头和片段，将它们合成一个完整的电视节目。

◎**效果—动因制作模式**

这种模式向我们展示了如何将基本构思转化成对观众达到预定传播效果的内容，以及这些确定的传播讯息要采用哪些媒体元素（设备和工具）才能达到预期的效果。在将创意转化为成品的过程中，脚本是一个非常重要的元素。这种制作模式还表明了对节目流程和实际传播效果的评估。实际传播讯息（实际效果）与预定传播讯息越接近，作品就越成功。

◎**创意的产生**

在电视节目创作中，创造力意味着在有限的时间和预算内拿出相应的好创意，有两种比较有用的方法：发散思维和头脑风暴。发散思维是指以图示的方法提出一些与创意核心相关的单词，完成后的发散思维包括了构成基本创意和确定传播讯息的重要线索；而头脑风暴则是一种对创意不加任何批评的自由表述，它可能对节目的基本创意有所帮助，也可能没有，但它却可以解放人们的思想。

## 要点

☞好的制片人应该再三检查。

☞确定的传播讯息应该说明预定传播效果。

☞媒体元素包括内容要素（确定的传播讯息、受众分析、脚本）、制作元素（设备、工具、工作进度表）和人员（演员、技术和非技术创作人员）。

☞构成评估是在节目制作过程中对每个制作环节的评估。

☞整体评估是对完成后节目和实际传播效果的最终评估。

☞实际传播讯息和预定传播讯息越接近，传播就越成功。

☞成功的发散思维和头脑风暴有赖于自由的、直觉的和天马行空般的创意涌动。

第 2 章

# 摄制组：谁在什么时候做什么

## 重要术语

above-the-line **线上** 非技术人员，如制片人、导演和演员；有时也用作预算术语。

below-the-line **线下** 技术人员，包括摄像师、现场工作人员和音响工程师；有时也用作预算术语。

floor plan **现场布局图** 画在格子纸上说明场景、道具和布景的示意图。

postproduction team **后期制作小组** 通常由导演、视频剪辑师以及（在复杂制作的情况下）音响设计师组成，后者负责声音的重新合成。

preproduction team **前期制作小组** 由节目策划人员组成，通常包括制片人、编剧、导演、艺术总监和技术指导组成。大型制作活动还可能包括编曲和编舞。由制片人总负责。

production schedule **制作进度表** 表明主要制作活动具体起始时间的时间表。

production team **制作小组** 由各种技术和非技术人员组成，如制片人、各种助理人员（副制片和制片助理）、导演及其助手、演员以及制作小组成员。由制片人总负责。

如果你是一名画家，你可以自己做每一件事：酝酿构思、买材料、准备画布、在形式和色彩上不遗余力，最后在完成的作品上署上自己的大名和日期。你甚至无须借助他人就能卖掉自己的作品，整个创作过程都由自己控制。

但这种情况不会出现在电视制作中，除非你只是拍摄自己的假期活动。虽然你可以依靠自己的力量摄制一个简单作品，但专业摄制活动一般都会牵扯到一组人——即摄制组，每一个成员有各自明确的分工。本章将帮助你理解制作活动中每个人所扮演的角色：人们做什么？他们如何彼此配合。

**◎摄制组**

前期制作小组；摄制组；后期合成小组

**◎踢皮球**

如果创作组成员单干会怎么样

**◎分工与合作**

在创作组成员了解了各自的职责并在一起工作时应该怎么办

**◎拍摄进度表**

如何为拍摄的顺利进行制定有效的时间进度表

将制作中涉及的人划分为前期制作小组、摄制组和后期制作小组，这样你就能更好地理解在制作过程中谁在做些什么。前期制作小组主要包括节目策划人员；摄制组由将构思转换成实际画面和声音的人组成；而后期制作小组则负责将所有不同的录像片段合在一起并对整个作品进行最后的修饰润色。

有些工作人员只参加这几个环节中的某一个，有些人则可能三个环节都参加。你将看到，没有哪个人能完全控制整个创作过程。和画家不同，你必须学会按团队成员的角色来工作。这就意味着，在你接受指定任务的时候，心里必须非常清楚自己应该做什么，知道别人应该做什么。一旦知道了谁将要做什么，你就可以与团队中的其他成员建立有效的沟通，让他们知道自己应该在什么时间做哪些工作。因此，摄制进度表对协调各小组成员之间的工作很有必要。

## ◎摄制组成员

制作小组的规模和人员构成取决于制作的规模，比如有一种演播室之外的特殊制作——电子实地制作（EFP），这种制作活动可能只需要三个人：摄影师、录像师和导演；但一场体育赛事的现场直播则可能让30个人忙活一气。

下面就让我们来看看哪些人会参与这三个主要制作环节：前期制作、摄制、后期制作。

### 前期制作小组

**前期制作小组（preproduction team）**的主要责任是确定拍摄内容，策划如何拍摄以便尽可能有效地将构思转化成声音和图像。前期构思环节涉及的人员通常包括制片人、撰稿、导演、道具设计师或艺术指导，有时还包括技术总监或技术指导。

原始创意既可能来自企业的经理（比如“做一个15分钟的短片来表现顾客是我们最宝贵的资源”），也可能来自制片人（“做一个介绍我们新医疗体系的短片”），还可能来自某位忧心忡忡的公民（“我想做一部反映砍伐森林的利与弊的短片”）。具体的节目构思往往来自几个人思想的碰撞。

**制片人** 只要大致的构思产生，**制片人（producer）**就会在整个前期制作环节对它加以培养和完善，制片人要陈述这个节目的特定目的——传播信息——并拟订出整个制作的预算。

在有了必需的预算后，接下来就雇人或协调其他的辅助人员、设备和制作活动。制片人及其助手必须严格按照拍摄进度表工作，拍摄进度表将明确地表明谁应该做什么、指定的任务应该什么时候完成。

**撰稿** 下一步是写脚本。**撰稿（writer）**将明确的传播讯息转换成电视制作过程，写下他所希望观众看到和听到的内容。显然，这个制作环节是至关重要的一步，往往决定着节目的形式——是教育节目、互动多媒体节目还是纪录片？不仅如此，它还决定着节目的风格和质量。脚本是所有制作活动的指南。

脚本总要重写很多遍，有时是因为原先的内容不准确；有时是因为台词听起来有些做作、学术味太重；有时则是因为有些镜头没有必要或制作难度太大。正是由于这些原因，好的撰稿稿酬都不低。因此在交稿之前要先决定稿酬。

**导演** **导演（director）**将脚本转换成具体的声音和画面，选择必要的摄制组成员和设备。导演越早出现在前期策划过程中越好。导演可能会在制作活动初期就与撰稿共同工作，比如，与撰稿一起确定哪种方式最能有效地表现预定传播讯息。他甚至还可以在一些基本方法上协助撰稿，比如将最初制作一个简单教育节目的构想转化成制作一个互动多媒体节目，或将一个纪录片变成戏剧形式，或将公司总裁的致辞变为市政大厅式的论坛。此外，导演还可以帮助艺术指导确定事件应该在哪种环境中发生，甚至还可以决定采用哪种画面风格。

**艺术指导** **艺术指导**（art director）根据脚本和导演指令为节目设计布景和外景。同时，他还负责制景和绘制各种各样的效果图，比如字幕和图表。艺术指导必须设计出与整体节目风格相吻合并能推进预定节目进程的环境。即使再漂亮的布景，如果没有给摄影机的运动留出空间，不能容纳话筒，没有足够的照明，那也毫无用处。

艺术指导要准备**场地图**（floor plan），这是画在格子纸上标明场景、道具（桌、椅）以及布景装饰（墙上的挂件、灯、盘子）的一张图（见图 14.14 对场地图的详细探讨）。在前期制作环节，场地图是导演的一个重要的指南。有了优秀的场地图，导演便可以相应地明确主要的拍摄镜头和机位。

**灯光** 在进入演播室之前，**照明指导**（lighting director，简称“灯光”LD）根据场地图决定应该采用哪些基本的灯光设备。

**现场导演** 最后，**现场导演**（floor manager）根据场地图来搭建和装饰布景。如果是在狭小的地方拍摄，例如医院走廊或经理办公室，艺术指导可能还会考虑重新组织家具、墙上的幔帐和饰物，使布景更有利于摄像机镜头而非人的肉眼。有时，前期策划环节还会牵涉到道具管理员，由他来选择拍摄所需的所有道具。

**技术指导** 前期制作小组还有可能包括一名**技术指导**（technical director，简称 TD），特别是在制作活动比较复杂且在外景拍摄的时候。技术指导会事先确定完成节目所需的技术设备。比如，技术指导会检查有哪些电力设备可用，检查演讲大厅的照明是否需要加强，要用哪种灯具来加强。如果节目是现场直播，那么制作前的技术勘察就非常重要。

小型制作公司和电视台经常将不同的角色合在一起，由一个人——制作导演——来承担制片人、导演，甚至撰稿的工作，而现场导演也有可能承担艺术指导和道具师的工作。

大型制作活动的前期制作小组还可能包括平面设计、造型设计、作曲和编舞。

## 摄制组

实际拍摄中的摄制组包括各种不同的成员。非技术成员包括制片人及其不同助手——**副制片**（associate producer，简称 AP）和**制片助理**（production assistant，简称 PA）和导演；在复杂的节目中还有**副导演**（associate director，简称 AD）和**出镜人**（talent）。制片人的主要工作体现在前期策划中，而导演的主要工作则体现在实际拍摄阶段。

摄制组成员由技术成员和非技术成员组成，通常包括现场导演和**制景**（s/floor persons）、技术指导、摄像师、灯光、视频/音频工程师、**字幕员**（character generator，简称 CG）、**摄像技术监控**（video operator，简称 VO）。摄像技术监控的职责是在节目中调整摄像机，以保证达到理想的视频输出效果。在单机拍摄中，摄像师有时也负责灯光。这种双重工作之所以由**摄影指导**（director of photography，简称 DP）来完成，是从电影制作中沿袭过来的。在大型制作中，还得有一位技术总监以及**造型设计师**（custume people）、**道具师**（property manager）、**化妆师**（makeup artist）和**发型师**（hairdresser）。

## 后期制作小组

后期制作小组相对较小，通常包括一位**视频编辑**（video editor）和导演。视频编辑要尽力让拍摄的每一条素材都具备一定的意义，并按照脚本指示的顺序将它们合成；而导演则将在镜头的选择和编排上指导编辑。如果导演有一位好的编辑和详尽的脚本，其工作就会相对轻松得多。导演在让编辑最后在磁带上进行联机编辑之前，一定要先**粗编**（rough-cut）一下或做一个**脱机编辑版**（off-line editing version）。如果后期制作需要更加复杂的编辑，导演就得在整个过程中与编辑共同选择大多数镜头并决定它们的次序。

复杂的后期制作还可能包括大量的声音处理，我们称之为**声音润色**（audio sweetening）。它包括混合、添加或置换原来音轨中过高或过低的部分，这比编辑图像花费的时间和精力还多。声音的后期制作主要由**音响设计师**（sound designer）来完成。

大部分制片人不会参加后期制作，至少在完成第一次粗编前不会。但有些制片人不可能离开编辑室，他们会在拍摄完成后立即参与每个决策的制定。虽然这种热情的出发点都

| 人员 | 职责 |
| --- | --- |
| *线上人员* | |
| 执行制片人 | 负责一个或几个节目或一个系列节目。协调客户、电视台或企业管理层、广告公司、投资者、演员以及撰稿之间的关系；审批和管理预算。 |
| 制片人 | 负责一个单独的制作。对制作当中的所有工作人员负责；协调技术与非技术人员之间的关系；经常扮演撰稿或导演两种角色。 |
| 副制片人 | 协助制片人做各种与制作相关的工作。经常做一些实际沟通工作，例如打电话给演员，确定是否可以在最后期限内完成拍摄。 |
| 演播室和外景制片人 | 在大型制作活动中，演播室制片人和外景制片人承担不同的责任：演播室制片人负责演播室内的摄制工作，外景地制片人负责外景地的摄制工作。 |
| 制片助理 | 在节目制作过程中协助制片人和导演。纪录制片人或导演在彩排过程中的意见，这些指令将作为全体职员最后录制之前进行修正的一个指导。 |
| 导演 | 负责指导演员和技术操作；还负责将脚本转化成有效的视频和音频信息。在小型制作中有时也承担制片人的任务。 |
| 导演助理 | 在实际拍摄中协助导演工作。经常为导演做计时工作。在复杂的多机制作中，帮助准备各项操作（如预设具体的摄像镜头或要求特别的图像效果）。 |
| 出镜人 | 通常（不一定准确）指定期出现在画面当中的配角或演员。 |
| 演员 | 在屏幕上扮演某个角色的人。 |
| 主持人 | 在非戏剧性场合中出现的角色,通常扮演自己。 |
| 解说 | 在屏幕外进行叙述，如果出现在镜头中，则归入出镜人这一类。 |
| 撰稿 | 负责撰写脚本。在小型电视台或企业，导演或制片人往往要承担撰稿的职责，有时也雇一些自由撰稿人。 |
| 艺术指导 | 负责节目中的创造性设计工作（如布景设计、外景设计和效果图）。 |
| 音乐指导 | 在大型制作中负责音乐小组成员，如乐队。在某些节目或系列节目中也有可能负责从录制音乐中挑选音乐。 |
| 编舞 | 安排舞蹈者的所有活动。 |
| *线下人员* | |
| 现场导演 | 又叫舞台总监。负责室内拍摄的所有活动，诸如置景、引导演员入场、向演员传达导演的指令；在外景拍摄中，现场导演的基本职责是为拍摄准备场地并负责指挥演员。 |
| 舞美 | 又叫制景。负责设计和装饰场景，操作提示板或其他台词提示工具；有时也操作话筒；协助摄像师移动摄像车、拉电缆。在小型制作中也充当服装管理人员和化妆师，负责准备现场的所有非技术性设备。 |
| 化妆师 | 为所有的演员化妆（仅限于大型制作）。 |
| 服装设计师 | 为戏剧、舞蹈和儿童节目设计，有时也制作服装（仅限于大型制作）。有时划归线上人员。 |
| 道具师 | 维护和管理各种大、小型道具，诸如桌子、椅子、办公家具、电话、咖啡杯和闪光灯等（仅限于大型制作）。在小型制作中，道具的管理由舞美负责。 |

图 2.1 非技术性制作人员

是好的，但导演和编辑一般都不欣赏这种热情。

图 2.1 和图 2.2 上的表对主要非技术和技术人员及其主要职责进行了描述。

有时候，创作人员被分成线上人员和线下人员。这种划分并不明确，更多地是依照谁来付钱而非谁做什么来划分的。通常，**线上人员（above-the-line）**是前期策划和管理人员，**线下人员（below-the-line）**则与拍摄和后期制作环节有关（见图 2.3）。

| 人员 | 职责 |
| --- | --- |
| **线上人员** | |
| 总工程师 | 负责所有的技术人员、预算和设备；设计系统包括发射设备、监视设备和日常操作以及维护。 |
| 副总工程师 | 在所有技术方面和操作方面协助总工程师；若是大型制作，往往参与前期策划活动。 |
| **线下人员** | |
| 技术指导 | 在制作过程中负责所有的技术安装与操作工作；主要从事实际切换工作，经常充当技术人员的“领班”。 |
| 照明指导 | 负责照明，一般大型制作活动才设有这类人员。 |
| 摄影指导 | 从电影制作中借用的术语，但单机制作中负责照明和摄像机的操作。 |
| 摄像师 | 负责操作摄像机，有时也称为视频图像师或摄影师；有时还要承担照明工作。 |
| 摄像技术监控 | 也叫做视频工程师，负责调整摄像机以获得最佳画面；有时还承担维护工程师的职责。 |
| 录像带操作员 | 在制作活动中操作磁带录像机；在小型制作活动中，音频工程师往往同时承担该工作。 |
| 录像带编辑师 | 操作录像编辑设备，经常做出编辑创作决策。 |
| 音响设计师 | 在复杂的制作活动中，如戏剧、广告或大型企业宣传片，负责“设计”声音的表现。有时也归入线上非技术人员类。 |
| 音响工程师 | 往往叫做音响技术人员。负责制作活动的所有音响的操作工作：在前期策划中充当音响设计师；在播出过程中操作调音台。 |
| 维护工程师 | 真正的工程职务，在制作活动中维护所有的技术设备并解决所有的技术问题。 |

**图 2.2 技术人员**

这类人员包括实际参与技术工作——如安装和维护新的电子设备——的工程师，还包括操作这些设备的人员。由于大多数电子设备，如摄像机、切换机、字幕生成器和视频剪辑机的操作并不要求操作人员掌握工程方面的知识，因此大多数电视设备的操作是由非技术人员来承担的。

## ◎踢皮球

在准备进行 Triple-I实习的时候，为了尽可能多地了解制作小组的基本工作，最好能得到你们当地某中型电视台的许可，去参观一下他们如何拍摄一场摇滚乐演出。

当你在预定拍摄时间之前到达演播室时，节目制作已经到了收尾的阶段，无论是乐队还是制片人看起来都不太高兴。制片助理告诉你说由于乐队的时间安排非常紧，因此录制时间提前了三个小时。很明显，录制并没有按照原定计划进行。有一小组人正在摄制棚的现场激烈地讨论着什么，让我们听他们正在说什么。

在一组人中，乐队经理抱怨说时间安排很糟糕，节目看起来很呆板；领唱抱怨说音响效果不好；执行制片人在尽力劝解乐队成员；制片人在指责每一个没有和他沟通的人；导演坚持自己的整体视觉概念和个人风格，他指责说乐队成员没有理解视频的真正实质；而乐队经理则抱怨说合同内容太粗糙，彩排时没有咖啡等等。

一些工作人员和乐队成员在倾诉他们对技术缺陷的失望和沮丧，争论当时应该用哪一个话筒、应当放在什么地方，抱怨灯光太暗、不均衡，无法构成优美的画面。灯光则反驳说由于少了三小时的搭建时间，所以她根本没时间拿出充足的灯光。乐队成员抱怨说声音太低，而摄像师则说声音太吵，他根本听不清耳机里的导演指令。他们感到不知所措，尤其是导演没有提前告诉他们应当拍摄什么样的画面。

现场导演及其成员则奇怪为什么没有场地设计图。如果有了场地设计图，他们就不必不停地来回移动沉重的升降台，直到到达导演满意的位置才能停下来。

每个人关心的问题好像都是怎么将皮球踢出去，为出现的各种制作问题而指责别人。

为了减少或避免这些问题，应当采取什么措施呢？在继续往下讲解之前，请记下乐队和制作组成员抱怨的主要问题，参照图 2.1 和图 2.2，指出谁应当做什么？现在将你的笔记与下面的建议加以对比。

| 人员 | 职责 |
| --- | --- |
| ***线上人员*** | |
| 制作人员 | 总制片人<br>制片人与制片助理<br>导演与副导演<br>总工程师与助理工程师<br>技术总监 |
| 创作人员 | 撰稿<br>艺术指导<br>作曲<br>编舞 |
| 出镜人 | 主持人<br>演员 |
| ***线下人员*** | |
| 技术人员 | 技术指导<br>摄像指导<br>照明指导<br>维护工程师 |
| 制片—技术人员 | 摄像师<br>视频操作员<br>音响工程师<br>录像师<br>录像带编辑师 |
| 制片—非技术人员 | 现场导演<br>制景<br>舞台人员<br>道具师<br>字幕机操作员<br>化装师与服装师 |

**图 2.3 线上人员与线下人员**

**情况：**由于乐队时间安排紧张，录制活动提前了三小时。

**责任：**制片人。他应该更小心地协调乐队与拍摄之间的时间安排。将拍摄计划提前三小时将迫使工作人员在不合理的速度下工作，从而造成了严重的的制作错误。

**情况：**乐队经理抱怨时间安排不合理，抱怨演出效果呆板；主唱对录好的声音不满意。

**责任：**制片人应该负责安排好时间，应该与乐队经理一起再三核对乐队什么时候可以来演播室录制节目。“演出效果呆板”应该由节目导演负责，而糟糕的声音则应该由音响工程师负责，因为话筒种类的选择和摆放位置以及声音的合成都是他的职责。最终，技术指导要对整个技术过程负责，包括声音的采集与合成。在前期策划阶段，制片人应当将领唱、乐队经理、音响工程师召集在一起，讨论应该使用什么录音设备，制片人还应当安排乐队经理与导演见面，讨论视觉上的要求和演出的总体效果。这样导演就可以与乐队经理交换自已对“视频本质”设想。即使制片人在这些事情上不很主动，导演和音响工程师也应当坚持这样的面谈。显然，该制作小组成员之间缺乏沟通。粗糙的合同完全是乐队经理和执行导演造成的，而制片助理确实应当准备一些咖啡。

**情况：**话筒种类以及摆放位置受到质疑。当合成的声音重放给乐队成员听时，他们抱怨说和声部分的声音太低了。由于音乐声音太大，摄像师无法听到导演的指令,不知所措。

**责任：**话筒种类的选择以及它们的摆放位置显然是音响工程师的责任。前面已经讲过，尽管制作时间紧张，但制作前与乐队骨干成员碰一碰面完全可以杜绝很多这样的声音问题，包括回放音量太低的问题。导演或技术指导应该提前预料到导演与摄像之间的沟通问题，但即使是最好的内部沟通耳机，在靠近音量大的声音源——如摇滚乐队——使用时，也无法正常发挥作用。导演应当提前与摄像师碰面，与他们讨论每一个机位的关键镜头，从而减小这种问题。

**情况：**灯光太暗，无法产生优美的画面。

**责任：**灯光暗是灯光师的责任。她的理由是准备时间被整整缩短了三个小时，而她没有场地设计图，以至她连最基本的前期策划都无法做。但她可以在前期策划阶段或至少在拍摄前两天与导演联系，询问场地计划和节目的灯光要求。另外，如果缺少时间，比较明智的做法是用大量的整体光来照亮整个布景，而不是用非常特定的光束来打亮限定的区域（有关详尽的灯光技术，请参阅第6章）。

**情况：**现场导演及其成员没有场地设计图，结果无谓地移动了一个沉重的升降台。

**责任：**场地设计图将向全体舞台人员指明升降台精确的位置，同时还可以帮助灯光判断基本的灯光设置，帮助导演决定基本的机位。前期策划人员之间缺乏沟通是导致没有场地设计图的直接原因，因此最终的责任在于制片人。导演应当在前期策划期间征询艺术指导对布景与场地的意见，然后再询问艺术指导为什么场地设计没有按照拍摄进度规定的时间进行。技术指导、灯光师和现场导演应当在实际拍摄之前向导演索要场地设计图。

正如你所见到的，只有当每一位成员都明白并履行自己的职责时，摄制组才能顺利地开展工作。在前期策划和拍摄环节，所有成员之间必须不断地保持沟通，每个人都必须完成自己承担的任务。前期策划越充分，就越可以避免这样的问题发生。

**要点 1 了解每一位非技术和技术制作成员的职责与任务。**

## ◎接受并共同承担责任

所幸，比起在演播室的遭遇，随后对Triple-I某MTV短片外景拍摄的参观到是一次比较愉快的经历。

在你到达MTV外景地的时候，发现整个街区已经被当地的警察封闭，你不得不亮出自己的通行证。你会发现每一处都在工作：音频师和他的助手在调整扩音器，摄像师在检查某些镜头。你碰到了现场导演并结识了该节目的制片人和导演。尽管大家都非常忙，但制片人却似乎惊人地平静，花了不少时间向你解释整个MTV的内容：领唱开着一辆敞篷凯迪拉克老爷车行驶在街上，停在一个停车标志前，一群跳舞的人出来围住他的汽车。

一些跳舞的人已经在排练自己的角色，其他人正从一辆用于化妆和换衣服的拖车里走出来。每一个人好像都很放松，你能感觉到每个成员都知道自己的工作目的和任务。导演在检查粘在拖车上的拍摄进度表，他要求现场导演一气呵成。有一件事需要马上去做：跳舞的人各就各位，汽车开到出发的地方，摄像师拍摄第一个镜头，音响师开始重放指定的音乐。到现在为止，录制工作进展得还非常顺利，全体工作人员和演员似乎对结果也非常满意。然而，导演却召集全体工作人员和演员开了一个短会，讨论在制作中出现的一些问题。

制片助理宣读了制片人和导演指出的一些问题：

1. “后排跳舞的人听不见音乐。”
2. “乔尼（开凯迪拉克的领唱歌手）看不到记号。”
3. “在他停车时，他身上的阴影太重。”
4. “乔尼的镜头景别应该更小。”
5. “我们需要对乔尼仰拍而不是俯拍。”
6. “乔尼出汗太多，打在鼻子上的光都反射回来了。”
7. “跳舞的地方灰尘太多。”
8. “我们可以看到背景中的音频电缆。”
9. “有些舞蹈演员把乔尼的特写挡住了。”

你认为谁应该来处理这些拍摄中的小问题。让我们再来看看下面的记录。

★ **“后排跳舞的人听不见音乐。”**
由音频师来纠正。

★ **“乔尼（开着凯迪拉克的领唱歌手）看不到记号。”**
这意味着乔尼看不到指示他停车准确地点的记号。必须将这个记号移到更高一些的地方，比如电线杆上。
由现场导演来完成。

★ **“在他停车时，他身上的阴影太重。”**
由舞台人员在灯光师的指导下加以校正。

★ **“乔尼的镜头景别应该更小。”**
由导演、最终由摄像师来纠正。

★ **“我们需要对乔尼仰拍而不是俯拍。”**
制片人找导演，导演则找具体的摄像师。
由导演、最终由摄像师来纠正。

★ **“乔尼出汗太多，打在鼻子上的光都反射回来了。”**
导演找化妆师，这个问题与灯光无关。
由化妆师来纠正。

★ **“跳舞的地方灰尘太多。”**
由现场导演和舞台工作人员来纠正。

★ **“我们可以看到背景中的音频电缆。”**
音频师说他可以对此负责。
由音频师助理和舞台人员来纠正。

★ **“有些舞蹈演员把乔尼的特写挡住了。”**
由导演和编舞来纠正。

简短的会议之后，导演要求用15分钟的时间重新布景，在这段时间里不同的剧组人员各自纠正刚才提到的问题。重新布景过后，导演核对了拍摄进度表，要求再拍摄一次。在接下来的三个小时里，又进行了多次彩排，召开了两次短的摄制会议（通常叫做“场记会”），重新拍摄了几条。现场导演要求提前半小时完成所有的拍摄活动。

与演播室内录制摇滚乐队的那次节目不同，这次MTV的外景拍摄显然在前期策划阶段准备得充分。在拍摄过程中，非技术人员和技术人员都清楚自己应当做什么，应当怎样沟通，应当如何承担责任。各种“场记会”是找出大大小小的拍摄问题的一种有效方式，同时也是使促责任人负起相应责任的一种有效方式。你会发现，在复杂的拍摄中，有些导演将整个彩排时间的三分之一都安排成这样的“场记会”和重新布景时间。

**要点2 所有成员之间建立并保持有效的沟通。**

## ◎拍摄进度表

回想一下Triple-I的MTV外景拍摄，制片人、现场导演、制片助理每隔一段时间便要看一下工作进度表，核对拍摄是否按时进行。和脚本一样，**拍摄进度表（production schedule）**是保证拍摄工作协调进行的基础。拍摄进度表既可以用大块的时间来表示，如前期策划的期限；也可以表现得很详尽，具体表明实际拍摄时每一分钟的活动。

下面是一个相当笼统的拍摄进度表，是对城市学院院长做的一个15分钟演播室内采访。

**采访时间表**

| | |
|---|---|
| 3月1日 | 学院院长的确认。 |
| 3月2日 | 第一次前期策划会议，采访的形式确定。 |
| 3月4日 | 第二次前期策划会议，准备好脚本与场地图。 |
| 3月5日 | 所需设施到位，包括布景和道具。 |
| 3月9日 | 拍摄，1号演播室。 |
| 3月10日 | 后期制作。 |
| 3月14日 | 播出。 |

这次相对简单的拍摄任务的时间表只显示了主要会议和限定日期。请注意，从所有设备的准备（3月5日）到实际拍摄（3月9日），中间相隔4天时间。这4天对确保演播室和所有设施的可靠性非常有必要。

实际拍摄的时间表更加详尽，会将一天的时间分配给对应的几个活动。

**拍摄进度表**

5月25日——采访（1号演播厅）

| | |
|---|---|
| 上午8:00 | 召集全体人员 |
| 上午8:30—9:00 | 技术会议 |
| 上午9:00—11:00 | 布景和灯光 |
| 下午11:00—12:00 | 午餐 |
| 下午12:00—12:15 | 场记会、重新布景 |
| 下午12:15—12:30 | 嘉宾介绍（绿屋） |
| 下午12:30—12:45 | 走台与人机合练 |
| 下午12:45—12:55 | 场记会 |
| 下午12:55—1:10 | 重新布景 |
| 下午1:10—1:15 | 休息 |
| 下午1:15—1:45 | 录制 |
| 下午1:45—1:55 | 纠错 |
| 下午1:55—2:10 | 清场 |

下面就让我们来仔细看看进度表中的每一项活动。

**召集全体工作人员** 所有工作人员（现场导演与助理、技术指导、灯光、摄像师、录音师、其他设备操作人员）这时应当到位并开始工作。

**技术会议** 出席会议的人员包括主要的非技术人员和技术成员：制片人、导演、主持人、制片助理、舞台监督、技术指导、灯光指导、录音工程师。导演简要介绍要传播的讯息以及她所希望的节目效果（明亮的灯光、校长的小景别镜头）。该会议的目的也是对所有技术设施、布景和道具的又一次检查。

**布景和灯光** 根据场地计划，布景对现场导演及其助手来讲相对容易一些。灯光设置是一种常规工作，不需要特技。这两项活动用两个小时很充裕。

**午餐** 每个人必须在午餐后12:00准时回来，这一点非常重要。它意味着即使还有一些小的布景和灯光设置没完成，每个人也必须准时在11:00离开演播室。小的调整可以放到重新布景期间进行。

**场记与重新布景** 如果不对布景和设备进行重大调整，场记的时间就可以大大缩短，剩下的时间可以用来对布置进行细致入微的调整，如一点点地调整照明、移动挡住前景中人物的某一株植物、将咖啡杯洗干净等等。

**嘉宾介绍** 在制作人员一切就绪，准备进行第一次完整的走台与人机合练时，制片人、主持人、制片助理（有时是导演）在绿屋与院长见面，将所有拍摄细节过一遍。绿屋是专门为这种介绍型场景而布置的一间小而舒适的房间。

**走台与人机合练** 这次走台与合练的目的是为了让嘉宾熟悉演播厅现场和拍摄程序，检查摄像机机位和排练节目的开场与结尾。

**场记与重新布景** 走台与合练必然会暴露出一些照明和音响方面的小问题，现场导演或许想将院长的领带拉直，想在他的前额上补一点粉来掩盖他的出汗。

**休息** 即使时间安排非常紧，在制作前也必须给演员和工作人员一定的时间休息。这有助于他们放松自己，使他们意识到合练的结束和正式制作的开始。

**录制** 这段时间允许犯一点开场或结尾的小错误，不过，拍摄的次数越少，采访的新鲜劲越明显。

**纠错** 这段时间用来处理意料之外的失误，比如，导演用这段时间来修正主持人的开场白，因为片头字幕将院长的名字拼写错了。

**清场** 这不是指工作人员罢工，而是指清除演播室内的所有布景、道具和设备。

这种详尽的拍摄进度表对电子现场制作（EFP）尤为重要。EFP进度表一般包括一些附加的项目，如安装和拆卸设备以及这些设备到外景地的运输问题。

一旦有了拍摄进度表，就必须坚决执行。如果不按截止时间完成工作，不在预定时间段内完成拍摄活动，那么即使最好的进度表也毫无用处。经验丰富的制片人和导演会根据拍摄进度表继续向下一个环节展开，而不管自己是否已经完成了上一个环节的每一件事。如果忽略时间限制的次数太多，时间表就失去了意义。

## 要点3 制定切实可行的时间表并坚持下去。

就像你看到的一样，了解摄制组每个成员的职能，并根据详细的进度表来协调他们的工作，对影视制作是否有效起着十分重要的作用。

### 再次重申，请记住：

◎**摄制组成员**

指执行非技术和技术工作的人员。非技术人员通常不操作设备，这些事通常由技术人员来做。非技术人员也叫做线上人员，技术人员叫做线下人员。

◎**前期策划组**

这些人负责策划拍摄，通常包括制片人、撰稿、导演、艺术指导、技术指导。小型制作公司或电视台往往集所有策划功能于一身（如制片导演）；大型制作组则雇用额外的人员，如作家和编舞。场地图和剧本是前期策划小组不可或缺的指导。

◎**拍摄小组**

这个小组由不同的非技术和技术人员组成，包括制片人及其助手（副制片人、制片人助理等）、导演和助理导演、演员。这组人员通常还包括现场导演和其他舞台人员、技术指导、摄像师、灯光师、视频工程师、录音工程师、视频操作员、字幕生成器操作员。在前期策划阶段，制片人负责协调不同的人员和拍摄细节，在拍摄阶段则由导演负责。

◎**后期制作工作组**

这个小组一般包括导演和编剧，在稍复杂的制作中还包括录音师，由他负责声音的合成。导演（有时是制片人）指导编辑选择和组合拍摄镜头。

◎**场地设计**

场地图标明演播室设置的类型和位置，提出必要的道具（如家具）和布景（如墙上的挂件、灯具、植物等）。

◎**拍摄进度表**

拍摄进度表也叫时间表，对有效地协调拍摄很有必要。

### 要点

☞了解每一个非技术和技术人员的功能与职责。

☞建立并保持摄制组成员之间的有效沟通。

☞制定切实可行的拍摄进度表并加以贯彻。

# 第二部分

# 第二部分

# 图像制作与控制

现在，你对什么人在视频制作中负责什么工作已经有了一定的了解，Triple-I 的人员希望你能尽量了解视频及音频设备以及它们的用途。

在第二部分，你将了解数字视频的基础知识，了解怎样制作有效的视频图像和良好的声音。

视频图像由视频摄像机和计算机制作。由于摄像机拍摄的图像是通过摄像镜头拍到的，因此这个图像叫做镜头生成图像；而完全由计算机创作的图像，例如标题中的文字以及表示天气状况的地图当中的动画，则叫做合成图像或计算机生成图像。大部分视频作品是这两者的结合。

“音频形象”或声音的制作可以通过复制真实的声音或合成声音来产生。话筒产生的声音与镜头生成的图像相类似，都是对我们身边的声音和图像的真实再现；而计算机生成的音频形象——通常叫做人造声音，则可以模仿自然界的声音，或创建全新的声音。和视频制作一样，复制的声音经常与合成的声音结合起来，以增强效果。

图像控制不仅指在技术上控制图像和声音，如某种灯光技巧或声音合成技巧，同样也指在美学上的控制——如为了达到最好的传播效果如何构成图像和声音。

第 3 章

# 数字视频

## 重要术语

**480p** 分辨率最低的数字电视扫描系统。p代表“逐行”，即每一帧完整的电视图像包含480个被逐一扫描的行。

**720p** 数字电视的逐行扫描系统。p代表“逐行”，即每一帧完整的电视画面包含720个被逐一扫描的行。

**1080i** 高清晰电视的一种扫描系统。i代表“隔行”，即每一帧完整的电视画面由两个隔行扫描的场构成，每一个场包含539.5行。与传统的NTSC制式模拟电视系统一样，1080i系统每秒产生60场或30帧完整的画面。

**analog 模拟信号** 一种与波源发出的波形完全一致的信号。

**binary digit（bit） 二进制数字（比特）** 计算机所能够接受并处理的最小信息单位。一个命令的存在状态用1表示，而缺失状态则用0表示。1个比特可以描述两种状态，比如开/关或黑/白；2个比特描述4种状态（$2^2$比特）；3个比特则为8种状态（$2^3$比特）；4个比特，16种状态（$2^4$），依此类推。一个8比特的组合（$2^8$）为一个字节。

**compression 压缩** 为了便于信号的储存与传输，临时重新组织图片信息或删除多余的图片信息

**digital 数字式** 数字形式的信号——以数字形式（开/关式脉冲）表示数据。

**DTV 数字电视** 有时也叫ATV（高级电视）。

**field 场** 一个完整扫描周期的一半，一帧电视画面至少由两个场组成。每秒由60个场或30个帧组成。

**frame 帧** ① 在一个扫描周期中，电磁束完整扫描一次的区域，包含两个场。电磁束每1/30秒扫描一次。② 完整的电视画面的最小单位。

**HDTV 高清晰电视** high-definition television 的缩写。1080i系统的标准为每秒60个场，每场由539.5行构成。每个完整的帧由2个隔行扫描的场（每场539.5行）组成。每秒有30个完整的帧（每一帧1080行）。

**interlaced scanning 隔行扫描** 指对第一场所有奇数行扫描并对随后（第二场）场中的所有偶数行扫描；两个场组成电视图像的一个完整帧。

**progessive scanning 逐行扫描** 指从图像顶部依次向底部扫描的方式。

**quantizing 量化** 将模拟信号转换成数字信号过程中的一个步骤，即将取样的点转换成分散的值。

**refresh rate 刷新率** 每秒中完成扫描周期的次数。

**RGB 红、绿、蓝** 电视的三原色。

**sampling 取样** 以相同间隔抽取大量模拟视频或音频信号样品（伏特）的做法。

**scanning 扫描** 电子光束在电视屏幕上从左到右、从上到下的运动。

Triple-I刚刚完成了一次规模大且代价高昂的转换，他们把模拟设备换成了数字设备。你想知道为什么他们要花这么多的钱吗？毕竟，他们用模拟设备制作出来的节目看起来也非常好。本章将告诉我们这种转换的部分原因。本章将帮助读者了解如何创作视频图像，了解数字视频优于模拟视频的主要地方，了解数字化过程到底是怎么回事。

◎**基本图像的形成**

隔行扫描；逐行扫描以及数字电视扫描系统

◎**视频的三基色**

红、绿和蓝——电视的三基色

◎**数字是什么**

模拟信号与数字信号的优劣；什么是取样

◎**为什么要数字化**

人工合成；画面质量；压缩与信号传输、图像效果以及图像处理

## ◎基本图像的形成

你有时可能会对电视机或计算机后面那个巨大的黑壳百思不解，尤其是在你试图把它放到一个狭窄的角落里的时候。但这个巨大的黑壳却是产生视频图像必不可少的东西。无论是黑白电视、彩色电视、标准模拟电视（你的家里就有）还是数字高清晰电视，它们的显像原理都是相同的。为了解释这个基本原理，先让我们来看一台黑白电视机。

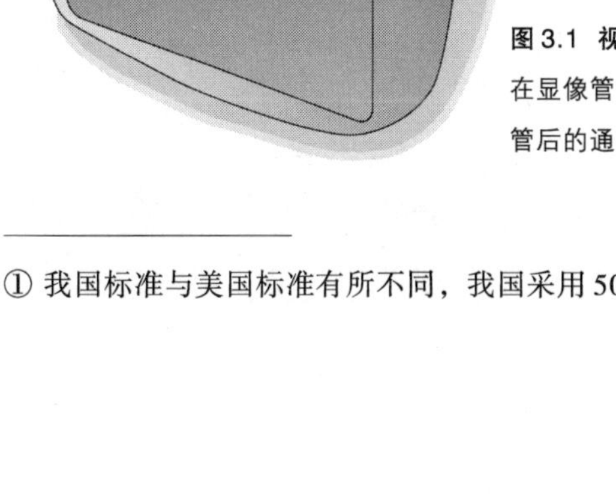

**图 3.1 视频图像的形成**

在显像管后的电子枪产生一个电子光束。这个光束通过显像管后的通道在显像管表面扫描出几千个小点。

**电子枪（electronic gun）** 位于单色（黑白）显像管背后的尾部。它发射出非常细小但强烈的电子束。这个光束通过显像管后的长颈在显像管的表面进行扫描，而显像管的表面则覆盖着数以千计被称为**像素（pixel）**的磷质圆点。打在显像管上的光束越强，磷质圆点就越亮（见图3.1）。如果光束弱得无法照亮小点，屏幕就会显示成黑色；如果光束以最强的亮度打在像素上，屏幕就显示成白色。

彩色电视机的显像管背后有三支电子枪，发射出三种不同的电子光束。彩色显像管的表面由红、黄、蓝三种小圆点或小正方形组成，它们靠这三种光束来激活，其中一种光束始终打在红点上，第二种打在绿点上，第三种打在蓝点上，见彩插2。这三种光束的不同组合形成了我们在屏幕上见到的所有颜色。我们将在第7章讨论三基色以及它们如何组合在一起形成其他颜色。

### 扫描处理

由电子枪发射出来的扫描光束用所谓的扫描来“读”电视机屏幕，这更像我们读书的方式：从左到右和从上到下。然而，光束扫描电视机屏幕与扫描电脑监视器有一点不同：电视机是隔行扫描，电脑是逐行扫描。

**隔行扫描** 我们在家中用的标准电视机，有时叫做STV，也经常叫NTSC（国家电视系统委员会National Television System Committee的缩写）。（我们将在这一章的后面讨论NTSC系统）该系统采用**隔行扫描（interlaced scanning）**，这就意味着它并不完全像人阅读的方式，电子光束第一遍扫描时只扫描奇数行（见图3.2A）；之后电子光束返回屏幕的顶点开始扫描所有偶数行（见图3.2B）。电子光束用1/60秒扫描所有奇数行，并产生一个**场（field）**，随后又同样扫描所有的偶数行，也用1/60秒的时间产生另一个场。这两个场组成一个完整的电视画面（即一帧），共花费1/30秒（见图3.2C）。因此每秒钟有60个场，即30帧①。

① 我国标准与美国标准有所不同，我国采用50Hz标准，为每秒25帧，50个场。——译者注

**图 3.2 隔行扫描**

A 在隔行扫描过程中，电子光束首先从左到右、从上到下扫描所有的奇数行，第一个扫描周期产生一个场。

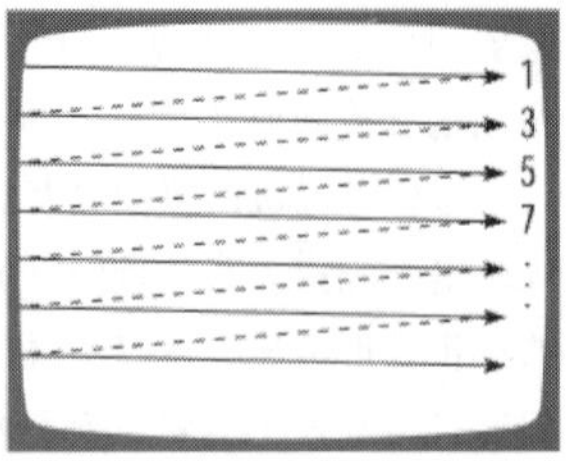


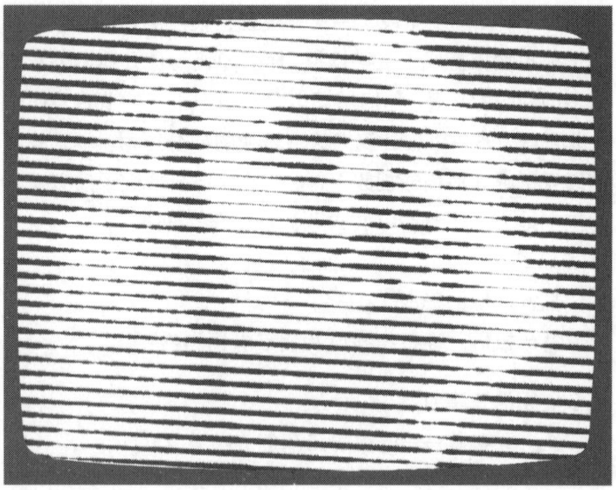

B 电子光束跳回顶点，扫描所有的偶数行。第二个扫描周期产生第二个场。

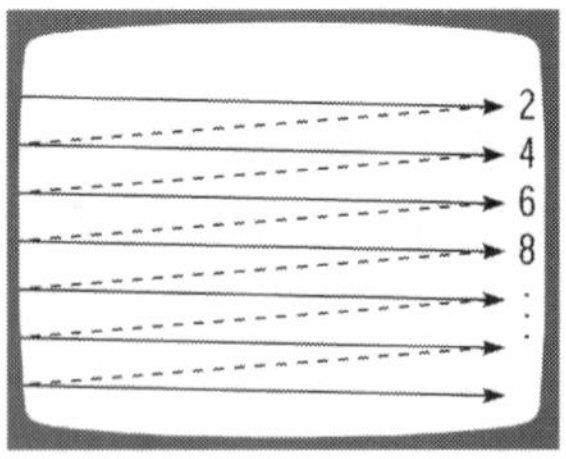


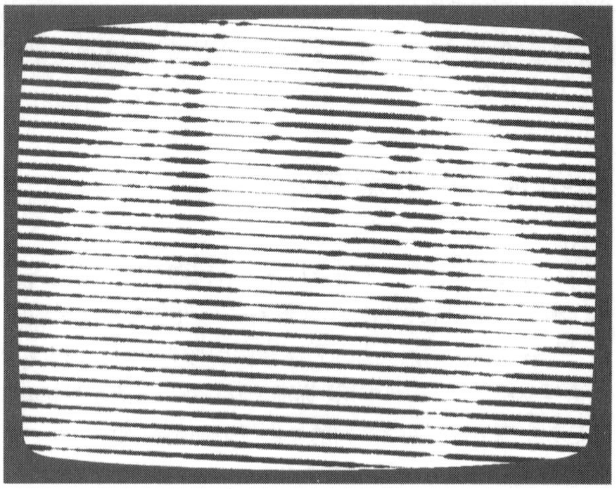

C 这两个场组成一个完整的电视画面，即一帧。

**要点1 一个标准电视帧由两个扫描场组成，每秒有30帧。**

在标准的电视系统NTSC中，一个完整的电视帧由525个扫描行组成。

**逐行扫描** 在**逐行扫描**（progressire scanning）系统中，电子枪像我们阅读一样按顺序扫描每一个行。和隔行扫描一样，光束从屏幕的左上角开始扫描第一行，之后重新跳回第二行的左边开始扫描，之后是第三行，依此类推。在最后一行扫描完后，光束回到左上角最初的出发点，开始第二遍扫描。每一个行都要依次扫描（见图3.3）。与每一个扫描周期产生半个帧（一个场）的隔行扫描相反，逐行扫描的每一个扫描周期产生一个完整的帧。为了避免画面闪烁，要求逐行扫描的**刷新率**（refresh rate）（即完整扫描周期数）每秒至少达到60帧。

**要点2 在逐行扫描中，每一个扫描周期产生一个完整的帧，要求至少每秒60帧的刷新率。**

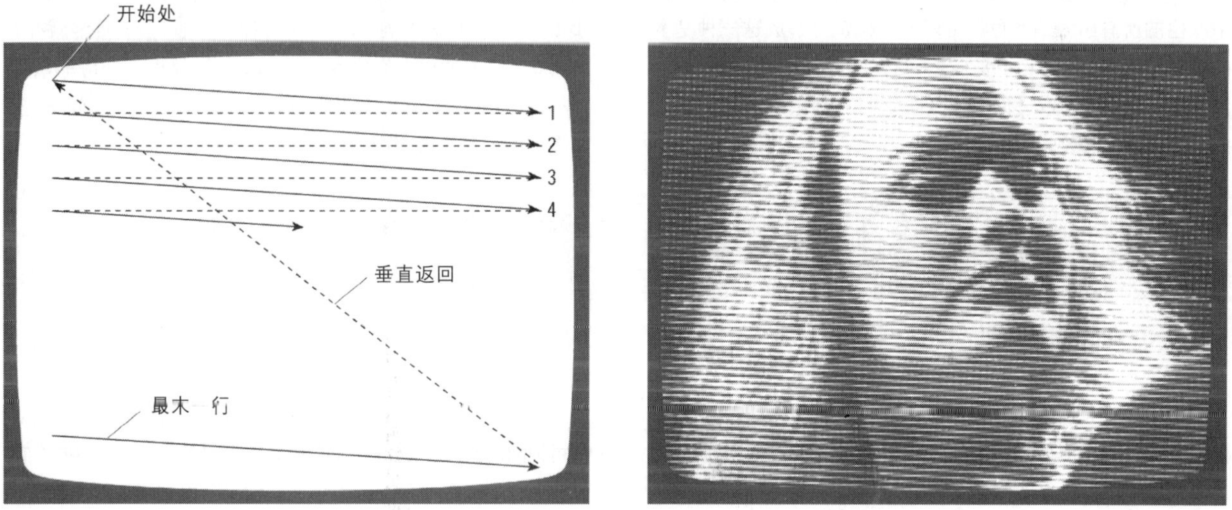


**图3.3 逐行扫描**

在逐行扫描中，电子光束从左至右、从上至下开始扫描。每一个扫描周期产生一个完整的帧。随后光束跳回顶部开始另 个扫描周期，产生另一个完整的帧。

## 数字电视扫描系统

**高清晰数字电视**（high-resolution digital television systems，缩写DTV）采用逐行扫描和隔行扫描两种方式。之所以采用逐行扫描，是因为这种方式可以得到更清晰的画面并轻松地进行压缩处理（我们将在后面的章节讨论压缩）。但比起隔行扫描，逐行扫描的缺点是它要求的带宽更宽。而采用隔行扫描的原因，则是因为隔行扫描可以在不占用太多带宽的情况下扫描更多的行。

在电视制作和家庭收视中用得最多的三种数字电视：逐行扫描的480p、720p和隔行扫描的1080i系统。这三种系统产生的画质都优于标准电视。数字电视组成了**高清晰电视**（high-definition television，缩写HDTV）系统。比起普通电视（NTSC）系统，HDTV系统的画面更加精致。720p和1080i都属于HDTV系统。

**480p系统** 480p系统的电视画面由逐行扫描的480个行组成（只比我们在NTSC系统中见到的525行略少），每秒产生60个完整的帧（不是场）。尽管其画面看起来非常明晰，但却不属于HDTV。

**720p系统** 720p系统的电视画面由逐行扫描的720个行组成，其扫描周期为60帧/秒。由于产生的行数和帧数很多（是NTSC系统的两倍），产生的画面极其清晰。因此将它归入高清晰电视系统。

**1080i系统** 1080i系统采用隔行扫描技术，每秒只产生30帧（60个场）。但由于其扫描的行数多，能产生优质的画面，因此也属于HDTV。

**要点3 现有数字电视扫描标准：480p、720p和1080i。**

## ◎视频的三基色

当技术人员谈论RGB时，他们指的是红、绿和蓝这三种最基本的颜色或它们相应的信号。红、绿和蓝被称为“基本色”，这是因为它们可以组合形成其他的所有颜色。镜头中产生的所有画面的颜色都可以被分光镜分解成这三种基本的颜色（见第4章）。不要将光的三基色与绘画的三原色混淆。我们将在第7章讨论为什么叫它们三基色以及它们如何混合形成其他颜色。

## ◎什么是数字化

所有采用开/关或是/否值进行操作的数字视频和计算机都基于二进制编码来表示。“开”的值用1表示，“关”的值用0表示。这些**二进制数字（binary digits）**，简称**比特（bits）**，采用的是灯泡的原理进行操作：遇到1，灯泡就亮；遇到0，灯泡就灭。在**数字（digital）**世界里，相应的数字表示相应的状态，开/关脉冲的取值只能在0和1之间选择，就像灯泡不可能处于半开半关状态一样。

**要点4 所有数字系统都基于二进制开/关、是/否的原理。开的状态用1表示，关的状态用0表示。**

### 模拟与数字的区别

由于模拟信号与数字信号之间的技术差别相当复杂。在**模拟信号（analog signal）**的形象化过程中，信号随原波形一同波动。其过程就像一个引导你到达一定高度的缓缓上升的斜坡，无论你是小步前行还是大步迈进，最终都将到达楼梯的顶部（见图3.4）。

数字信号更像一个楼梯，有着许多大小相同的台阶，引导你到相同的高度。这一点非常像数字世界的是/否，你要么在台阶上，要么在台阶下，不可能在两个台阶之间（见图3.5）。

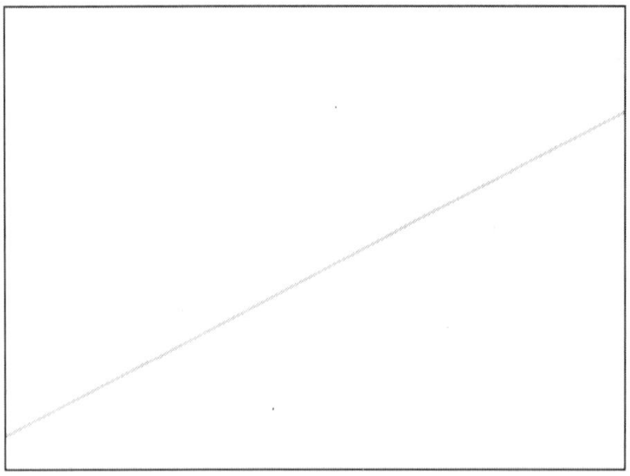

图3.4 模拟信号

模拟信号可以用一个斜坡来表示，引导你到达一定的高度。

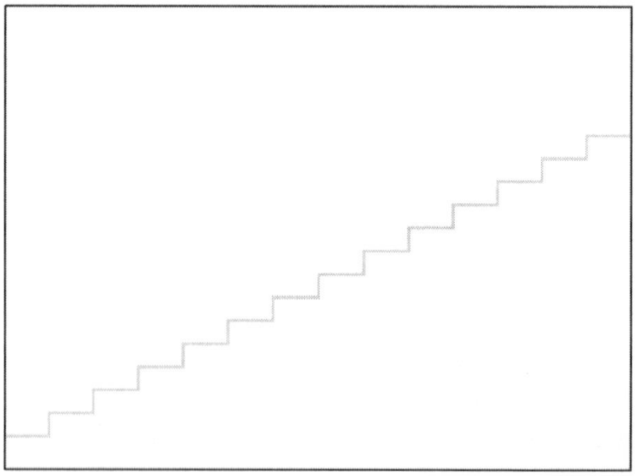

图3.5 数字信号

数字信号可以用楼梯来表示，通过不连续的台阶引导你到达一定的高度。

从技术角度来讲，这个上升被分解成一系列的台阶，每个台阶都可以用一个数字来表示。虽然将模拟信号转换为数字信号的过程包含若干个步骤，但其中两个最重要的步骤是取样和量化。

**取样**　在取样（sampling）过程中，将斜坡（模拟信号）上一定数量的点定为修建台阶（数值）的点。如果取样率较低，沿着斜坡得到的点也较少，那么得到的台阶跨度也较大。很显然，只靠这几个跨度大的台阶并不能很好地代表斜坡（即原始的模拟信号）（见图 3.6）。

另一方面，如果取样率较高，得到的台阶就小、就多，体现出的斜坡就比较接近原始的形状（见图 3.7）。

**量化**　在量化（quantizing）的过程中，我们实际是在修建台阶，检查各个台阶的高低——量化级数。对每个台阶的高度进行测量，一个 8 比特的量化级数最大可以表示 256 个台阶（$2^8$）。

因为每个台阶都分配了一个二进制数，全部由 0 或 1 表示，因此计算机现在可以识别每一个信号台阶。

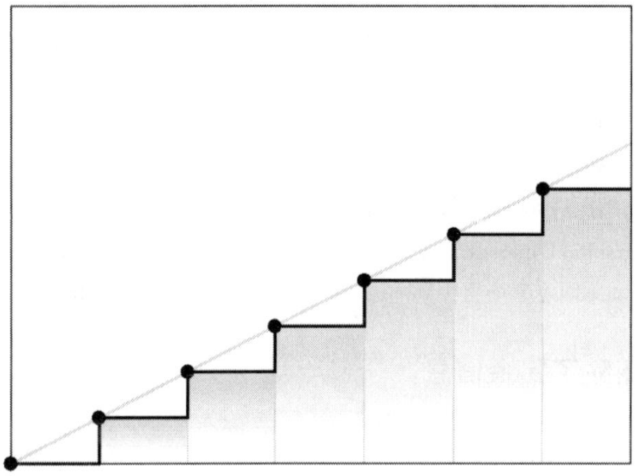

**图 3.6　取样率低的情形**

取样时选择原始模拟信号的一部分。如果取样率低，这个斜坡转换成的台阶跨度就大，意味着人部分原始信号将丢失。

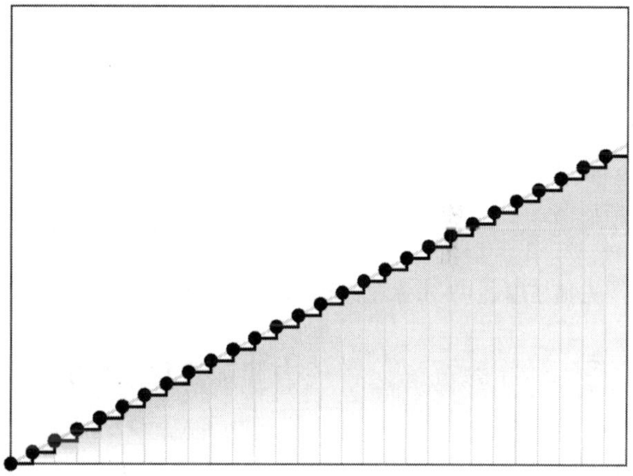

**图 3.7　取样率高的情形**

取样率高可以选择原始信号的大部分。斜坡转换成数量更多、跨度更小的台阶，这些台阶能更好表示原始的斜坡。取样率越高，数字信号越高。

**要点 5　在将一个模拟信号数字化时，取样率最好高一些。**

## ◎为什么要数字化

既然模拟信号效果不错，为什么我们还要进行数字化变革？主要原因正是在这看似粗糙的开 / 关原理中：这种转变能最大限度地减少所有不必要的中间值，也叫人为值。你只能处于两种状态：要么站在这级台阶上，要么站在这级台阶下；如果是灯，则只能是亮或灭，数字系统（二进制）会忽略半明半暗的状态。在技术语言中，数字系统是一个有力的、健全的系统。在视频领域运用数字系统的优势主要体现在以下几个方面：（1）画质；（2）压缩和信号传输；以及（3）效果和和图像处理。

### 画质

除了高度清晰的画面之外，比起模拟视频系统，数字电视的颜色及黑白对比度也更好。这一优点在视频录制及剪辑时显得特别明显。数字化录制的节目质量即使在多次磁带复制下也不会有所损伤。一个复制盘是原始母带的众多拷贝中的一个。比如，第一个拷贝盘是直接从母带复制的，而第二代拷贝则是从第一个拷贝盘复制的。

但如果采用模拟设备，每一个后代拷贝都会将前一个拷贝丢失的微弱信号放大，其情形同随着影印的次数逐渐增多，文章越来越模糊一样。即使用最好的模拟设备进行复制，在复制几代之后也会出现画面丢失的现象。而如果采用数字视频录像设备，后面几代复制的画质效果与原始画质的差别微乎其微，这种特性叫明晰度。有些数字录制系统产生的图像即便在复制30次后仍很少有损失。这种优点对后期制作运用复杂特技十分有利。

## 压缩与信号传送

如果只有一个公文包却有太多的材料要装，你会怎么办？数字系统时刻都要面对这样的问题。即使是高容量的数字系统，往往也没有足够的空间和带宽去传输大量的视和音频信息，而这些信息是那些动人的优质画面和声音所必需的。在数字领域中，对付这个难题的办法是**压缩**（compression）。在你储存巨量文件时，你会将它们压缩进Macintosh系统或Windows系统，然后在需要重新打开的时候再解压缩。

**无损压缩** 这表示你在将资料放进公文包时不想落下任何东西。因此，为了装下所有的材料，你必须重新收拾包裹，希望能将所有的东西都装进去。采用无损压缩，你不会丢失任何信息，只是出于方便储存和传输的目的而对文件重新进行整理。难题在于，系统仍然要处理超大的文件。

**有损压缩** 现在，你不得不决定到底将哪些文件放进公文包。你真的需要3双鞋吗？只要1双行不行？只要1件而不是4件绒衣怎么样？有没有可能1件都不要呢？有损压缩不得不做出类似的选择。它们将一些不是绝对需要的数字信息删掉或丢掉。例如，计算机推测你正在行走的那片草地在下一帧时不会由绿色变为红色，于是，系统就不在每一帧中都传输草地的绿色，而是只保留一帧中的绿色信息。有损压缩的最大优点是你出门时不必带一只巨大的公文包，也就是说只用较小的数字存储空间来储存较大的数字信息。目前两个比较流行的压缩标准JPEG和MPEG-2都属于有损压缩。前者读作jay-peg，为设置该标准的影像专家联合组（Joint Photographic Experts Group）的缩写形式；后者读作em-peg，为运动画面专家小组（Moving Picture Experts Group）的缩写。

**要点6 为提高储存能力和加速信号传送，压缩删除了冗余信息。**

## 特技效果与图像处理

比起模拟视频特技，数字视频特技（DVE）的灵活性更大。例如，在模拟系统中，想在较小的帧中压缩一个大的画面而不丢失任何画面内容是不可能的；而用数字设备，你却可以创建大量的复杂特技并将它们储存起来以备不时之需。在数字设备或非线性编辑当中，你可以在计算机屏幕上同时显示大量的帧，同时轻松地通过鼠标移动来改变它们的次序。有了扫描仪这类数字设备，你便可以将任何实拍的图像数字化并随意调整：可以改变它的形状、大小、亮度、颜色和对比度，可以让它在画框中做弹跳运动。此外，数字系统还给你创建视频与音频的合成图像提供了条件。有了计算机，你可以不再依靠真正的光线和声音，而完全可以创建自己的数字世界。我们将在第9章探讨主要的模拟及数字特技。

## 再次重申，请记住：

◎**基本图像的形成**

一个标准的（NTSC）电视帧由两个扫描场组成，每秒扫描30帧（由60个场组成）。隔行扫描每隔一行扫描一行；逐行扫描则扫描每一个行。在逐行扫描中，每一个扫描周期产生一个完整的帧。

◎**数字扫描系统**

最常见的数字电视扫描系统是480p系统、720p系统和1080i系统。720p和1080i系统为合法的高清晰电视系统。

◎**取样**

取样率越高，数字信号的质量越好。

◎**压缩**

压缩意味着将数据存储到更小的空间（无损压缩），从而达到储存或传送数字信息的目的，比较常见的做法是丢掉一些不很重要的信息（有损压缩）。

## 要点

☞ 一个标准的电视（NTSC）帧由2个扫描场组成。一秒钟有30帧60个场。

☞ 在逐行扫描系统中，每一个扫描周期产生一个完整的帧。其刷新率要求至少达到每秒60帧。

☞ 现有DTV扫描标准分为480p、720p和1080i。

☞ 所有的数字系统都基于二进制的开/关原理，用1来代表开的状态，0来代表关的状态。

☞ 在将模拟信号数字化的过程中，取样率越高，效果越好。

☞ 压缩删除一些冗余信息，以提高信号的存储能力和传输速度。

第 4 章

# 摄像机

## 重要术语

**aperture 孔径** 指镜头的光圈开口，通常以 f 光圈值来衡量。

**beam splitter 分光仪** 装在摄像机内部的光学设备，能将白色光分解成三基色：红、绿、蓝。

**camcorder 摄录一体机** 带内置录像机的便携式摄像机。

**camera chain 摄像机配套设备** 摄像机（头）及其辅助电子设备，包括电源、同步发生器以及摄像机控制单元。

**camera control unit（CCU）摄像机控制单元** 独立于摄像头之外的设备，能使技术人员在制作过程中调整色彩和亮度对比。

**CCD 片基** charge-coupled device 的缩写，一种将光学图像转换成视频图像的电荷耦合器件。

**ENG/EFP camera 电子新闻采集/电子现场节目制作摄像机** 用于电子新闻采集或电子现场制作的高度便携的内置式摄像机。

**fast lens 大口径镜头** 在孔径最大（光圈值最低）时通过的光量可以达到最大程度的那种镜头，可以用于光照度低的情况。

**focal length 焦距** 指镜头设在无限远时，从光圈焦点瞄准的对象之间的距离。通常以毫米或英寸来测量。

**f-stop 光圈值** 刻在镜头上显示镜头孔径的刻度。光圈刻度的数字越大，表示镜头的孔径越小；反之亦然。

**iris 镜头光圈** 可调整的镜头进光量机关，也叫做可变光圈。

**slow lens 小口径镜头** 只允许较少光量通过的镜头（光圈值高），只能在光照充足的条件下使用。

**viewfinder 寻像器** 连接在摄像机上的一台小型监视器，显示摄像机拍摄的画面。

**zoom lens 变焦镜头** 焦距可以变化的镜头，是所有摄像机的必备设备。

**zoom range 变焦幅度** 指在变焦过程中，焦距从广角拍摄到近景拍摄的变化幅度。变焦幅度通常用比率来表示，如 20∶1。也叫做变焦比例。

在赶到Triple-I的下一场拍摄之前，你觉得自己应该有一台**摄录一体像机（camcorder）**，学着用它，以便了解怎样才能得到有效的画面。你在Triple-I拍摄MTV片段时遇到的那位摄像师告诉你，掌握摄像机如何工作是制作有效视频和理解视觉传播一般要求的必要前提。

本章将帮助你了解如何创作视频图像，了解视频摄像机如何工作。

**◎摄像机的基本功能和组成**

功能；镜头；分光仪；成像装置；寻像器

**◎摄像机的类型**

演播室摄像机；HDTV摄像机；ENG/EFP摄像机；摄录一体机及其各种电缆连接器

## ◎摄像机的基本功能和组成

不管其形状、价格和品质如何，也不论是数字摄像机还是模拟摄像机，它们的工作原理都一样：将镜头所能看到的光学图像转换成相应的视频画面。更具体地说，摄像机将光学图像转换成电子信号，然后再通过电视接收器将它转换成可视的屏幕图像。

### 功能

为了实现这个功能，要求每部摄像机具备三个基本组成部件：（1）镜头；（2）摄像机机身以及（3）寻像器（见图4.1）。

镜头从摄像机瞄准的景色中选取一部分，形成一个清晰的光学图像。摄像机内有一个分光仪和一个成像器，它们将镜头中的光学图像转换成微弱的电流或信号，然后不同的电子部件再将这些信号放大并进一步处理。寻像器将这些电信号转换成镜头视频图像（见图4.2）。

为了解释这个过程，我们首先从镜头如何工作，如何看一个场景的特定部分开始讲起。然后我们再讲分光仪和成像设备。最后讲电视接收器如何将视频信号转换成视频画面。了解这个基本过程将有助于你更有效地运用摄像机，有助于你了解如何调整其他制作元素——如光——来满足摄像机的不同需求。

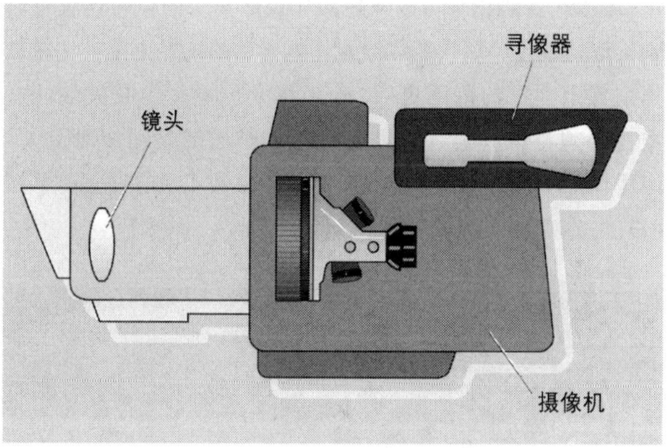


**图4.1 摄像机的基本组成**

摄像机有三个主要部件：镜头、摄像机机身和寻像器

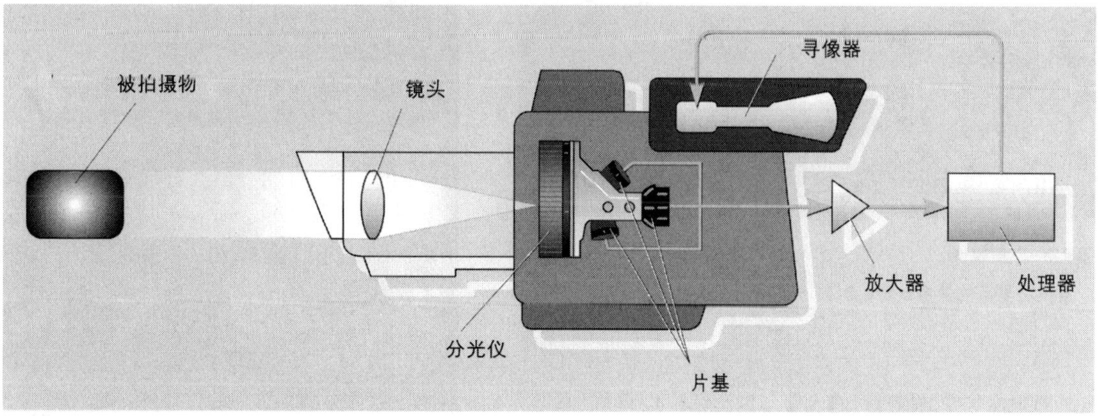


**图4.2 摄像机的功能**

摄像机将镜头看到的光学图像转换成屏幕上相应的画面。镜头搜集从一个物体反射回来的光，将其传送给分光仪，由它将白光分解成红、绿和蓝三种光束。CCD再将这些光束转换成电能，这些电能经过放大和处理后又被寻像器转换成视频画面。

## 镜头

镜头决定了摄像机能看见什么，镜头按其**焦距**（focal length）来分类，而焦距则是对镜头光圈到焦点内被拍摄物之间的距离的度量。这种度量假设镜头距离设为无限远，通常以毫米来表示。因此，静物摄像机的镜头可能从24毫米到200毫米。镜头还可以按镜头从某一点能看见的宽度范围来划分。广角镜头（短焦镜头）看见的景别相对更宽；而窄角镜头（长焦镜头）看见的景别相对较窄，背景非常清晰。快门速度指镜头能通过的光的多少。

影视图像的质量在很大程度上取决于镜头的光学质量。这就像话筒一样：如果话筒质量低劣，即使最好的录音设备也无法产生出高质量的声音。

**焦距** 变焦镜头可以从短焦（或广角）的位置连续过渡到长焦的位置。短焦变焦位置让你得到的视界更宽：比在长焦位置上看见的范围更广。若想将变焦镜头变成极端的广角，必须将镜头全部拉进，这时你眼前的景别相对更大，但中间和背景中物体看起来会显得非常小、非常远（见图4.3）。

**图4.3 广角景像**

广角镜头显示的景像很宽，远方的物体看起来很小。

将镜头全部推出将使镜头处于长焦（窄角）位置。这时，镜头选中的图像会变得更窄，但更大。由于长焦的功能就像一只双筒望远镜，因此，它又被称为望远镜头或望远变焦镜头位置（见图4.4）。

**图4.4 长焦景像**

长焦镜头只能显示景像的一小部分。与广角镜头相比，这时背景中的物体相对于前景中的物体显得更大。

如果将镜头在变焦幅度的中间停住（即在极端广角与极端窄角之间），得到的镜头位基本上可以算正常。所谓的正常位指接近我们用肉眼直接看被拍摄对象的感觉（见图4.5）。

由于变焦镜头的焦距变化幅度非常大，可以从极端广角变到极端窄角，因此又被叫做可变焦镜头。

**图4.5 正常镜头**

正常镜头显示的景别和透视关系与我们的肉眼看见的相似。

**图 4.6　10 倍变焦镜头的最大广角和最小长焦**

10 倍变焦镜头能将焦距增加 10 倍，将景像的一部分放大，使之在画面上显得更靠近摄像机，即离观众更近。

**变焦幅度**　**变焦幅度**（zoom range）也叫**变焦比率**（zoom ratio），指运用变焦距镜头从最远的广角位推到最近的长焦能得到的景像。比率中的第一个数字越高，从最远的广角位得到的对象就越近。在从最远的广角位推到最近的长焦时，20 倍变焦镜头将使景别（景别）变窄 20 倍。在实际操作中，你可以从广角位推拍到很好的特写。20 倍变焦幅度也可以表示为 20 ×（见图 4.6）。

光学镜头和数码镜头之间有着很大的差别。光学变焦靠镜头中的镜头部件改变景像的角度；而数码变焦则只是将像素放大，使景像产生推拍的感觉。数码变焦的问题在于像素放大后照片会变得不够清晰，因此数码拍出来的近镜头难免有些模糊。光学变焦不会影响照片的清晰度，这就是为什么光学变焦镜头为人们所喜爱的原因。

一些用于体育与户外活动报道的大型摄像机镜头甚至有 40 倍或更大的变焦比率。这些镜头与连接支撑他们的摄像机一样大，有时甚至比摄像机还大。有了这样的镜头，你便可以从整个橄榄球场的广角开始推进拍摄某主攻手的面部特写。变焦幅度必须大，因为摄像机通常安装在体育馆的顶部，远离比赛场地。它们无法像便携式摄录一体机那样接近事件，因此只能靠变焦镜头将事件拉近机身。

镜头的焦距决定了你能看到多少景像，决定了这个景像离你的距离（景别）。除此之外，它也同样决定了你能在多大范围内移动摄像机，决定了观众能看到什么效果。我们将在第 5 章、第 6 章进一步讲解这方面的知识。

**快门速度**　正如前面讲过的那样，速度指有多少光能进入镜头到达成像装置。**大口径镜头**（fast len）相对能让更多的光进入镜头；而**小口径镜头**（slow len）能进入的光则少得多。在实践中，相对于小口径镜头，大口径镜头在黑暗环境中产生的图像更能达到令人接受的程度，因而大口径镜头比小口径镜头更有用，但同时体积也更大，价格也更高。

依靠镜头上光圈刻度的最低值，便可以判断一只镜头属于大口径还是小口径。比如 f/1.4 或 f/2.0。数字越小，镜头的速度越快。

**光圈和 f 值**　和人眼睛里有瞳孔一样，所有的镜头都有**光圈**（iris），以便控制光的进入。在光照好的环境中，眼睛会通过缩小瞳孔“光圈”来限制光的数量；而在昏暗的环境中，眼睛则通过扩展瞳孔来让更多的光通过。

光圈的工作原理和瞳孔一样，光圈正中有一个可调节的孔，叫做**孔径**（aperture），可以放大和缩小。通过改变孔径的大小，便可以控制进入镜头的光量。如果被拍摄对象上的光线少，可以通过变大孔径而让更多的光进入，这叫做“打开镜头”或“打开光圈”；如果被拍摄对象上的光线充足，则可以通过变小孔径而限制光的通过，相当于“关闭”镜头。这样便可以控制图像的曝光程度，使它看上去既不太暗（光线不足）也不太亮（光量过多）。

现在，你也可以用技术味更浓的词语来解释大口径镜头和小口径镜头了。在最大光圈值的时候，大口径镜头比小口径镜头通过的光更多。

**光圈值（f-stop）**是我们判断镜头能进多少光的标准。所有镜头在其底部都有一个上面刻有一系列光圈数字（如1.7、2.8、4、5.6、8、11、16）、控制光圈开关的环（见图4.7）。

当你转动这个圆环，将f/1.7这个刻度与镜头上的标志对齐时，意味着你已经将镜头开到了它的最大孔径，这时，能进入的光线达到最大值；转到f/16，则镜头关到最小孔径，只有极少的光能通过。大口径镜头的最大孔径应该为f/2.8或更大。好镜头的光圈值可以小到f/1.4甚至f/1.2。有了这种镜头，即使光照非常弱，你得到的图像也比最大孔径为f/4.5的小口径镜头得到的更好。

注意，光圈值的数字与你的心目中的数字恰好相反：光圈值的数字越小，孔径越大，传递的光越多；光圈值的数字越大，孔径越小，进入的光越少（见图4.8）。

**图4.7 光圈控制环**

光圈值刻在控制镜头孔径大小的一个环上。控制环上的C标志代表镜头盖，意思是光圈完全关闭，就像被一顶帽子盖住了。

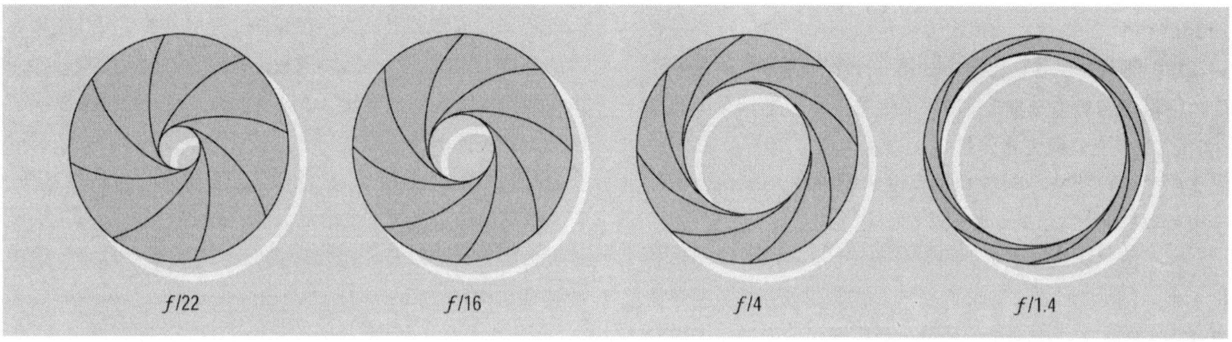


**图4.8 光圈值设定**

光圈值的数字越大，孔径的开口越小，进入的光越少；光圈值的数字越小，孔径的开口越大，进入的光越多。

**要点1 光圈值数字越小，光圈孔径越大，进入的光越多。大口径镜头的光圈值数字最小（如f/1.4）。**

**要点2 光圈值数字越大，光圈孔径越小，进入镜头的光越少。小口径镜头的光圈值数字最大（如f/4.5）。**

**自动光圈** 自动光圈不必用手即可自动调节镜头的孔径，得到一个合适的光圈值。摄像机读取景像的光线水平，然后命令自动光圈打开或关闭，直到最终得到既不太暗也不太亮的影像为止。当然，这一自动化的特点并非毫无缺点。我们将在第6章进一步讲解其优点及弊端。

### 分光仪

**分光仪（beam splitter）**是摄像机内部的一个重要构件，负责将普通白光分解成三基色——红、绿、蓝（RGB）。如果按不同比例将这三种光混合，这三种基色即构成我们在电视上看到的所有颜色。

分光仪由一系列棱镜和滤光镜组成，一起装在一个棱镜块内（见图 4.9）。棱镜块将进入的光束分解成三种颜色，然后将这三基色光导入它们对应的成像仪内，成像仪进而将这些光束转化为电能——RGB 视频信号，见彩插 1 。

## ◎成像装置

摄像机内的第二个重要构成部件是成像仪，又叫影像采集器，其职责是将光变成电能。大多数摄像机的成像仪都有一个 CCD，也叫“片基”。这是一个非常小的固体状硅片，内有水平和垂直排列的成千上万个图像感光元素，叫做像素。每一个像素都能将自己接收到的光能转换为相应的电荷或电能。

像素的工作原理很像马赛克中单个的瓷片或杂志图片中的一个点。图片中含的像素越多，图像越清晰（见图 4.10）。同样，一个 CCD 中的像素越多，最后呈现的屏幕形象就越清晰。高清晰芯片的像素数目很多，因而能呈现非常清晰的图像。正如你所见，视频图像的清晰度不光由扫描的行数决定，还由摄像机镜头及成像仪上的像素数目决定。

**图 4.9　棱镜块**

棱镜块包含棱镜和滤色镜，它们将进入镜头的光分解为三基色然后再将它们引入各自对应的片基。

**图 4.10　图像分辨率**

右图的像素比左图多，因而看上去分辨率更高。片基中含的像素越多，成像越清晰。

## 要点 3　CCD 成像仪将影像的不同光转变成电能——视频信号。

高级家用摄像机和所有专业摄像机都有三个 CCD——每个 CCD 用于处理三基色中的一种光。但大多数小型家用摄录一体机只有一个硅片。这样，进入的白色光只能被一个滤色器分解成三基色，进而由一个 CCD 处理成单个信号。即使这个芯片质量高，拥有成千的像素，也只能给每种颜色分配三分之一的像素。因此比之三个硅片同时使用，这时的颜色和清晰度就会出现失真的现象。

单芯摄像机的好处在于体积小。你会发现，一些数码单片摄像机产生的图片同样也非常令人惊叹，完全可以与三芯摄像机的色彩还原度和分辨率媲美。

**摄像信号处理** 来自像素的电荷非常弱，在进一步处理成视频信号之前必须增强；然后，最后得到的视频信号再通过寻像器和内置（或外接）录像器变成呈现在电视机上的图像（见图 4.2）。这个处理过程会将 RGB 三基色与另一个携带着图像亮度、黑白和信息的信号结合。颜色信号构成色彩信号，即 C 信号（C 为希腊文字 chroma“颜色”的首字母大写）；黑白信号叫做亮度信号，即 L 或 Y 信号（L 为拉丁文“光”lumen 的首字母大写）。C 信号和 Y 信号结合，产生一个合成信号，即 NTSC 信号，或简称 NTSC（也许你还能回忆起，NTSC 代表“国家电视系统委员会”），见彩插 3。

## 要点 4　合成信号是 RGB 色彩信号和黑白亮度信号的结合。

### ◎寻像器

**寻像器（viewfinder）**是一台连接在摄像机上的小视频监视器，能够显示摄像机所见到的景像。大多数寻像器为单色，只能以黑白的形式呈现摄像机产生的彩色图像。有些高端家用摄录一体机和一些专业摄像机配备有彩色寻像器，这在图像构成上给摄像师提供了大大的支持。由于小型彩色寻像器的分辨率不如单色寻像器，因此许多摄像师倾向于使用后者。除一些常规寻像器外，一些小的数码摄像机还具备平面液晶显示器寻像器，可以在手持拍摄时折叠翻转，随心所欲地取景（见图 4.11）。

**图 4.11　折叠式寻像器**

这个大液晶显示寻像器在操作上给操作者提供了极大的自由度。

### ◎摄像机的种类

看到演播室里的摄像机，你也许会奇怪它们为什么在体积上比 ENG/EFP 摄录一体机或摄像机大那么多。但即使是体积较小的或便携式 ENG/EFP 摄像机，也比典型的家用摄录一体机更大、更重。尽管大家普遍认为大的摄像机比小的家用摄录一体机质量高，但实际上我们并不能完全凭摄像机的体积大小来判断其图像的质量。有几款数码摄录一体机的体积较小，然而它们产生的图像和声音却远比一些大模拟摄录一体机的好。在这一部分，我们采用了摄像机“体积”这个词，主要是为解释如何应用它们。无论它们是模拟的还是数码的，是 HDTV 的还是 STV 的，其用法基本上差别不大。

我们经常在电视演播室里看到一些大型的高级摄像机，确切地说，它们应该被称为演播室用摄像机，而那些小的、用于实地拍摄的摄像机则应该称为ENG/EFP（电子新闻拍

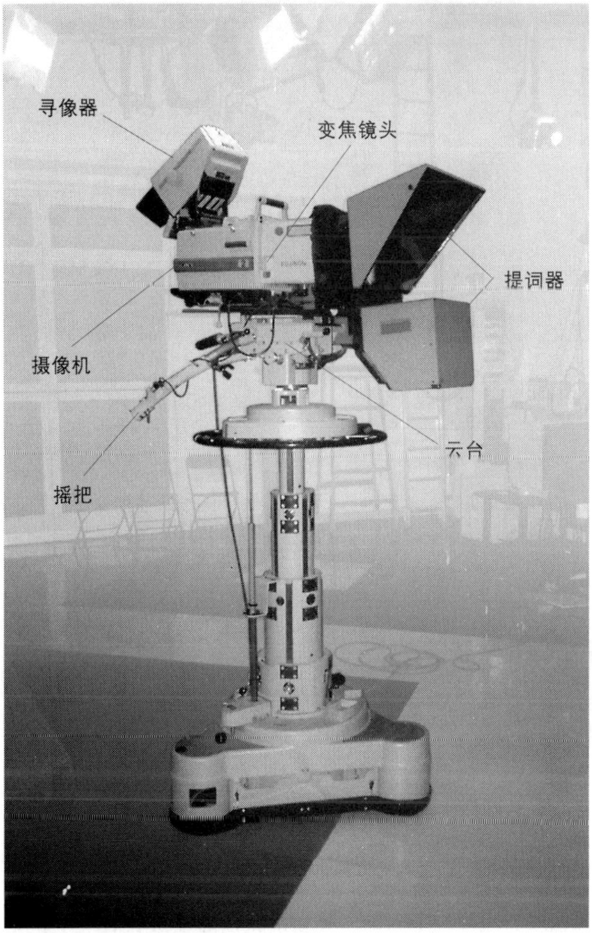


**图4.12 演播室用摄像机**

高级演播室摄像机有三个CCD和众多电子控制件，它们上面附带一个大镜头和一个寻像器，因此整个摄像头显得比ENG/EFP摄像机要重。

摄/电子实地拍摄）摄像机或简称为实地拍摄摄像机。尽管我们在商店电子器材部见到的小型摄录一体机往往被称为家用摄录一体机，但有几种小型数码家用摄录一体机也可以用来进行专业拍摄。这几种高级家用摄录一体机有时被称为专业家用摄像机。

摄像机和摄录一体机之间的区别在于，摄录一体摄像机（为摄像机加录像机的简称）上面有或外接或内置的录像机；而其他的ENG/EFP摄像机则必须与一个独立的录像机连接才能进行录制工作。

## 演播室摄像机

演播室摄像机又大又重，没有基座或某种支架的辅助很难操纵。造成这个设备如此之重的不是摄像机本身，而是那个体积庞大的变焦镜头（变焦镜头往往附在电子台词提示器上，见图4.12）。演播室摄像机一般在演播馆内使用，用于拍摄采访、新闻、游戏节目，有时也用于大型现场直播，如体育赛事，因为这时必须保证高质量的视频图像。

演播室摄像机的目的是保证在任何条件下都能得到非常清晰的图像，因此它们都有三个CCD、一系列控制设备和一个大的高级变焦镜头。为了保证制作过程中的光学影像质量，演播室摄像机通过电缆与各种电力设备相连，并可以通过手动控制各种电子和光学功能，比如调节光圈。和ENG/EFP摄像机或小型摄录一体机不同，演播室摄像机无法自己运行，必须与外接电源和控制设备连接。由于这种摄像机必须与配套设备连接，因而它们一起被称为“摄像机组合”。

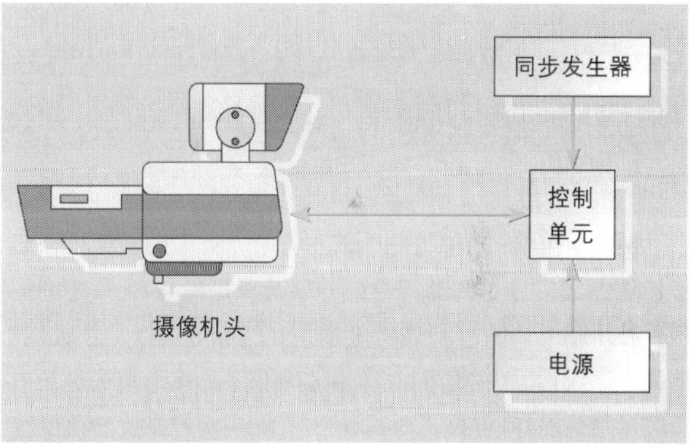


**图4.13 标准摄像机组合**

标准摄像机组合由摄像机头（实际发挥功能的摄像机）、电源、同步发生器以及摄像机控制单元构成。

**摄像机组合** 标准的**摄像机组合**（camera chain）由四个部分组成：（1）摄像机机身，处于组合的前端，叫做摄像头；（2）电源；（3）同步发生器；以及（4）摄像机控制单元，简称CCU（见图4.13）。

电源通过摄像机电缆给摄像头提供必要的电能。不像ENG/EFP机或摄录一体机，摄像机不能用电池。电源部件内置在摄像机的控制单元里。

同步发生器产生统一的电子脉冲，这对多机电子传播的

所有视频扫描与各种设备（如摄像监视器和寻像器）的运行保持同步非常必要。

摄像机控制单元（CCU）有两大功能：预设和控制。预设指摄像机开机时的调节。导播在制片过程中主要负责摄像机的预设和图像控制，确保摄像机所传送的图像颜色正确、光圈设置正确、确保摄像机已经做好调白和调黑工作，以便在黑白对比的范围内能将物体拍摄下来。好在导播现在可以极大地借助计算辅助预设板来完成任务。

假设摄像机非常稳定，也就是说摄像机在一段时间内预设值不变，那么在制片过程中，导播通常只需调节光圈的大小。这项工作靠移动 CCU 摄像控制单元上的光圈遥控控制键或控制杆即可完成（见图 4.14）。

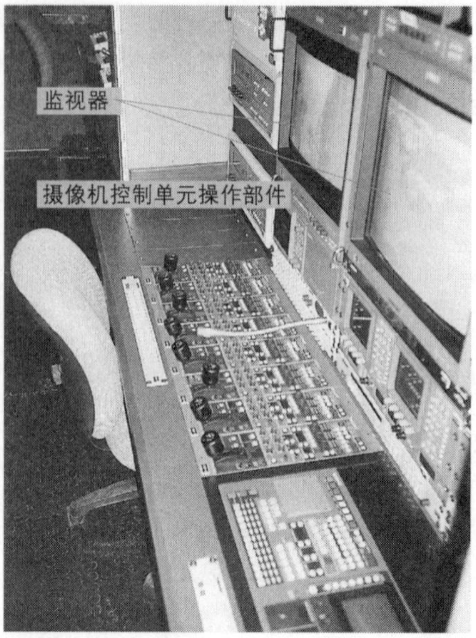


**图 4.14 摄像机控制单元**

摄像机控制单元包括各种控制键。通过这些控制键，导播不断监视和调节图像的质量。

**要点 5 摄像机组合包括摄像头（实际发挥作用的摄像机）、电源、同步发生器和摄像机控制装置。**

**摄像机电缆** 摄像机电缆负责将电力传输到摄像机，负责传送图像信号、内部沟通信号以及摄像机与 CCU 之间的各种技术信息。有些摄像机电缆是专门针对模拟（非数字）摄像机系统的，内部包含了众多金属线，即多芯电缆，长度有限（最长 2000 英尺，即 600 米）；而一些较新式的摄像机则采用较细、较轻、较灵活的三芯导线或光纤电缆，它们比多芯电缆更长。一根三芯导线的长度可达 5000 英尺左右（即 1500 米），一根光纤电缆的长度可达 2 英里左右（3000 米）。

为什么那么多演播室摄像机需要如此长的电缆？这是因为，这些摄像机不仅要用在演播室里，有时还要用于现场拍摄——发生在演播室以外的计划内活动，这时要求视频的质量非常高。在报道体育赛事，如高尔夫锦标赛、滑翔赛或足球赛时，这些摄像机往往离其他摄像机控制装置单元很远，有时甚至 2 英里长的电缆都不足以将摄像机与 CCU 连接起来。

**连接器** 一旦必须将许多设备连在一起组成一个视频或音频系统，就必须要有合适的导线，尤其是匹配的连接器。尽管前期准备工作非常仔细，但拍摄中却可能因为连接器与视频或音频导线不匹配而导致拍摄推迟甚至取消。你会发现，在将这些设备带到外景地时，最重要的工作之一便是检查连接导线和连接器。你可能会听到工作人员不管连接器是阴极还是阳极，一概将它们称为“插头”，但更确切地说，连接器的阳极应该叫做“插头”，而阴极则叫做“插座”。

大多数演播室摄像机都有专门连接摄像机与 CCU 导线的特殊连接器。连接许多专业设备用的同轴电缆采用 BNC 连接器，而家用设备一般采用 RCA 莲花插头（见图 4.15）（图 4.15 所示为标准视频连接器；标准音频连接器请见图 8.25）。因为我们一直致力于将视频设备做得更小、更紧凑，因此你也不难发现专业级的设备上有时也会使用小型连接器。

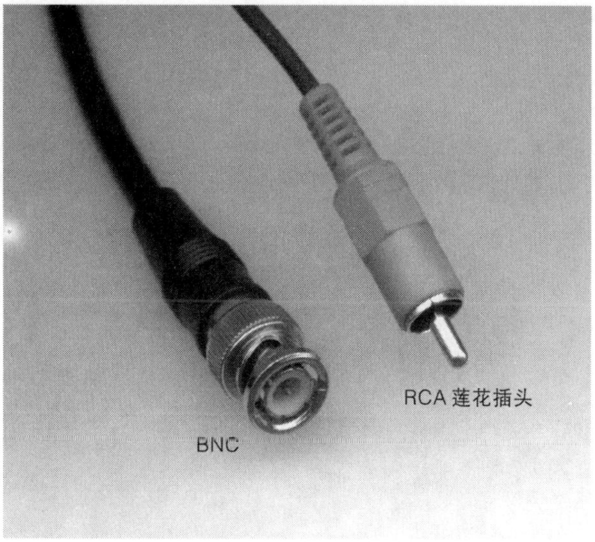


**图 4.15 标准视频连接器**

这些标准视频连接器是BNC和RCA插头(也用于音频)。现在市面上有可将这些连接器一个个连接到其他连接器上的适配器。

## HDTV 摄像机

我们在第3章已经讲过，并非所有的DTV（数字电视）摄像机都可以拍摄真正的HDTV图像。目前，最高级的演播室摄像机在720p或1080i的扫描标准下工作。一般而言，HDTV摄像机在图像清晰度、颜色还原效果和对比度上都比标准电视摄像机做得更好。HDTV摄像机最早是在电子摄像机的拍摄过程中为代替胶片摄像机而开发的，但由于联邦通讯委员会要求在2006年前实现HDTV电视广播,因此演播室和大型实地拍摄也开始使用这种摄像机。

若想得到清晰度很高的图像，HDTV摄像机必须使用自己的专用镜头、高质量的CCD、信号处理设备、寻像器、与16 × 9屏幕宽高比匹配的监视器（参见第5章）以及磁带录像机。显然，HDTV系统与标准视频设备是不兼容的。

## ENG/EFP 摄像机

ENG/EFP摄像机在电子新闻采集或电子实地拍摄过程中由摄像师携带。它虽然比演播室摄像机小得多，但其自身却具备全套摄像机组合。它通常由电池提供电力，但也可以通过普通家用电流适配器获得电力供应，还可以用摄像机电缆传输电能。它有一个内置调节器，可以帮助摄像师通过微调来获取高质量的图像。同演播室摄像机相比，ENG/EFP摄像机的变焦镜头和寻像器要小得多，分量也轻得多（见图4.16）。

**图 4.16 ENG/EFP 摄像机**

高级ENG/EFP摄像机有三个CCD，自身即包含了摄像机组合系统的所有部件，既可以由电池提供电力，也可连接外接电源和遥控设备。

**图 4.17 遥控装置**

遥控装置通过一根摄像机导线与ENG/EFP摄像机连接，对ENG/EFP摄像机的内置控制装置进行遥控，同时帮助摄橡师不断调节图像，进而得到最佳质量。导线同时给摄像机提供电力，并在摄像师和遥控人员之间传递对讲信息。

既然这种摄像机本身的配备已经很齐全，为什么还要电缆？首先，虽然ENG/EFP摄像机可以通过电池工作，但一般通过外接电源获得能量更好，这样可以免去因长时间拍摄而害怕用尽电池能量的担心。

第二，虽然内置CCU可以为每个独立的摄像机拍摄出质量不错的图像，但在拍摄中必须控制好所有摄像机所使用的图像质量。有了遥控单元（实际控制单元为遥控CCU或便携CCU）的帮助，即使拍摄在不同的背景或灯光条件下进行，也只需一名摄像师就可以保证所有摄像机得到的图像在颜色和对比度上达到统一（见图4.17）。

第三，由于没有磁带录像机的多余重量，这种摄像机操作起来相对更轻、更容易。

第四，由于导演从监视器上看到的和摄像师从寻像器上看到的一样，因此他可以在拍摄过程中通过对讲装置给摄像师必要的指导。所有这些拍摄过程中的优势当然远远超过了将摄像机捆绑在转播车上的那些缺陷。显然，导演和拍摄MTV的技术指导非常清楚自己在做什么。

**图4.18 摄录一体机**

摄录一体机是一种带有内置或附加磁带录像机的ENG/EFP摄像机。它有一个连接在摄像机上的话筒，同时还有备用话筒。

**摄录一体机** **摄录一体机（camcorder）**是一种装备有内置磁带录像机的ENG/EFP摄像机（见图4.18）。有些摄录一体机可以插一台磁带录像机。所谓的“插”，这里是指将录像机插在摄像机的后部组成一台完整的摄录一体机。这种插式摄录一体机的优势在于，它不只局限在具体的磁带录像机上。插式摄录一体机上用的录像机一般都不拆下来，而是当作一台摄录一体机整体使用。

所有的摄录一体机，不论是单体式还是组合式，都有一个外接话筒，或安装在机架上或安装在机身内。所有的专业摄录一体机都有用来连接外接话筒的插孔，有些还附带一只摄像灯，以便在电子新闻采集过程中照亮一小块区域或提供

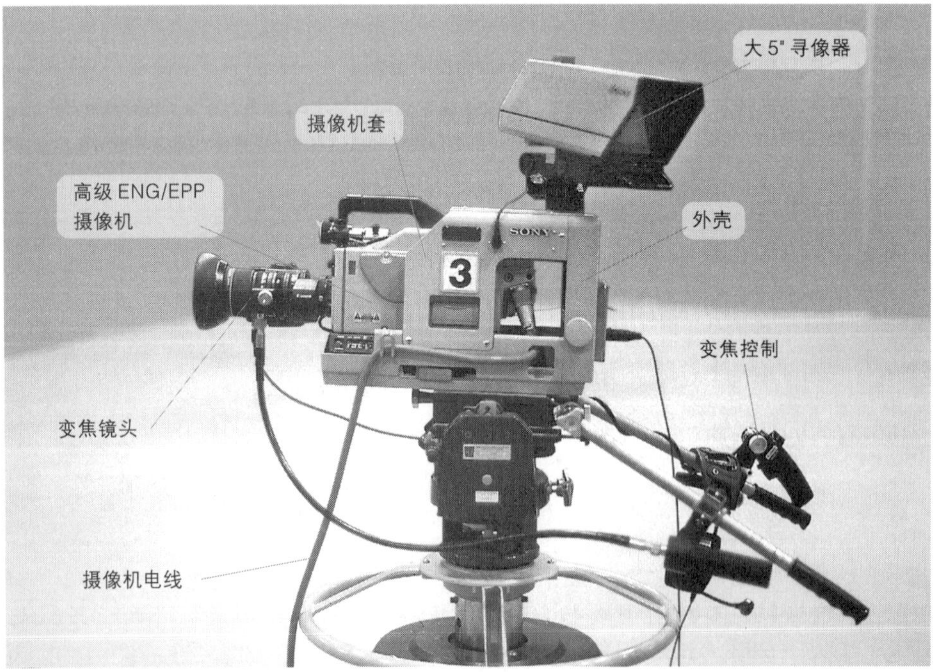


**图4.19 演播室用ENG/EFP摄像机**

若在演播室使用高级ENG/EFP摄像机，必须配备一个大的寻像器、一只变焦幅度与演播室面积相符的镜头、遥控聚焦和变焦导线以及支撑三脚架和演播室云台的支架。

辅助照明。需要注意的是，如果使用摄像机的内置摄像灯，电池的消耗速度会比不用摄像灯要快。

**演播室用ENG/EFP摄像机** 虽然最好的ENG/EFP摄像机的质量低于最好的演播室摄像机，但演播室也经常用高级ENG/EFP摄像机来代替演播室摄像机。所以如此，是因为ENG/EFP摄像机远比演播室摄像机价格低，远比演播室摄像机操作简便。若想使ENG/EFP摄像机适应演播室的条件，必须给它换一个更大的寻像器，装一个变焦幅度与演播室面积相配的大口径镜头（光圈值最大数字较小），安装控制聚焦和变焦的导线，安装支撑三脚架或演播室云台的支架（见图 4.19）。

## 家用摄录一体机

所有家用摄录一体机都有内置磁带录像机，但各种摄录一体机之间的质量相差也很大。前面提到过，三芯家用摄录一体机拍摄出的图像质量一般都优于单芯摄录一体机。有些数码三芯家用摄录一体机拍出来的图像质量很高，甚至已经发展成了准播出级的摄录一体机——专业机的低端（见图 4.20）。与那些售价更高的低端专业模拟摄录一体机相比，它们的表现更加出色。数码摄录一体机的一大优势在于，它们当中的许多机型可以直接将摄录一体机中的磁带录像机数据传输给桌面电脑或数码编辑系统进行后期编辑（参见第 11 章）。

**图 4.20 高端家用摄录一体机**

这种高端家用摄录一体机配备有三个CCD、自动控制装置和一个内置 DVCPRO 磁带录像机。其视频质量可以和较大型的、价格较高的 ENG/EFP 摄像机相媲美，因而又被称为准播出级摄录一体机

**要点 6 录像机内置的摄录一体机。**

## 差别

如果将家用摄录一体机拍摄的图像同用较大较重的专业摄录一体机拍摄的类似场景加以比较，也许很难发现图像的质量有什么差别。即使专业摄像师有时也会对高端家用摄录一体机拍摄出来的优质图像感到吃惊，尤其是在光线充足时得到的图像。那么，它们的差别在哪里？为什么非要用那些分量又重、价格又高的设备呢？

其最明显的差别在于，专业摄像机可以接受同步锁相——可以给众多摄像机提供一个同步脉冲信号，使这些摄像机以完全相同的方式扫描。如果要从一台摄像机立即切换到另一台摄像机，那么这种同步扫描功能就尤为重要，比如在进行一场足球赛的现场直播过程中。另外，大多数专业摄像机的镜头都比家用摄录一体机的好得多。ENG/EFP 摄像机的透镜的光学元件（高质量的透镜元件）更好、变焦幅度更大、变焦机械更流畅、最大孔径更大。在大多数情况下，好的 ENG/EFP 镜头能拉到更大的角度。

ENG/EFP 摄像机同样也有附加电子装置，可以得到高质量的图像，不会在无线传输或转录到磁带录像机上时出现严重受损的现象。而传输到磁带录像机或发射器上的图像质量越高，电视接收器上的图像效果就越好。但是，视频音频是否能在后期制作中保持其原有的质量通常最终取决于摄录一体机的内置录制系统。DVCPRO 和 DVCAM VTR 系统很相似，不论它们是用在高级准播出级摄录一体机上还是用在专业摄录一体机上。

不用担心，不用高级 ENG/EFP 摄像机也能拍出有趣的录像带。好的摄像机操作更多地依赖于你拍什么图像以及如何去组织构图，而不是摄像机本身的技术。第 5 章有关寻像器的讨论将帮助你最大限度地提高拍摄水平。

## 再次重申，请记住：

**◎摄像机基本部件**

这些包括镜头、分光仪、成像装置（通常为一个片基）以及寻像器。

**◎镜头**

镜头的划分依据焦距（长、短）、取景幅度（宽、窄）和速度（最大孔径表示为光圈值读数最小）。变焦镜头的焦距可以变化；变焦幅度用比率表达，如20：1或20×（表现出的景别比最宽角度的窄20倍，但背景放大）。大口径镜头能让较多的光通过，小口径镜头则只能让较少的光通过。镜头的感光速度由其最大孔径或光圈决定；光圈的具体大小用光圈值来表示。

**◎分光仪和成像装置**

这些装置将光学图像转化成视频信号。电子分光仪将进来的光线分解成红、绿、蓝三种光束。成像装置——CCD再将这些光束转化成电能。

**◎演播室摄像机**

这是一种大型高级摄像机，主要用于演播室，通常放在演播室台座上。摄像机组合包括摄像机本身、电源、同步发生器以及摄像机控制装置。

**◎ ENG/EFP 摄像机**

这是一种便携式摄像机，适合一个人搬运操作，其自身就是一套完整的摄像机组合，通常由电池提供电力。

**◎摄录一体机**

摄录一体机是一种方便携带、自身设备齐全的摄像机，配备有内置或插式磁带录像机。专业摄录机有同步锁相功能（几个摄像机和电子设备的扫描同步），有高级变焦镜头和高级磁带录像机。所有家用摄录一体机都配备有内置磁带录像机。

## 要 点

☞ 光圈值的数值越小，光圈孔径越大，通过的光越多。大口径镜头的光圈值的最小读数非常小（如f/1.4）。

☞ 光圈值的数值越大，光圈孔径越小，通过的光越少。小口径镜头的光圈值的最小读数较高（如f/4.5）。

☞ CCD成像装置将图像里的光变化转换为电能——视频信号。

☞ 合成色彩信号是将RGB色度讯号与黑白亮度讯号合到一起。

☞ 摄像机组合由摄像头（实际发挥作用的摄像机）、电源、同步发生器和摄像机控制装置（CCU）组合而成。

☞ 摄录一体机配备有一个内置的磁带录像机。

第 5 章

# 镜头中的世界

## 重要术语

**aspect ratio 宽高比** 电视屏幕宽与高之间的比例。STV 标准电视为 4 × 3（宽 4 个单位，高 3 个单位；HDTV 电视为 16 × 9（宽 16 个单位，高 9 个单位）。

**close-up 特写镜头（CU）** 从很近的位置非常清楚地拍摄物体或物体的一部分。特写镜头分为精确特写（最大特写或大特写）或不精确特写（中特写）。

**cross-shot 交叉拍摄（X/S）** 类似于过肩拍摄，但摄像机附近的人不在拍摄范围内。

**depth of field 景深** 指距摄像机不同位置的所有被拍摄物都能纳入调焦范围的区域。景深主要取决于镜头的焦距、光圈以及摄像机与被拍摄物之间的距离。

**field of view 景别** 通过某个镜头看到的场景范围，即取景范围。用符号表示，如特写镜头用“CU”加以表示。

**headroom 头上空间** 从头顶到屏幕上沿之间的空间。

**leadroom 引导空间** 人或物体向一侧运行时前方留出的空间。

**long shot 远景（LS）** 显示远处被拍摄物的镜头，构图比较松散。超长镜头显示出的被拍摄距离镜头非常远。远景镜头也叫造型镜头。

**medium shot 中景（MS）** 显示中等距离处被拍摄物的镜头，是介于远景与特写之间的景别。

**noseroom 鼻前空间** 从人物的视点或朝向点到屏幕边缘之间的空间。

**over-the-shoulder 过肩拍摄（O/S）** 摄像机取景时从靠近摄像机的这一个人肩上越过（此人的肩和后脑勺应在镜头内）去拍摄另一个人。

**psychological closure 心理补足** 在心理上自行补足缺失的视觉信息，形成一个完整而稳定的构图。

**vector 向量** 指一种屏幕指向力，分为图形、指向和运动向量。

**Z-axis Z 轴** 表示从摄像机的位置到地平线的屏幕深度。

只要将摄像机对准某个物体或事件，就要马上决定拍摄什么，如何拍摄。标准电视的屏幕相对较小，容易使画面变成一个特写媒介。由于有这种要求，再加上表现时间的限制，你很难全面呈现整个事件，必须选择最有意义的细节，然后用最有效的方法将它表现出来。如果为大屏幕高清晰电视拍摄时，自由空间会多一点，但基本的拍摄构图原则在这里同样适用。

至于选择什么事件细节，这要取决于你有多少时间来表现这个事件。如果报道的是一个突发新闻事件，就没有多少时间来进行深入调查。但仍然要抓住事件的本质，同时选择一些能使观众准确了解该事件的细节。例如，火灾现场一位焦急的旁观者的特写比从房子外拍摄房间里的火焰效果更好。尽量避免煽情的或投机取巧的镜头，特别是当它们与表现事件真相无关的时候。

如果你在准备一档节目，比如为Triple-I做一个样片，那么你所选择的细节完全可以、也应该做到更精细一点。

有效的拍摄不仅取决于你打算表现什么细节，还取决于你如何表现这些细节。除了具备一双敏锐的眼睛外，还必须掌握一些基本的构图美学——比如静物和静止事件如何构图？动态物体和事件如何构图？

**要点1　选择能够说明事实的、清晰而有力的细节。**

熟悉基本构图规则不仅有助于拍到有意义的、有冲击力的画面，还有助于你掌握什么时候以及如何处理摄像机的操作控制装置和变焦镜头位置。摄像机的技术和操作特点在设计上并不具备美学构思的功能，它只能尽量真实有效地实现你的意图。

我们每个人至少都看过一次他人假期外出摄制的录像带。除非拍摄录像带的人是操作摄像机的老手，否则你看到的很可能是一串不断抖动的景象：影像快速移动，毫无目的地从一个物体转到另一个物体上，还有很多天和地的空白镜头，人好像粘到了屏幕的顶部或边缘，地上的树或电线杆好像从人的头顶上长了出来。

为了帮助你避免这样的美学错误，本章将对构图进行详细的讲解。

◎**取景基本技巧**

宽高比；景深；向量；构图和心理补足

◎**操纵画面深度**

Z轴；镜头和Z轴深度感；镜头和景深；镜头及Z轴速度感

◎**摄像机控制与物体运动**

摄像机运动和对焦，拍摄运动物体

## ◎取景

取景时，最应该考虑的基本因素包括：镜头中打算要多少景？拍摄物距观众多近？被拍摄物与屏幕边缘的相对位置如何？如果屏幕上只能看见被拍摄物的一部分，如何让观众感觉到一个完整的物体？按摄影艺术（包括影视艺术）的术语来说，这些因素就是：（1）宽高比；（2）景深；（3）向量；（4）构图以及（5）心理补足。

### 宽高比

取景在很大程度上取决于你拥有哪种画框，也就是屏幕的宽度/高度关系，即**宽高比**（**aspect ratio**）。影视制作中常见的宽高比一般为标准的4 × 3比率。如果是数字电视，许多摄像机则可以在标准的4 × 3比率与高清晰度电视的16 × 9比率之间转换。HDTV电视的宽高比只有16 × 9这

**图5.1　4 × 3宽高比**

标准电视的宽高比：宽4单位，高3单位。

图 5.2 16 × 9 宽高比

高清晰电视的宽高比：宽16单位、高9单位。大多数数码电视摄像机可以在标准的4 × 3比率与宽屏幕的16 × 9比率之间转换。

一种标准。在比较小的屏幕上，这两种宽高比对构图没有太大的影响（见图5.1和图5.2）。

然而，在大屏幕上或当视频投影到电影屏幕上时，这两种宽高比的差别就会明显地显现出来。与16 × 9的宽高比相比，4 × 3的宽高比更适合脸部特写，而且效果也更好。但宽屏幕的16 × 9宽高比却能让取景范围更宽，且不会损失什么效果。另外，只要负担不过分，高清晰度电视屏幕上的特效表现得也更明显。

大远景

远景

中景或上身镜头

特写

大特写

图 5.3 景别的距离变化

景别和距离是相对的，主要取决于远景与特写镜头的视觉效果。

## 景别

**景别**（field of view）指物体与观察者之间的距离，即拍摄者的镜头中包含了场景的多大范围。

物体和观察者之间的距离分成五种景别：大远景；远景；中景；特写和大特写（见图5.3）。

如果按镜头里人物的多少来划分，镜头可以分为：（1）半身像，拍摄人体的上半部分；（2）齐膝拍摄，拍摄人体的膝部以上；（3）双人像，镜头里有两个人或物；（4）三人像，镜头里有三个人或物；（5）过肩拍摄，镜头越过一个人的肩部拍另一个人的影像；（6）交叉拍摄，交替地拍一个人或另一个人，靠近摄像机的那人不在镜头中出现（见图5.4）。

景别是相对而言的，也就是说在你看来是特写的镜头在别人眼里可能是中景。由于标准屏幕的尺寸相对较小，因而

半身像

齐膝拍摄

双人像（镜头里有两个人）

三人像（镜头里有三个人）

过肩拍摄（O/S）

交叉拍摄（X/S）

**图 5.4 景别区域**

景别区域表明构图的上下两部分在什么位置分割画面，也可以表明画面里容纳或安排了多少被拍摄物。

特写是电视制作中用得最多的一种景别。不论是拍摄宽高比为 4 × 3 还是 16 × 9 的镜头，这种名称都适用。

你可以通过改变摄像机与被拍摄物之间的相对位置关系或伸缩镜头调整焦距来改变景别。我们在第 4 章已经学过，推镜头可以将镜头推到一个狭窄的拍摄角度，使物体看上去离摄像机较近，从而产生特写镜头。如果将镜头拉开，镜头渐渐伸展到一个拍摄角度较宽的位置，此时便可以看到更大的区域。改变摄像机与物体之间的相对位置和伸缩镜头的视觉差异很大。我们将在本章稍后有关摄像机控制和物体运动的章节中对此加以讨论。

## 要点 2 电视是一个特写媒介。

### 向量

**向量（vectors）**是一种有方向指向的力，有各种各样的力度。这个概念有助于你理解和控制在屏幕画面上看向、指向和移向某个方向的人所形成的各种力，甚至由一个房间、一张书桌、一扇门的水平和垂直线所产生的力。对向量的全面掌握有助于给演员和摄像机设计出有效的运动方向。向量共有三种基本形式：（1）图形向量（2）指向向量和（3）运动向量。

**图形向量** 这种向量由能将人的视线引向特定方向的线条和景物排列造成。环顾四周，你的周围到处都是图形向量，如这本书的水平线和垂直线，窗户和门的轮廓线，墙壁与屋顶的交叉线，等等。停车场停放整齐的车辆可以构成图形向量，成排的电线杆和电线同样也可以构成图形向量（见图 5.5）。

**指向向量** 这种向量由明确地指向特定方向的物体产生，如箭头、单行线标志或看向或指向某个特定方向的人（见图 5.6）。图形向量与指向向量之间的区别在于，指向向量在方向上更加明确。如果与单向标志的指向向量相反，不仅会扰乱你脑海中的地图，还会让你在视觉上不知所措。

**运动向量** 这种向量由屏幕上真正在运动或感觉在运动

的物体产生。行走的人、沿公路行驶的汽车、飞行中的鸟——所有这些都构成运动向量。观察身边的运动物体，它们都能表现出一定的运动向量，都无法用静止的画面来说明。

**图 5.5 图形向量**

图形向量由能将人的视线引向特定方向的线条和景物排列造成。

**图 5.6 指向向量**

指向向量由明确指向某个方向的人或物体产生。

**要点 3 向量是屏幕内的方向性力量，对构图和演员布局及机位安排都有影响。**

## 构图

我们的知觉总是试图将我们周围混乱的世界理顺，而好的画面构图有助于我们完成这项任务。最基本的一些构图要素包括：（1）物体布局；（2）头顶空间与引导空间以及（3）水平线。

**物体布局** 图像中最稳定、最醒目的区域在图像的中心，因此，如果你想突显某一个物体，那就将它放在那里（见图5.7）。这个原则同样也适用于拍摄某个面对观众进行演讲的人，如新闻播音员或公司总裁（见图5.8）。

**图 5.7 居中式布局**

屏幕中最稳定的位置在屏幕的中心。屏幕中的所有力都集中在这一点上。

**图 5.8 新闻播音员的居中位置**

单独的一位播音员应该安排在屏幕的中心，这个位置可以使观众将注意力全部投向播音员及其播音。

**图 5.9 画面平衡**

如果新闻播音员必须与画面中的其他视觉元素分享屏幕空间，该元素必须放在与播音员相对的另一半空间里，以便使两者达到平衡。

**要点 4　最稳定的屏幕位置是屏幕的中心。**

如果播音员必须与另一个视觉元素分享同一空间，如包含显示材料的画面，这时就必须将播音员移到屏幕的一侧，不仅要给那个视觉元素留出空间，还必须平衡这两个元素之间的对应关系（见图 5.9）。如果是那种包含有单一醒目垂直元素——如电话杆、树、栅栏柱——的大构图，则可以将这个醒目的垂直物安排到屏幕的中心位置以外，如屏幕水平方向大约 1/3 或 2/3 处。这种在屏幕两边安排不同视觉元素的非对称分割通常叫做黄金段分割构图。这比将垂直物体放在正中间产生的画面更有动感、水平线更连贯（见图 5.10）。

**头顶空间和引导空间**　总而言之，电视屏幕边缘的功用像磁铁，会将物体吸向自己，这种拉力在屏幕的上下边缘表现得尤其强烈。比如，如果被拍摄的人头顶触到了屏幕的顶端，他的头看起来就会显得被拉了上去，甚至像粘在了上面（见图 5.11）。要想抵消这种向上拉的力，就必须在头顶上留出适当的空间，即**头顶空间（headroom）**（见图 5.12）。

**图 5.10　非对称分割**

明显的水平线最好在位于距屏幕左 / 右约 2/5（STV 宽高比）或 1/3（HDTV 宽高比）处用一个垂直物体来分割。这样屏幕就不会被分成两个比重完全相同的部分，从而使构图更富动感、更有趣。

**图 5.11　没留头顶空间**

如果不留头顶空间，整个人就像粘在了屏幕的顶端。

**图 5.12　恰当的头顶空间**

恰当的头顶空间可以抵消向上的拉力，从而使这个人的形象在画面中看起来舒服。

但是，如果留出的头顶空间太多，屏幕的底部又会施力，从而使整个人看来像被往下拉的样子（见图 5.13）。因为在电视上播放录像或用有线或无线传输时，不可避免地要裁去一些图像空间，所以留出的头顶空间要比正好合适的空间多一点。这样受众才能看到恰恰合适的图像（见图 5.14）。

**图 5.13　头顶空间过大**

头顶空间过大会使整个人显得矮小，并将整个形象推向屏幕的下部。

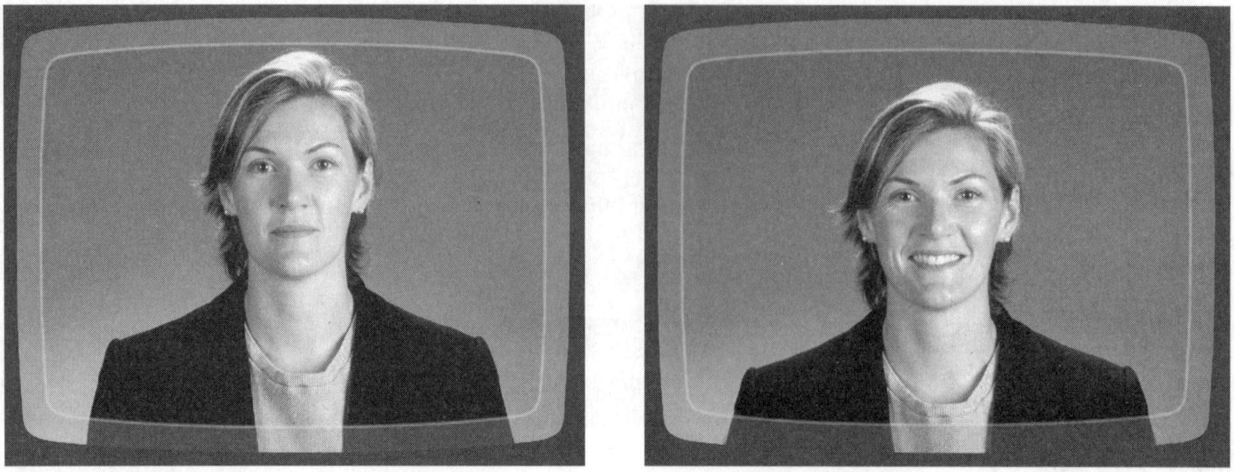

图 5.14 用于传输的头顶空间

左图的图像构成在寻像器上观察正好合适，但在传输图像时画面空间要裁去一些，这就要求原始图像要多留一些头顶空间。因此，右图的图像构成更为恰当。

**要点 5 头顶空间抵消向上拉的感觉。**

镜头的两侧边也有类似的图形“引力”，似乎要将物体或人拉近自己，尤其当它们朝向屏幕的某一侧时，情形更是如此（见图 5.15）。你觉得这个构图（图 5.15）好吗？当然不好。图中的人好像正将自己的鼻子往屏幕的右侧贴。好的构图要求在人物的鼻子前面留出一定的呼吸空间，以抵消人物的视线和屏幕侧面的拉力。这就是为什么这种引导空间又被叫做**鼻前空间（noseroom）**的道理（见图 5.16）。

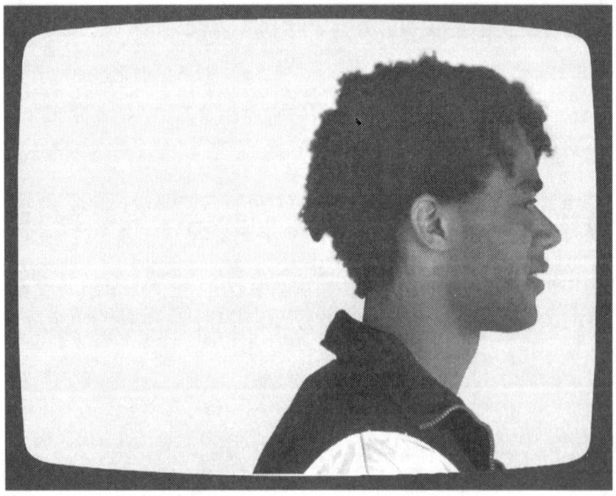

图 5.15 缺少鼻前空间

如果在鼻子和屏幕的一侧不留空间，人看起来就会像粘在了屏幕的一侧或是撞在上面。

在拍摄向一侧移动的人或物时，这一原则同样适用（见图 5.17）。你必须在其运动的前方留出一定的空间，以指明其前进的方向，同时抵消向量的一些方向性力量。

由于摄像机必须呆在物体运动的前方，引导其行动而不是跟着它动，因此，这又叫做**引导空间（leadroom）**。给移动中的人或物留出合适的引导空间并不是一件容易做到的事，尤其是在物体快速运动的时候。比较可行的一条经验法则是在移动中的人或物前方留出大约 2/3 的空间（见图 5.18）。

有了对向量的理解，我们便可以对刚才讨论的基本构图原则进行更精确的解释。如果在拍摄时将电杆或栅栏安排在画面非居中的某一点来打破水平线的连贯，我们实际上就是在用有力的垂直图形向量分割明显的水平图形向量。为了避免将屏幕绝对对称地分割——分成两块大小一样的部分——我们通常将垂直向量放在标准屏幕宽度的 2/5、HDTV 屏幕宽度的 1/3 处。与对称分割相比，这种分割方式更能将水平向量分割成了平衡而动感强烈的比例。

如果一个人面对着屏幕的左侧或右侧，就必须在画面所表示的方向上给这个向量留出一定的引导空间，如图 5.16 所示。但是，如果一个人是直视摄像机式，则指向向量就会

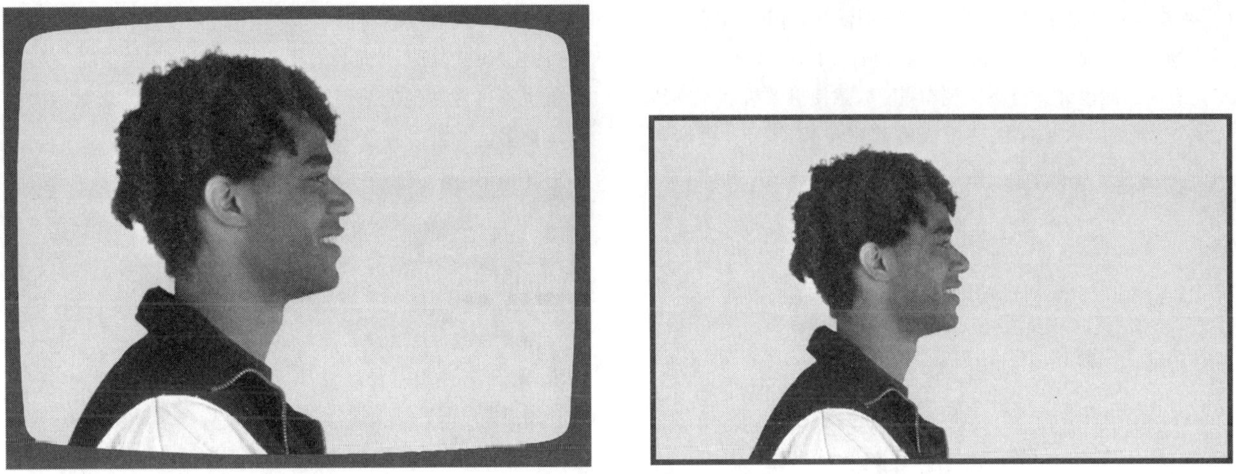

A　　B

**图 5.16 鼻前空间合适**

本图中的鼻前空间充足，可以抵消屏幕和视线的拉力。

失去力量，这时就必须进行调整，使被拍摄的人处于画面的正中。这一原则同样适用于运动向量。当人侧向跑向摄像机时，必须从水平方向将摄像机摇到人的前面，以此来抵消过于明显的运动向量，如图 5.18 所示。

很明显，引导空间必须抵消屏幕上的两种力：屏幕边框的拉力和（尤其是）指向向量与运动向量的方向性力。正是由于多种力的合力才会使引导空间不足时出现构图不如人意的现象。

**图 5.17 缺少引导空间**

如果缺少引导空间，侧向移动的人或物体就好像被屏幕边框挡住了去路。

**图 5.18 正常的引导空间**

如果引导空间正常，侧向移动的物体看上去是在向指定的方向自由地移动。

**要点 6 引导空间抵消指向向量或运动向量的力与边框的拉力。**

**水平线** 一般情况下，我们习惯于看到人或建筑物直立在水平线上。在户外摄像或画面上有明显的水平和垂直向量时，这条规律特别重要。例如，如果拍摄一个站在街角的记者，必须确保其背景线（图形向量）与屏幕的上下边缘平行

（见图 5.19）。便携式摄录一体机手柄的轻微倾斜不一定会在前景人物身上表现出来，却很容易通过倾斜的水平线泄露出来。

有时，你也许想打破常规布景，故意使摄像机和水平线倾斜。倾斜的水平线能使画面看起来更富动感、更富美感。当然，被拍摄的物体本身必须与这种美学处理相协调（见图 5.20）。如果演讲的人很乏味，即使在拍摄时倾斜摄像机也不可能使他的演说变精彩，反而会让观众觉得摄像技术拙劣。

**图 5.19 调节水平线**

如果是拍摄一个站在明显背景前的人，一定要确保水平线的水平状态。

**图 5.20 倾斜水平线**

水平线倾斜可以增加物体的动感。

## 心理补足

我们的大脑总是试图从我们每秒钟获取的多种印象以及我们周遭的世界中理出头绪，得到一定的认识，而我们的感官机制则将那些暂时与我们无关的大多数印象忽略掉，将视觉线索彼此结合或填补缺失的信息，从而在我们的大脑中形成完整而稳定的画面。这个过程就叫心理补足，简称为补足。

请看下面的这三个圆点，虽然我们看到的是三个彼此分离的点，但却能感觉到一个三角形。通过心理补足，我们的大脑会自动填充缺失的线条（见图 5.21）。

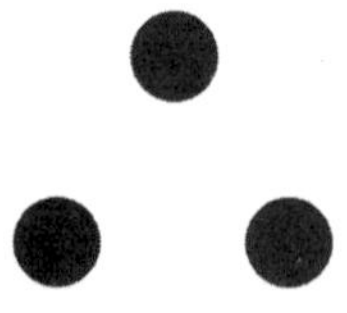

**图 5.21 心理补足**

我们之所以会将三个圆点看成一个三角形，就是因为在心理上补足了缺失的部分。

下面，请看图 5.22 的特写（见图 5.22）。虽然你只能在屏幕上看到人的头部和肩膀，但你的大脑却会在心理上自动补足人物缺失的身体部分。

**图 5.22 特写构图**

构图恰当的特写会将我们的眼睛自然引向屏幕外的空间，想象出一个完整的形象。

肩膀的图形向量将眼睛引向屏幕以外，这有助于你完成心理补足——补足缺失的部分。在拍摄物体某一部分的特写时，最重要的一条原则是要给予充足的视觉线索（即图形向量），从而使观众从心理上补足出屏幕以外的图像。以下是同一个人的两个不同最大特写，你认为哪一个更好（见图 5.23）。

**图 5.23 对比两个构图**

这是两个大特写，你认为哪一个更好？

通常情况下，你会认为右图的大特写比较好。对！但这是为什么呢？因为右图的构图提供了充足的视觉线索，让头和脖子的曲线延伸，容易让人想象到屏幕外的部分（见图 5.24B）。图 5.23A 中的画面构图没有提供任何视觉线索，我们无法想象出屏幕外的东西。实际上，我们的感官机制愿意在画框以内看到稳定的结构：头部构成一个圆圈（见图 5.24A）。就我们的感知而言，没有必要去考虑屏幕以外的空间，因为我们发现了一个最稳定的结构——圆圈。但是，尽管我们的天然感知很喜欢这个圆圈状构图，我们的经验却与感觉唱反调，告诉我们头下面应该还有身体，这也是我们对这种构图感到不舒服的首要原因。

A. 这个最大特写拍得不好，它会使我们在屏幕以内进行心理补足（有一个圈），没有暗示出屏幕以外的空间。

B. 这个构图适当地引出了屏幕以外的空间，能让我们想象出完整的形象。

**图 5.24 好构图与劣构图**

**要点 7 只表现局部的特写必须提供足够的视觉线索，以促成屏幕外的心理补足。**

如果将前景与背景的局部合到了一个构图中，心理补足也有可能产生出不协调、甚至很糟糕的视觉效果。譬如，背景中橡胶树看起来像从人的头顶上长出来；树枝从人和路标的背后伸出来，等等（见图 5.25）。虽然我们知道这是背景中的物体，但我们感觉上对稳定性的渴望却会使我们将这些彼此分离的矛盾物体合在一起。

通过寻像器，我们不仅要学会看前景中的物体（目标），还要学会看它背后的背景。通过观察背景中的物体和场景，就能比较轻松地发现潜在的心理补足问题，如立在主持人头上的台灯；而通过观察，还可以发现其他的视觉隐患，如路牌、垃圾桶、摄像机电缆或电线杆等。

**图 5.25 不妥当的心理补足**

由于人喜欢稳定的环境，因而我们往往会将背景中的物体与主体视为一体。

**图 5.26 前景、中景和背景**

将 Z 轴分成明确的前景（雕像）、中景（桥）和背景（山），可以造成深度感。

## ◎操纵画面纵深

到现在为止，我们讲解的主要内容还是如何组织电视屏幕的二维空间。[①]这一节将讲解如何表现构图的纵深。虽然电视屏幕的宽度和高度都有明确的界限，但空间深度却可以从摄像机镜头一直延伸到地平线。尽管景深或 Z 轴（借用几何术语）容易使人产生错觉，但它却是最灵活的屏幕维度，你在 Z 轴上安排的物体比在水平方向上的多得多。不仅如此，你还可以让物体以任何速度来回运动，而不必担心物体从寻像器中消失，也不必担心引导空间不足。

### 确认 Z 轴

如果将摄像机对准无云的天空，那么你想要多长的 Z 轴就有多长的 Z 轴，但景深显不出来。若要表现景深，就必须在轴上设置物体或人。传统的方法是在 Z 轴上设置物体，以此来造成深度感，从而确定明确的前景、中景和背景（见图 5.26）。

即使在一个相对较小的背景中，前景中突出的物体和人也有助于确立 Z 轴和暗示景深（见图 5.27）。

---

① 有关构图的更多信息，请参阅赫伯特·泽特尔著：《声音 图像 运动：实用媒体美学》第 3 版。

图 5.27 室内背景中的前景人物

站在前景中的人增加了深度感。

### 镜头与Z轴长度

镜头的焦距会影响到我们对Z轴的长度感以及沿Z轴放置的物体的距离感。

**广角** 将镜头拉到最大范围（广角），Z轴看上去会延长，物体之间的相对位置看上去显得比实际上分得更开（见图5.28）。

**长焦** 将镜头推到底（远摄镜头），Z轴看上去显得比实际的短，物体与镜头之间的距离会缩短，Z轴和物体之间的距离好像缩短了（见图5.29）。

图 5.28 广角的Z轴

广角镜头使Z轴延伸，会加大可视物之间的距离。

图 5.29 长焦的Z轴

长焦镜头（远摄镜头）会缩短Z轴及物体之间距离。

## ◎镜头与景深

你也许已经注意到了，若想让沿Z轴运动的物体保持在对焦区域内，将变焦镜头推到底（将镜头放在远摄位）比将变焦镜头拉成广角更难做到这一点。同样，在推镜头时，焦点区域内的Z轴区域也比拉镜头时显得更靠近观众。我们将这一区域称为**景深**（depthe of field）（见图5.30）。

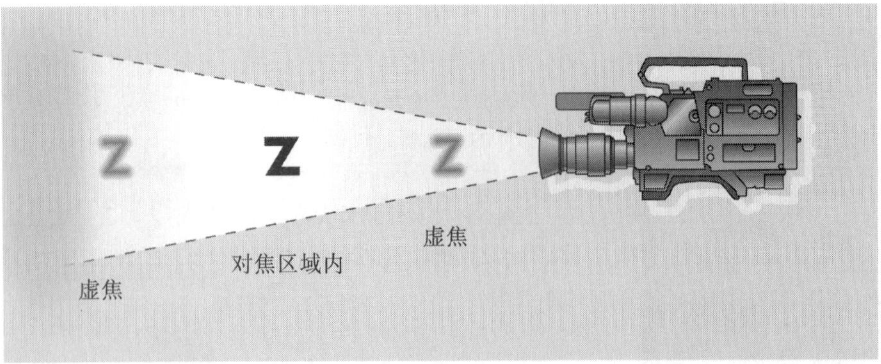


**图 5.30 景深**

能显现 Z 轴上的对焦区域叫景深。

长焦镜头的景深较浅。这就意味着如果你聚焦于前景，中景和背景就会虚焦；如果将焦点移至中部，前景和背景则会虚焦（见图 5.31）；而如果聚焦在背景上，则中景和前景会虚焦，而且沿 Z 轴移动的物体也会很快虚焦。

广角镜头产生的景深比较大，沿 Z 轴松散分布的物体都可以纳入对焦范围内。比如，如果你在大景深时将焦点对准前景中的物体，中景和后景也都可以全部纳入对焦区域内，且物体可沿 Z 轴活动很长的距离而会虚焦（见图 5.32）。

**图 5.31 浅景深**

长焦（远摄镜头）镜头的景深较浅，当推镜头时，景深变浅。

**图 5.32 大景深**

广角镜头的景深较大，当拉镜头时，景深变大。

除了焦距（变焦位置）外，镜头的光圈孔径也会影响景深。大孔径（光圈值数字小）得到的景深浅；小孔径得到的景深大。

你会发现，对于大多数普通拍摄来说，大景深比较受欢迎，尤其是在跟踪拍摄一条新闻的时候，这时，你想尽量给观众提供清楚的图像，用大景深就不用担心图像对焦不实。这就是为什么你应该拉镜头，并始终将变焦保持在广角位置上的道理。如果想要一个近景镜头，只需将摄像机靠近事件即可。如果镜头设在广角位置，即使你或物体处在运动当中，景深仍然能保持在足以将被拍摄物纳入对焦范围内的地步。

在更精细的制作中，则运用小景深的例子较多。比如，如果有人要求你展示某机器上两个部件之间的关系，这时就可以通过箭头将两者连结起来。当然，你也可以沿 Z 轴连结它们并将焦点从一个部件移向另一个。在展示其关系上，这种焦点转换的手法比箭头更微妙、更有说服力。在聚焦一个目标的同时使其他物体虚焦，可以使目标物更加突出，同时还不会削弱环境背景。小景深能在不脱离周围环境的情况下向观众展示构图中最重要的目标。

**要点8　长焦镜头（景物放大）景深浅，容易虚焦；广角镜头（景物缩小）景深大，不容易虚焦。**

### 镜头与Z轴速度

长焦镜头会压缩Z轴，沿Z轴活动的物体相应地也被压缩。当镜头推到尽头，汽车看上去会显得更拥挤，行驶速度也显得比实际的要慢；当镜头拉到尽头，它们之间的距离看上去显得加大，行驶速度也显得比实际的更快。只要调整镜头的位置（广角或长焦镜头），就能控制观众对沿Z轴移动的物体移动速度快慢的视觉感受。

若想展示高速公路有多挤，或交通高峰时车辆行驶有多慢，焦距应该调到什么位置？应该选长焦镜头。长焦镜头压缩Z轴，使车辆显得非常拥挤、移动缓慢。但是，如果你想强调自行车冠军的速度或舞蹈演员的跳跃动作，那就拉镜头。将镜头放在广角位，让Z轴显得更长，物体的运动速度相应显快。

**要点9　长焦镜头（景物放大）压缩Z轴并使沿Z轴的活动显慢；广角镜头（景物缩小）使Z轴显长并使沿Z轴活动的物体速度显快。**

### 控制摄像机与物体运动

这里，我们主要讲解摄像机美学和物体运动的几个美学原理。这些原理主要涉及在移动摄像机、变焦距和设置物体时可以做和不可以做的事。至于控制摄像机和物体运动的额外知识，我们会在随后的章节中讲解。

### 控制摄像机移动与变焦

如果是一位毫无经验的摄像机操作者，这里要指出的是——注意摄像机的过度运动和过度变焦。我们当中的大部分人都有这样的经历：录像中的摄像机毫无目的地从一个点移到另一个点且不断地变焦距。四处乱晃的摄像机让我们想起救火队员的水管，而不是摄影艺术。此外，快速的虚焦画面也会让人眼睛疲劳，而不会产生什么戏剧效果。

**动态中的摄像机**　不知什么缘故，摄像生手往往以为拍摄时应该是摄像机动而不是它前面的景物动，尤其在物体活动量小的时候。如果没有什么东西在活动，那就让摄像机保持不动，美感不是靠摄像机漫无目的的运动产生的，而是靠情景本身，不论它是活动的还是静止的。

如果说在摄像机操作中有一些铁定的美学定律的话，那就是：尽量让摄像机保持稳定，让摄像机前的人或物移动。如果不停地移动摄像机，容易把观众的注意力吸引到摄像机本身上，但你想表现的是事件而非摄像机的运动。

若想有所变化，给观众提供不同的视角，可以改变摄像机的拍摄角度或改变摄像机与事件之间的距离。即使被拍摄物本身毫无活动，不同的角度和景别也会给观众提供足够的变化，使观众对事件有更多的了解，从而保持他们的兴趣。为了尽量减少摄像机的晃动，即使摄像机很小也应该尽量将它固定在三脚架或其他摄像机支撑物上。我们将在第6章讲解如何在有支架和无支架的情况下操作摄像机。

**要点10　尽量让摄像机保持不动，让被拍摄物移动。**

**快速变焦**　快而漫无目的的变焦和摄像机的多余运动一样烦人。其主要问题在于变焦是一种非常容易让人察觉出来的技巧，甚至比摄像机的运动更容易让人察觉。最糟糕的情形是，在快推或快拉镜头后，再从相反方向以同样方式进行快速变焦。实际上，在变焦镜头后应该让镜头停顿一段时间，然后再变换角度或视点。连续不断的推拉镜头会让观众有一种被骗的感觉：你先推镜头将对象移近观众，然后马上又拉镜头将对象移开。最糟糕的是，这会使观众头晕。

除非你打算来一点强烈的戏剧效果，否则不要让人察觉出焦距的变化。如果必须变焦，则要慢慢地变。推特写镜头可以增加紧张感，拉镜头则能释放情绪。

通常，你会发现从被拍摄物的特写镜头入手然后再拉镜头比先拉镜头然后再特写来得容易。不仅如此，从特写到拉镜头还更容易保持焦点，尤其是在没有时间预先设置变焦镜头的时候。我们将在第6章讲解有关焦距校正的知识。但即使有的摄像机具备自动对焦功能，快速变焦也会出现对焦问题——自动对焦"雷达"没有足够的时间跟上画面的不断变化。结果，有用的画面在变焦过程中成了虚焦，而无用的物体却成了实焦。

**要点 11 避免不停地快速推拉镜头。**

**变焦与移动** 在变焦与摄像机的移动之间存在着一个重要的美学区别。"移动拍摄"指用肩扛着摄像机沿Z轴靠近或离开被拍摄物，在更多的情况下，是借助摄像机支架来移动摄像机（见第6章）。如果是变焦，被拍摄物会靠近或远离观众；而如果移动摄影机，则似乎是观众在随着摄像机靠近或远离被拍摄物。例如，假设你想让响着的电话传递重要信息，这时你就会推镜头拍电话机，而不是把摄像机移近电话机。快速变焦使电话机看上去像是冲向屏幕和观众。但如果你想让观众辨认某个上课迟到的学生，那就让摄影机靠近空椅子而不是推镜头拍椅子。移动拍摄可以将观众带进教室，带向那把空椅子；变焦则会将空椅子带给观众（和那个学生）。而那种情况既使在十分友好的教室氛围下也很少发生。造成这种美学差异的原因在于，变焦时摄像机保持不动，而移动拍摄时摄像机确实是在靠近现场。

**要点 12 推镜头将物体（目标）带向观众；移动拍摄则将观众带向被拍摄物。**

## 物体运动的控制

虽然我们已经掌握了给侧向移动的物体留出引导空间这一理论，但要在传统的4 × 3屏幕上留出合适的引导空间，尤其是在物体移动非常迅速或构图非常紧凑的时候，要做到这一点还是相当困难的。有时，即便是经验丰富的摄像师在跟拍紧凑构图中沿X轴（向屏幕左右方向移动）运动的物体时，也会遇到困难。相对而言，用高清晰电视的16 × 9宽高比拍侧向移动的物体容易一点。尝试紧跟一个靠近摄像机一侧运动的人，这时你就会高兴地发现自己可以使这个人一直待在对焦范围内。即使他走得很快，你也能将这个人保持在画面中，取景也较为合适。由于电视屏幕较小，因此将处于动态的物体放在Z轴而非X轴上不仅有利于摄像师，还有利于产生更有力的画面。

设置物体指将人安排在场景中的各个确切位置上，让他们按事先决定好的方式移动或做一些事。Z轴式设置相对比较容易在一个单镜头中同时设置几个人，不用过多地移动摄像机即可捕捉他们的运动。若将镜头设定在广角位置，Z轴方向的运动便会显得更加强烈、更加明显，而摄像师和演员的压力还不会太大。此外，正像你刚才了解到的那样，广角镜头的景深之深，足以让拍摄的人不必调焦（见图5.33）。

即使你无法控制事件本身，也无法对被拍摄物的设置形成任何影响，像在电子新闻采集中那样，你仍然可以将摄像机架设到符合电视屏幕美学和摄像机稳定美学要求的地方：让摄像机捕捉到的绝大多数物体运动发生在Z轴上。例如，假设是拍游行，不要站在队伍的旁边，而应该尽力去抓拍一群群从身边经过的形形色色的人；可以站到街中间，拍迎面走来的队伍。只要将镜头设定在广角位置，那么用远景和特写来拍摄整个事件就不会太困难，同时还不会虚焦。

**要点 13 Z轴的运动非常适合电视屏幕美学的要求，拍摄相对容易。**

不论你采用的是小型家用/非播出级模拟摄像机还是HDTV演播室用/播出级摄像机，正确的构图都是摄像工作的基本要求。

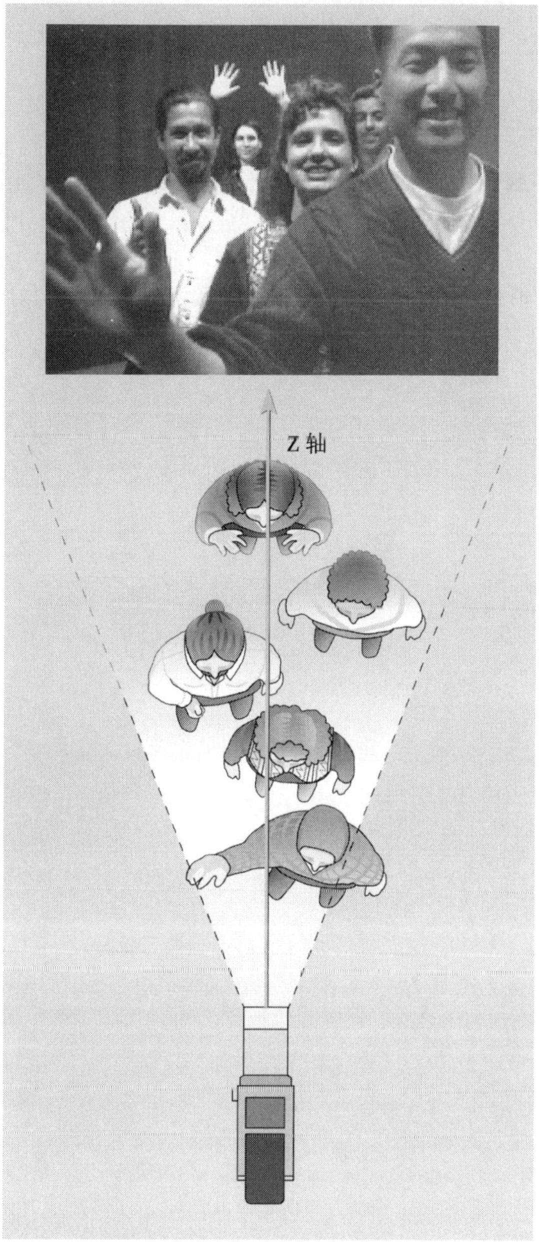


**图5.33 Z轴设置**

沿Z轴设置被拍摄物适用于电视屏幕的表现空间。

## 再次重申，请记住：

◎**宽高比**

STV电视的宽高比为4 × 3；HDTV电视的宽高比为16 × 9。

◎**景别**

景别通常表现为五种镜头：从大远景直到大特写。其他镜头名称则指画面上显示的人的身体部分（如半身像或齐膝拍摄）或人的数量（双人像、三人像）；过肩镜头能看见靠近摄像机的那个人的肩部和后脑勺，同时能看到离摄像机远一点的另一个人；交叉拍摄景别更小，离摄像机近的那个人不在拍摄范围内。

◎**向量**

向量指各种力量的方向性力量。向量分为图形向量——通过线条或构成线条的物体暗示方向；指向向量——明确地指向某个方向和运动向量——显示物体实际的或感觉上的运动方向。

◎**心理补足**

指我们自动在心理上补足缺失部分的那种感觉机制。有了心理补足机制，即使我们看到的只是某一局部的特写，我们也能在大脑中“看见”一个完整的形象。

◎**画面深度**

对深度的感受依赖于我们是否将Z轴定义为前景、中景和背景。广角使Z轴看上去更长、物体的相对位置更分散、物体的运动速度更快；长焦使Z轴看上去短、物体看上去更短、物体的运动速度更慢。广角的景深深，长焦的景深浅。

## 要点

☞ 挑选那些能清楚、有力地表现真实故事的事件细节。

☞ 电视是一种特写媒介。

☞ 向量是屏幕中对构图以及演员和摄像机设置有影响的具有方向性的力量。

☞最稳定的图像区域在屏幕中央。

☞头项空间能抵消屏幕上缘的上拉力。

☞引导空间能抵消指向向量、运动向量以及边框的拉力。

☞只显示物体局部的特写镜头必须为观众补足屏幕外的部分提供充分的视觉线索。

☞将焦距推到长焦，景深较浅，对焦有难度；将焦距拉到广角，景深深，对焦较容易。

☞长焦会压缩Z轴的长度，使Z轴的活动显慢；广角会拉长Z轴，使Z轴的运动显快。

☞尽量保持摄像机不动而让事物运动。

☞避免不断地快速推拉变焦。

☞推镜头变焦距将物体推向观众；移动拍摄将观众带向物体。

☞Z轴上的运动不仅符合电视屏幕的美学要求，而且相对更容易拍摄。

第 *6* 章

# 摄像机的操作

## 重要术语

arc **做弧形运动** 以轻微弯曲的移动或横移方式让摄像机运动。

calibrate the zoom lens **校准变焦镜头** 预先设定变焦镜头的焦距，使镜头在变焦过程中始终处于聚焦状态。

cam head **摄像台座** 保证摄像机做非常平滑的摇摄或俯仰拍摄的摄像机支撑部件。

cant **翻转** 让摄像机斜向一侧。

crane or boom **摇臂升降** 让摄像机的摇臂像鹤的脖子一样上下运动。

dolly **移动拍摄** 让摄像机靠近或离开被拍摄物。

jib arm **摇臂** 一种小型吊杆，摄像师一个人即可操作。

mounting head **云台** 连接摄像机与其支架的装置，也叫俯仰—摇摄头。

pan **平摇** 摄像机头部的水平方向转动。

pedestal **台座升降运动** 通过台座的升降而使摄像机做上下运动。

steadicam **斯坦尼康** 能让摄像师在身体运动的同时保证稳定拍摄的一种摄像机支架。

studio pedestal **演播室升降机** 一种体积庞大的移动升降机，可以在播出的同时升降摄像机。

tilt **俯仰拍摄** 让摄像机做抬头或低头的拍摄动作。

tongue **悬摆** 让摇臂随着摄像机左右摆动。

tripod **三脚架** 一种有三条腿的摄像机支撑装置。

truck or track **横移或跟拍** 借助可移动的摄像机支架水平方向移动摄像机。

white balance **白平衡** 对摄像机中的色彩线路进行调整，使之在各种色温下都产生白色（即调节白光的相对偏红或偏蓝的程度）。

让我们一起来看一看一位游客，他正急于用自己新买的摄像机拍一点有趣的东西。他很快将目标锁定在市政大厅风景如画的钟楼上，首先仰拍钟楼顶上的旗子，推镜头到旗子，再拉出来，俯拍钟楼上的大钟，推镜头到钟上，再拉出来；接着俯拍下面陈旧的橡木门，推到门上，拉开；再将镜头从公园的长椅上摇过，上面歇着的一只小鸟正在午餐；之后再摇回市政大厅，推镜头拍介绍市政大厅缤纷历史的告示牌；接着再拉镜头，捕捉到一个正在喂鸽子的小孩，然后推到一只很活跃的鸽子，但这只鸽子拒绝待在画面内。

尽管这种拍摄处理方式对胳臂和变焦动作是一种很好的锻炼，但却很难让你获得令人满意的素材。除了摄像师本人外，这种漫无目的的摄像机运动产生的画面恐怕谁看了都会觉得眼花缭乱。但如果将摄像机安装在三脚架上，这位游客或许能做得更好。

如果用一台带折叠式寻像器的摄像机进行拍摄，你在移动摄像机上不会受到什么限制。但如果将摄像机固定在三脚架上，那它的移动就会有局限。在一开始，你也许会觉得三脚架限制了自己的艺术发挥，如果不是因为它太沉的话，自己完全可以发挥得更好。但是，一旦你具备了一定的摄像机操作经验，你就会发现，如果能给摄像机提供一些支撑，更有利于你操作摄像机和构图。实际上，与其说摄像机操作艺术依靠的是自己的电子设计或基本操作控制，不如说依靠的是自己的体积和固定方式。

本章将讲解摄像机的基本操作和运动，以及如何完成这些运动。

**◎摄像机的基本运动**

横摇；俯仰；摇臂升降；移动；横移/跟拍；弧形移动；台座升降；摇臂摇摄以及变焦

**◎摄像机平衡装置及其应用**

手持和肩杠式摄像机；三脚架；演播室升降机以及特殊摄像机支架

**◎操作特性**

白平衡；对焦；变焦和一些基本操作要领

## ◎摄像机的基本运动

之所以要设计各种摄像机固定装置，就是为了让摄像机保持稳定并帮助你尽可能轻松和平滑地移动它们。若想理解摄像机固定装置的功能及特性，必须首先了解摄像机的主要活动。无论摄像机是扛在肩上还是固定在三脚架或演播室台座或其他支撑装置上，我们所运用的术语都一样。

摄像机的移动方式分为九种：（1）**摇（pan）**；（2）**俯仰（tilt）**；（3）**翻转（cant）**；（4）**台座升降（pedestal）**；（5）**移动（dolly）**；（6）**横移或跟拍（truck or track）**；（7）**弧形运动（arc）**；（8）**摇臂升降（crane or boom）**；以及（9）**悬摆（tongue）**。虽然摄像机在变焦过程中一般保持不动，但有时变焦也包括在这些术语中（见图6.1）。

**摇** 在摄像机机身不动的情况下做水平方向运动。右摇指摄像机做顺时针方向运动，以便让镜头更多地对准右侧；左摇指摄像机做逆时针方向运动，以便让镜头更多地对准左侧。比如，如果向屏幕左侧移动的物体需要更大的引导空间，那么就应该向左摇；如果站在靠屏幕右侧的一个人需要更多的鼻前空间，则应该向右摇。

**俯仰** 指让摄像机镜头做上下运动。仰摄指缓缓地让摄像机镜头向上仰；俯拍指缓缓地让摄像机镜头向下看。如果需要更多的头顶空间来抵消屏幕上边框的上拉力，则应该稍微仰起镜头。如果头顶空间过大，而你又想让特写中的人物多露出一点脖子和肩膀，则可以运用俯拍。

**翻转** 让镜头向一侧做俯仰运动，既可以让摄像机向左运动，也可以向右运动。在向左翻转时，水平线将向上倾斜，其最低点落在屏幕的左侧，最高点在屏幕的右侧。右翻转产生的效果相反。还记得吗？倾斜的水平线会使画面显得更不稳定，进而能增强动感。用手持或肩扛式摄像机做翻转运动相对比较容易，固定在支架上的摄像机无法做翻转运动。

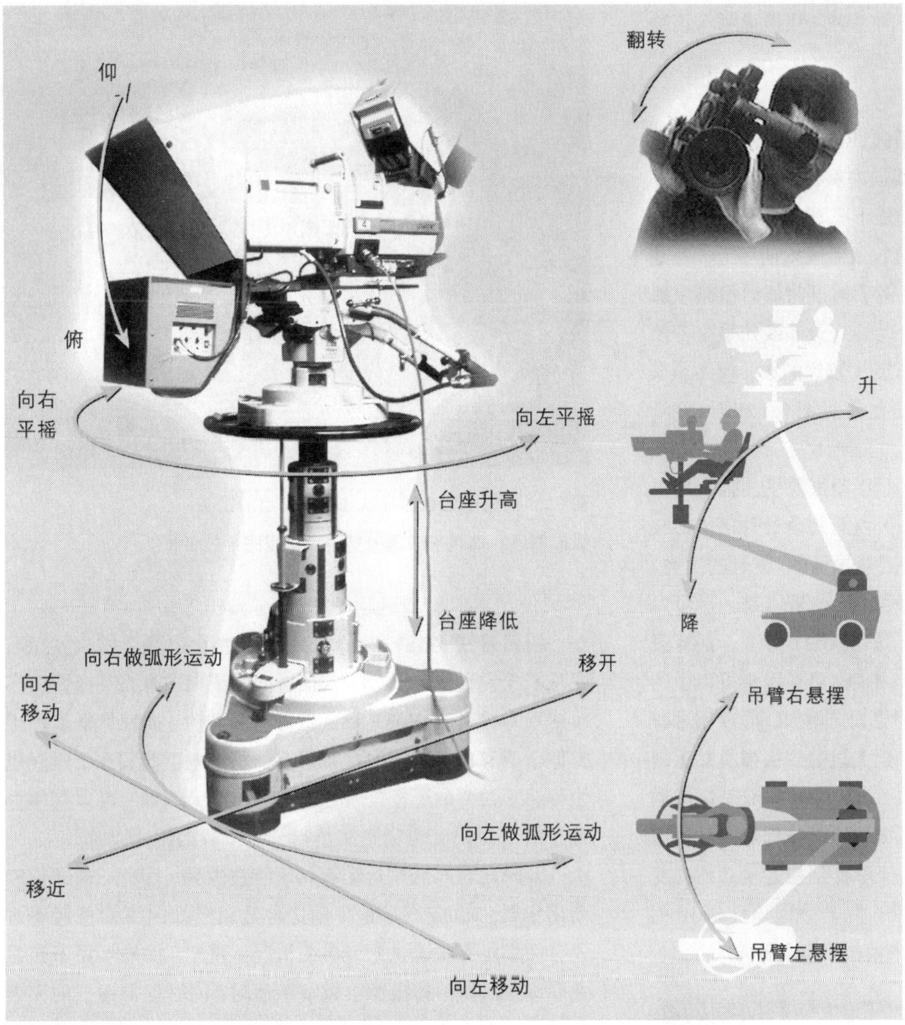


**图 6.1　摄像机的主要运动方式**

摄像机的主要运动方式分为：摇、俯仰、翻转、台座升降、移动、横移/跟拍、弧形运动、升降以及悬摆。

**台座升降**　指提高或降低三脚架或演播室台座上的中柱。若想叫台座上升，调高或向上拉这个中柱，进而使镜头的位置升高；若想降低台座，则调低或向下拉这个中柱，进而使镜头的位置降低。摄像机的这种运动可以使镜头处于各种水平位置，也就是说，摄像机看场景的感觉犹如你站在梯子上往下或跪在地下往上看的感觉。只要慢慢将摄像机提到超过头顶的位置或慢慢将它降低到地面，即可让手持摄像机做升降运动。

**移动**　指借助移动式摄像机支架使摄像机沿一条大概的直线（沿 Z 轴）移近或移开被拍摄物。移近即将摄像机向物体靠近；移开或移回则是让摄像机离开该物体。从第 5 章我们已经得知，在移动拍摄时，观众似乎是随着摄像机进入和退出所拍摄的画面。

如果采用手持或肩扛摄像机，只需将摄像机在 Z 轴上移近或移开。即便摄像机没有固定在移动式摄像机支架上，有些导演也把那些摄像机的这种移动方法叫做“推近”或“退后”。有些导演则只简单地指示说“靠近”或“离开”。

**横移 / 跟拍**　指借助移动式摄像机支架使摄像机向水平方向移动。若是左右横移，则水平移动摄像机支架并使镜头以正确角度对准移动的方向；若想跟拍某个走在人行道上的人，则必须沿着马路横移摄像机，将镜头对准该人。横移时尤其要注意保持足够的引导空间。

跟拍与横移往往是一个意思。有时，跟拍指单纯使摄像机跟随被拍摄的移动物体一起移动。若是使用手持或肩扛摄像机，则在将镜头对准运动物体的同时必须让摄像师与该物体保持运动方向的一致。

**弧形移动** 指运动路线略微呈弧线的前后移动或横移。向左做弧形移动指前后移动时路线向左突出呈弧线，或围绕物体向左做弧线横向移动；向右做弧形移动指前后移动时路线向右突出呈弧线，或围绕物体向右做弧线横向移动。若是使用手持或肩扛摄像机，只需在将镜头对准物体时沿略呈弧形的路线行进即可。如果离镜头较近的人全部或几乎全部挡住了离镜头较远的人，为了突出离镜头较远的人，就必须采用过肩镜头，这时就要采用这种方法（见图 6.2 和图 6.3）。

**摇臂升降** 指用摇臂或悬臂上下移动摄像机。摇臂不仅能使摄像机和摄像师升降，在拍摄大场面的全景时还能加载第二个人（通常为导演），将其带到离地面 30 英尺的高空。摇臂本身由一名驾驶员和一名助手操纵，悬臂则是一种可由一名摄像师同时操作的简易摇臂，如图 6.21 所示。摇臂或悬臂的移动效果与台座的升降有点相似，只是镜头可以做的弧形运动是一种垂直弧形，且范围更大。例如，可以用悬臂使摄像机从拍摄舞蹈者全景的俯拍镜头过渡到摄像机贴近地面从视平线向上拍某位舞蹈者的特写的位置。摇臂升高或调高指升高带有摄像机的摇臂；降低或放下指降低悬臂和摄像机。将便携式摄像机举过头然后迅速降低到接近地面的高度并不能产生摇臂所产生的那种效果。除非摄像师身高 10 英尺，否则很难有充足的高低落差来模拟摇臂的运动。

**图 6.2 离镜头远的人被部分遮挡**

在这个过肩镜头中，离镜头较近的人部分遮挡了离镜头较远那个的人。

**图 6.3 让摄像机弧形移动修正被遮挡的镜头**

弧形右移，离镜头较远的那个人可以完全露出来。

**摇臂悬摆** 指通过摇臂或悬臂使整台摄像机做从左至右或从右至左的水平移动。若摇臂向左或向右悬摆，摄像机不改变所对准的大方向，只是悬臂左右摆动。摇臂悬摆能产生类似于横移的效果，但摇臂运动的水平幅度宽得多，速度也快得多。摇臂的悬摆经常与升降相结合。例如，可以利用摇臂悬摆来跟拍突出舞蹈演员行云流水般的舞蹈动作。

升降运动与悬摆运动都属于特技效果。因此，即便你能动用摇臂，也应当尽量少用这种比较极端的摄像机运动方式，只能在有助于强调镜头的情况下使用。如果场景不是很宽广，可以让手持摄像机做水平运动，同时保持镜头的大方向不变，通过这种方法来模拟摇臂的摇摄。没有摇臂或悬臂，无法创造出摇臂摇摄时水平掠过地面的效果。

**变焦** 指在摄像机机身保持不动的情况下借助变焦来改变镜头的焦距。“推镜头”指逐渐改变镜头焦距使之达到长焦位置，以缩短影像与观众之间的距离；“拉镜头”指逐渐改变镜头焦距，使之达到广角位置，以加大影像与观众之间的距离。尽管变焦的结果是景物靠近或离开屏幕，而非摄像机进入或退出画面，但我们通常也将变焦归入摄像机的“运动”。

## ◎摄像机平衡装置及其应用

可以用如下方法架设摄像机：（1）手持或肩扛；（2）用三脚架；（3）演播室台座；（4）利用其他一些特殊支撑架装

置。虽说摄像机的架设不是决定性因素，但架设方法会在很大程度上影响摄像机的操作。

## 手持摄像机与肩扛摄像机

前面已经提到，小型便携式摄像机适应的摄像机运动方式非常广泛，可以指向任何方向，而移动它也易如反掌，尤其是当它附带有折叠式寻像器时。尽管这种高度灵活性给拍摄带来了许多方便，但同时也有自身的不足：过多的镜头运动会使拍摄者的注意力集中在这些动作而非拍摄的主体上。除非摄像机配备了内置图像稳定器来抵消图像的轻微抖动，否则很难使手持摄像机保持稳定。在推镜头时（镜头为远摄镜头位置），很难完全避免拍摄的抖动和画面的不连贯。

**图 6.4 握住小型摄录一体机**

用双手稳定小型摄录一体机，双肘紧贴身体。

若想使手持摄像机保持稳定，可以用一只手掌支撑摄像机，用另一只手扶住摄像机的“胳膊”或机身（见图 6.4）。有了折叠式寻像器，你可以双肘紧贴身体，以胳膊充当减震器。尽量避免伸出胳膊来操作摄像机，这会造成镜头上下左右的抖动。拍摄时吸气并屏住呼吸。由于人必须换气，因此一个镜头的长度显然会受到限制，这未尝不是一件好事。表现各种角度的短片段显然比一直用摇和变焦拍出的长片段更有意思。有些小型手持摄像机支架（见图 6.20）能降低小型摄像机的晃动。如果用双臂充当支架拍摄，双膝要略弯；如果能靠在建筑物、墙壁、汽车、路灯等稳定的依托上，镜头的稳定效果会更好（见图 6.5）。

始终将镜头保持在广角（拉镜头）可以使晃动减至最低。如果需要接近拍摄，可以暂停录像带，走近一点，然后再开始录像。如果需要变焦，变焦的动作一定要轻柔。如果在没有三脚架的情况下拍摄长镜头，则应该寻找一个稳定的物体来架设摄像机，如桌子、长椅、汽车顶棚和发动机盖等。

**图 6.5 稳定摄像师的身体**

靠在某个物体上可以使摄像师和摄像机保持稳定。

**图 6.6 平摇摄录一体机**

摇镜头之前，双膝对准平摇的方向，然后在平摇的过程中将扭转的上身恢复原位。

**图 6.7 后退**

采用后退而非前进的方法更容易保持摄像机的稳定。

在摄像机运动时，一定要做到平滑。若是摇镜头，则应该整个身体运动而不是只有双臂动。将双膝尽量对准摇镜头的终点方向，而双肩则对准摇镜头的起始位置。在摇镜头时，扭转的上半身回到双膝对准的方向，自然恢复原样同时平缓地带动摄像机一同转动（见图6.6）。如果不预先“设置”双膝的位置，摇镜头时就必须扭转身体而不是将预先扭转的身体恢复原位。这样做难度更高，镜头也会不停地抖动。

如果是做俯仰运动（让镜头对准上方或下方），尽量让双臂紧贴身体，身体向前俯或向后仰。像在摇镜头中一样，靠整个身体运动做出来的俯仰运动比只通过腰部运动做出来的更流畅。

如果带着手持摄像机同步行走，应该倒退着走，而不是向前走（见图 6.7）。倒退时，人会自然而然地抬起脚后跟，用前脚掌着地走路。这时，脚掌而非双腿就会吸收震动，发挥减振器的作用。这样，身体和摄像机便会平滑地运动而不是上下抖动。

如果想得到超越常规的镜头效果，可以让摄像机在一侧做俯仰运动，将摄像机举过头顶，从上面俯拍自己前面的人和其他景物；可以将摄像机降低到接近地面的位置，获得一些低角度的视野。最普通的寻像器即可调整（至少可做俯仰调整）到让你在拍摄过程中看到所拍内容的位置；而折叠式寻像器在上述情况下还有一种明显的优势，尤其是在只有将摄像机举过头顶、大致对准事件发生的方向才能拍到好镜头的时候。此外，折叠式寻像器还能使你看到摄像机捕捉到的画面。不过，即使没有寻像器，我们仍然可以拍摄到一些有用的镜头。

ENG/EFP 摄像机或摄录一体机用手拿起来又大又重，最好用肩膀做支架。尽管肩扛式摄像机的局限性相对比小型手持摄录一体机大，但两者的基本运动方法大致相同。

假设你是个右撇子，那就将摄像机放在右肩上，右手穿过镜头上的固定带握住摄像机和调整镜头。这样，你的左手就可以解放出来稳定摄像机、调整光圈（见图 6.8）。必须调整寻像器，让它适应自己常用的眼睛（一般人为右眼）。有些摄像师喜欢睁着左眼观察自己的运动方向，而有些则喜欢闭上左眼，全神贯注地观察寻像器中的画面。如果你是左撇子，上述步骤恰好相反。有些寻像器可以翻转过来适应左眼，还有些镜头专为左撇子设计了固定带和调焦控制装置。

**要点1 尽量使手持或肩扛摄像机保持稳定，移动时拉镜头。**

**图6.8 肩扛式ENG/EFP摄像机**

较大的摄录一体机应该用肩扛。一只手穿过固定在镜头上的带子，手指便可自由操作调焦控制装置；另一只手用来稳定摄像机和调整光圈。

**图6.9 附带伸展装置的三脚架**

三脚架上有三根可调节的支脚，它们有时靠伸展装置来固定张开的角度。

## 三脚架支撑的摄像机

除非是在追踪采访突发新闻，否则，稳定摄录一体机和ENG/EFP摄像机、使拍摄动作流畅的最佳方法就是利用三**脚架**（tripod）或其他摄像机支架。折叠式三脚架一般是静物摄像师的首选支撑设备。实践证明，它对使用移动摄像机的摄像师也同样有效。

好的三脚架应当分量轻，但强度足以承受摄像机的摇和俯仰动作，其折叠支脚必须在每一个扩展点安全可靠地固定，在支脚的末端还必须有橡胶罩与钢钉。橡胶罩的作用是防止三脚架在光滑的地面上打滑，而钢钉的作用则是在不平的地面发挥作用。

绝大多数专业三脚架都配备有**伸展固定器**（spreader），这个三角形的底部支架能锁定支脚张开的角度，同时在支架受力过大时防止其倒塌（见图6.9）。做工精良的三脚架有一根中柱，可以升高和降低摄像机。所有的好三脚架在顶圈处都有一个气泡，可以凭借它来确定三脚架是否处于水平状态。

**摄像机云台** 三脚架上最重要的部件之一是**云台**（mounting head），也叫俯仰摇—摇云台，它可以使你迅速而安全地独立安装和拆卸摄像机，并使镜头的摇和俯仰运动保持流畅。绝大多数三脚架云台的最大荷重为30—45磅，足以支撑最精密的ENG/EFP摄像机。目前的问题并不在于云台是否可以承受较重的摄像机，而在于其是否可以与较轻的数码摄录一体机流畅地配合。在使用三脚架时，一定要检查云台是否与摄像机的重量相匹配。

图 6.10 用于轻型摄像机的云台

云台可以使镜头的摇和俯仰动作变得流畅。镜头的摇和俯仰动作可以通过推拉调节手柄来调节，同时还具备锁定功能。

我们通过固定在三脚架上的摇镜头手柄来操作云台（及其上面的摄像机，见图 6.10）。向上推手柄，摄像机向下低头；向下压手柄，摄像机向上仰头。向左移动摇镜头手柄，摄像机向右摇；向右移动摇镜头手柄，摄像机向左摇。

云台必须给摇和俯仰动作提供一定的阻尼，这样才能防止镜头的抖动或不平稳。可以根据摄像机的重量和个人喜好来调节摇或俯仰的阻尼。与重量大的ENG/EFP摄录一体机相比，小型摄录一体机的阻尼调节幅度较小。有些人不管摄像机是哪种重量都喜欢将摇和俯仰阻尼调得松（或紧）一些。

云台还具备摇和俯仰锁定功能，以防止摄像机横移和无人使用时前倾或后仰。无论步骤多么简单，一旦无人使用就必须将云台锁定。

**快装板** 这种机械装置也称为楔形支架，它由一个与摄像机底部相连的长方形或楔形**快装板**（quick-release plate）构成。有了它，将摄像机安装和固定到云台上的过程就变得更加容易。在架设摄像机时，快装板会滑进与云台相连的卡座内。在支撑较重的演播室摄像机时，快装板尤其重要（见图 6.17）。只要摄像机滑入楔型卡座，就等于放到了正确的位置上（见图 6.11）。

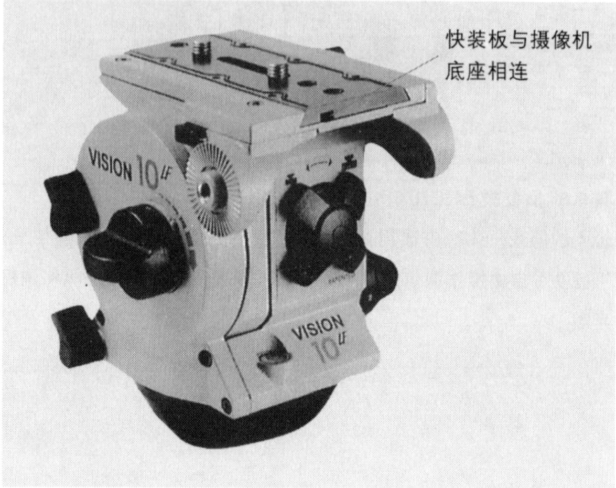


图 6.11 快装板

快装板能将摄像机安全地固定在三脚架或其他云台上并保持其平衡。有时，比较重的摄像机需要楔形快装板和卡座。

如果从手持摄像机转为由三脚架支撑的摄像机，你会发现三脚架会使摄像机的运用大大地受限。在使用三脚架时，你不能跑着摄像，不能将摄像机举过头顶，也不能贴近地面拍摄或倾斜或在空中大幅度地摇摄。这时，拍摄手法仅限于摇和俯仰。即使三脚架有中柱，摄像机的升降空间也很有限。既然这样，为什么还要用三脚架呢？

- ★三脚架可以在推拉镜头时保持摄像机的稳定；
- ★与手持摄像机相比，有了三脚架后摄像机的摇和俯仰更加流畅平稳；
- ★可以防止过多地移动摄像机，过多移动摄像机弊大于利；
- ★与手持或肩扛相比，三脚架可以防止摄像师疲劳。

## 要点2 尽量将摄录一体机和ENG/EFP摄像机安装在三脚架上。

**三脚架移动** 如果要跟着架设在三脚架上的摄像机前后移动或水平移动，必须将三脚架放在三轮移动底盘上——即一只装有轮子的伸展固定器（见图6.12）。如果脚轮是万向轮，就可以前后左右和弧形移动。绝大多数专业移动车能固定脚轮的方向，使它直线移动。一定要落实地面是否非常平整，能让摄像师在开机状态下完成“直播”所需的移动。移动三脚移动车时，一般用左手推拉和操作移动车，用右手保护摄像机和摇镜头手柄。

如果摄像机或摄录一体机与电缆相连，那就必须调整护线套，以防止电缆卷入脚轮。也可以将电缆绑在三脚架的某个支脚上，这样接线板就不会拽着电缆了（见图6.13）。

**实地拍摄移动车** 如果是在粗糙不平的地面上移动，如石子路或草地，三脚架必须放到实地拍摄移动车上。这种移动车由一个平台和四个充气轮胎组成。其操作原理是：一只大手柄改变前轮的方向并以此推拉整个移动车（见图6.14）。在操作摄像机时，摄像师可以站在移动车上，或在别人推拉移动车的同时同步前进。如果地面高低不平，可以给轮胎适当放一点气，让运动过程更加平稳。许多移动车都是用从五金店里买的零件自己装配的。

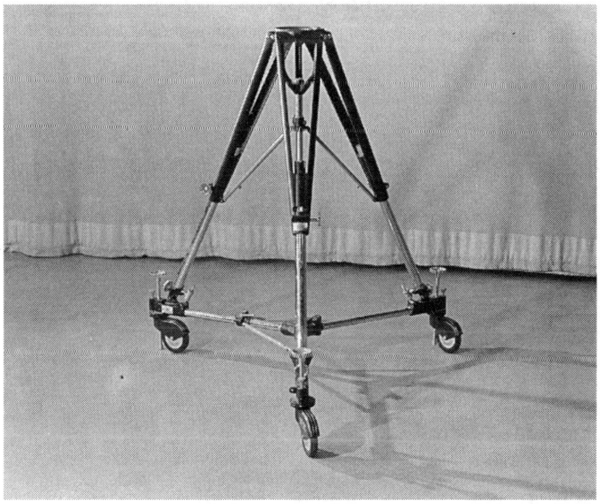

**图6.12 三脚移动车**

三脚架可以放在三轮移动车上，这样摄像机便可以迅速调整位置。

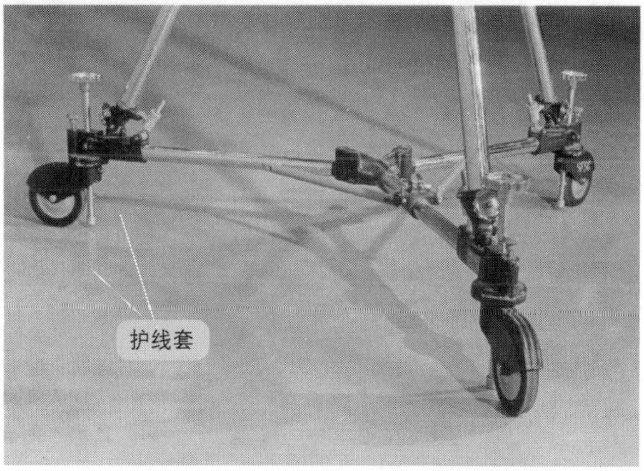


**图6.13 护线套**

护线套可以防止移动车的车轮碾到摄像机电缆。护线套必须离地面非常近，这样才能推开电缆。

**图6.14 实地拍摄移动车**

实地移动车有一个平台，由四个充气轮胎支撑。实地拍摄移动车可以负载放在三脚架上的摄像机连同摄像师。

## 演播室升降台座

演播室摄像机或充当演播室用摄像机的EFP摄像机通常架设在演播室台座上。**演播室升降台座（studio pedestal）**是一种比较昂贵的摄像机支架，能够支撑最重的摄像机及其附件，如**台词提示器（telepronupter）**。演播室台座可以让摄像机做摇、俯仰、横移和弧形运动，在转播时还能升降摄像机。转动方向盘，即可将摄像机转向任何方向；而上抬或下压方向盘，则可以改变摄像机的高度。伸缩式中柱必须处于平衡状态，这样摄像机才可以在任何高度都保持稳定，哪怕双手离开方向盘。如果摄像机机身要升高或降低，则必须重新调整中柱（见图6.15）。

**平行前进和三轮转向** 演播室台座分为平行和三轮转向两种操纵方式。在平行转向位置，转向盘使所有的脚轮都指向同一个方向（见图6.16A）。所有的常规拍摄活动都会用到平行前进；而在三轮转向位置上，只有一个轮子可以转向（见图6.16B）。在需要旋转台座或接近景物或墙壁时，可以运用这种操纵方式。

**摄像机云台** 和三脚架一样，演播室台座的中柱也与摄像机云台相连。为了承受演播室摄像机和台词提示器加在一起的重量，传统的三脚架云台必须由更重的摄像机**台座（cam head）**替代。其操作控制装置与轻型摄像机的操作类似：摇/俯仰制动手柄、锁定装置、楔形卡座和摇运动手柄（见图6.17）。两个摇运动手柄可以在变焦的同时平稳地做摇和俯仰动作。这时，必须调整台座底部的整个护板而非三脚架移动车上的三个护线套，这样才能防止电线卷入脚轮中。

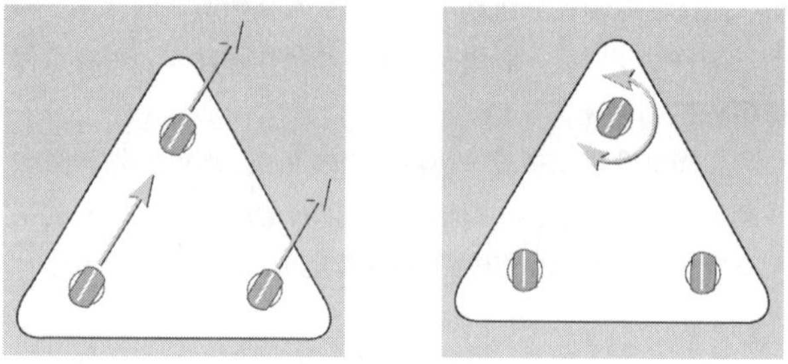

A 在平行转向位置，三个脚轮都指向同一个方向。

B 在三轮转向位置，只有一个脚轮可以转向。

**图6.16 平行前进和三轮转向**

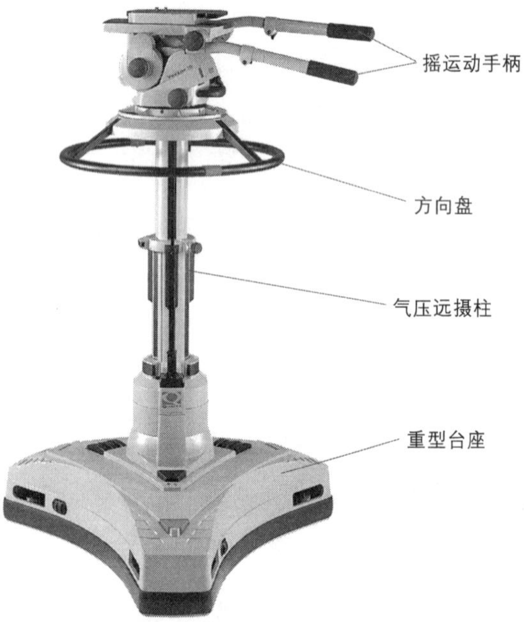


**图6.15 演播室升降台座**

借助演播室升降台座，摄像机可以做摇、俯仰、横移和弧型移动，在转播时还能升降摄像机。这种台座装有伸缩式中柱，可以使摄像机在离地面2—5英尺高的范围内运动。

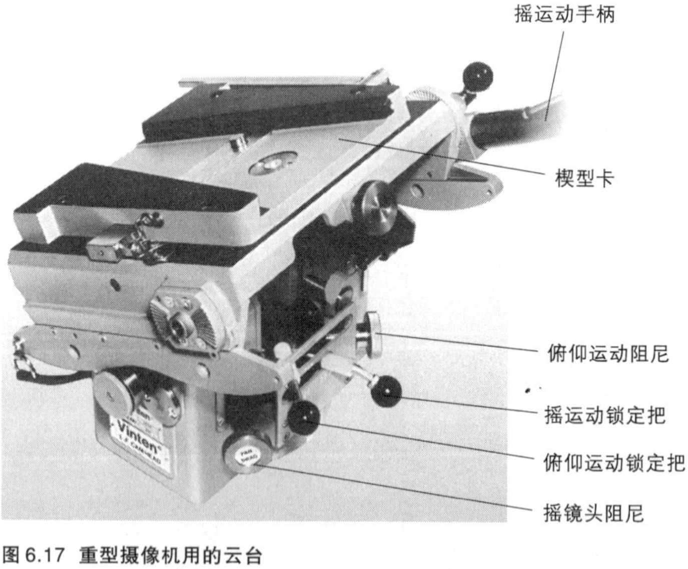


**图6.17 重型摄像机用的云台**

这种云台是为重型摄像机及其附带设备而设计的，在摄像机重量较大的情况下也能保证其平稳地摇镜头和俯仰拍摄。在此必须注意的是，这种云台有楔形卡座。

在操作演播室摄像机之前，一定要为云台解锁并调整摇和俯仰运动的制动手柄。摄像机无人操作时，哪怕只是片刻时间，也必须将云台锁定并盖上镜头盖。只要人一离开摄像机，就必须将云台锁定。

**要点3 摄像机无人操作时必须锁定云台。**

## 摄像机特种支架

摄像机特种支架包括计算机控制的自动升降台座、能将摄像机和摄像师举到离地30英尺高位置的摇臂、普通沙袋、购物车等等。在这里，想象力和创造力可以得到充分的发挥。在平坦的地面上，一辆简单的购物车或轮椅即可达到移动车或价值数千美元的演播室台座相差无几的平稳效果。将小型摄录一体机放在滑板上在平坦的地面上拉动，即可拍到有趣的低角度横移镜头（见图6.18）。

斯坦尼康（Stedicam）是一种摄像机支架，能在你走、跑甚至跳的同时保持摄像机的绝对稳定。重型摄像机和摄录一体机采用大型斯坦尼康支架，由摄像师穿在身上；小型摄录一体机则采用轻便的斯坦尼康，用一只手即可拿着走。**悬臂（jib arm）**是一种反向平衡的摄像机支架，其设计目的是用于外景拍摄。你可以将它夹在门框、椅子或车窗上，然后侧向做悬摆或上下运动。以下五幅图是一些比较常见的特殊摄像机支架（见图6.19—图6.23）。

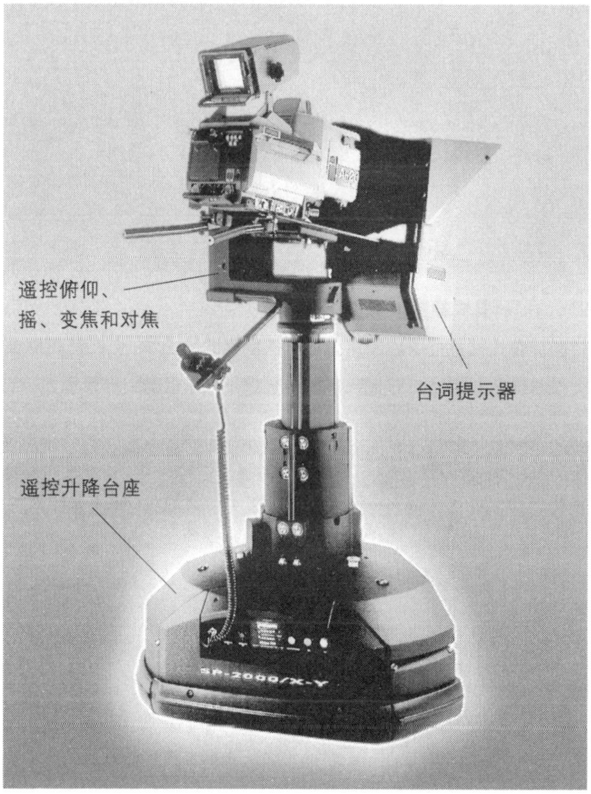


**图6.18 自动升降台座**

自动升降台座由计算机控制，可以根据计算机的指令而非人的操作来做摇、俯仰、移动、横移、升降和变焦动作。这种升降台座主要用于新闻播报。

**图6.19 重型摄像机用的斯坦尼康**

这种重型支架能够在摄像师走、跑甚至跳的同时保持摄像机的绝对稳定。

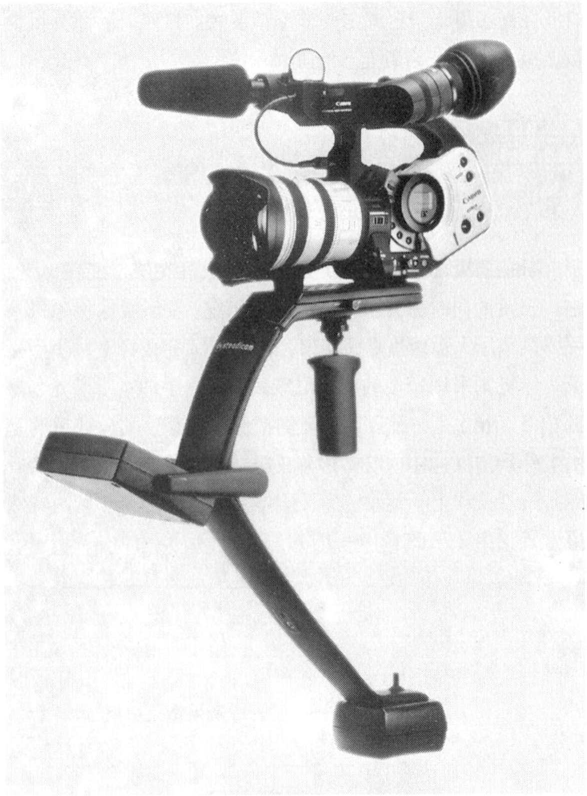

图 6.20 轻型摄像机用的斯坦尼康

为轻便摄录一体机设计的斯坦尼康，可用一只手操作。

图 6.21 折叠式摇臂

轻型折叠式摇臂可以胜任重型摇臂的绝大部分工作，但无法将摄像师同时提升到高处。它拆卸容易，可以用汽车运送到外景地。

图 6.22 短摇臂

这种轻巧、衡重的摄像机支架几乎可以夹在任何东西上；可以像大摇臂一样上下移动和悬摆。

图 6.23 沙袋

这种小帆布袋内装的并不是豆子，而是一些高度灵活的合成材料，能适合任何型号的摄像机。它可以像枕头一样抱住摄像机，防止其细微的震动，还可以绑在任何移动的物体上。

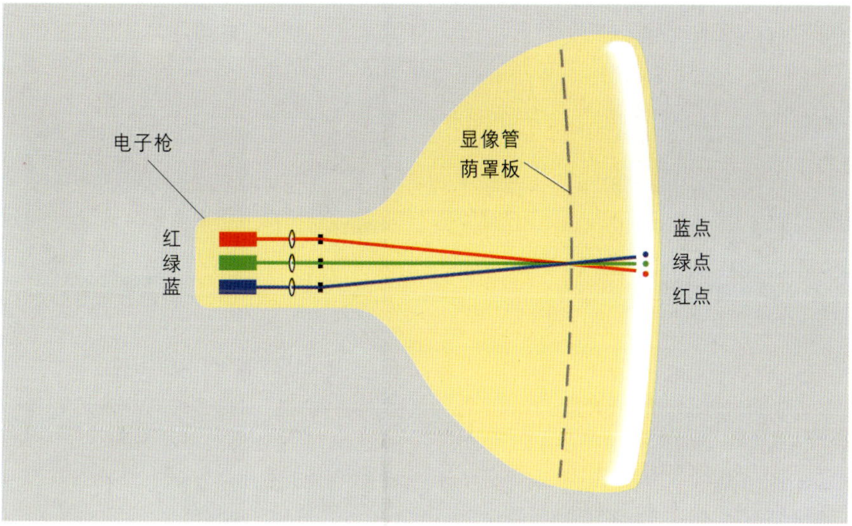


**彩插 –1 彩色电视的成像模式**

彩色接收器有三支电子枪，分别对应红、绿、蓝三种信号。每一条光束形成一个相应的彩色点。

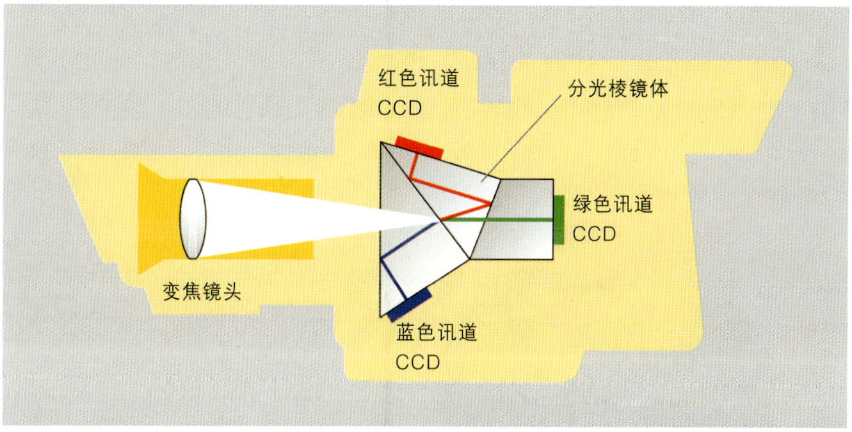


**彩插 –2 三基色分光仪**

棱镜体由棱镜和滤光片组成，将进入的白光分解成三种加色法基色——红、绿、蓝，之后将这些彩色光送到它们对应的片基。

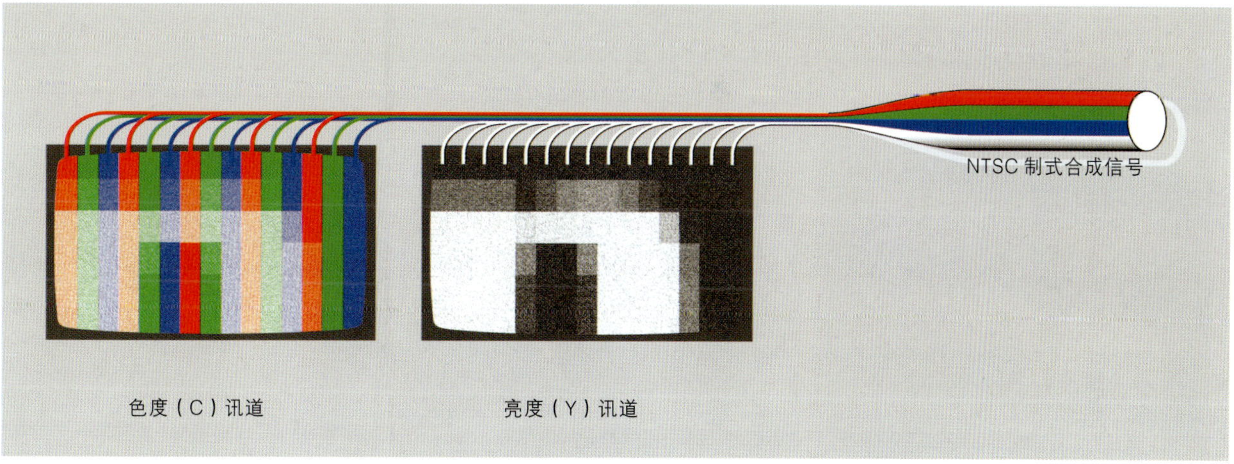


**彩插 –3 NTSC 制式信号**

NTSC 制式视频信号将色度或 RGB 讯道结合成亮度或黑白讯道。

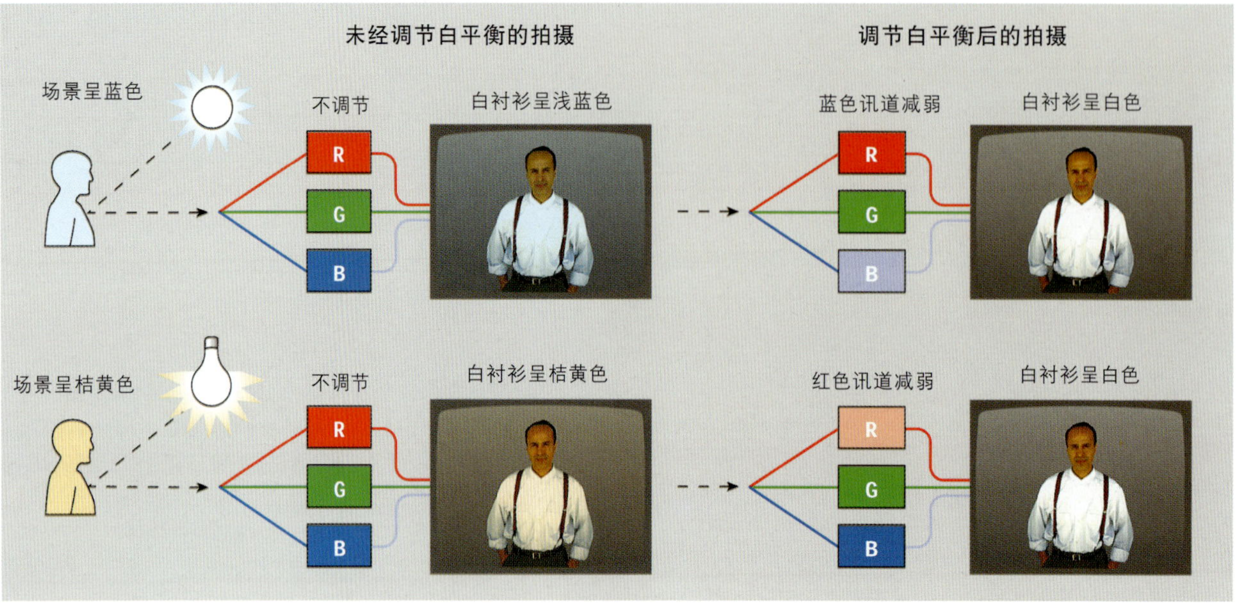


**彩插 -4 白平衡**

为了中和因不同色温而引起的着色，摄像机必须调节白平衡，以便调节红绿蓝讯道，补偿色彩的缺失，使白色真正表现为白色。

**彩插 -5 加色法合成**

在混合彩色光线（红、绿、蓝）的时候，加色法的三基色是红、绿、蓝。所有的其他颜色都是靠这三种基本色的不同程度混合而得到的，比如说混合红色和绿色得到黄色。

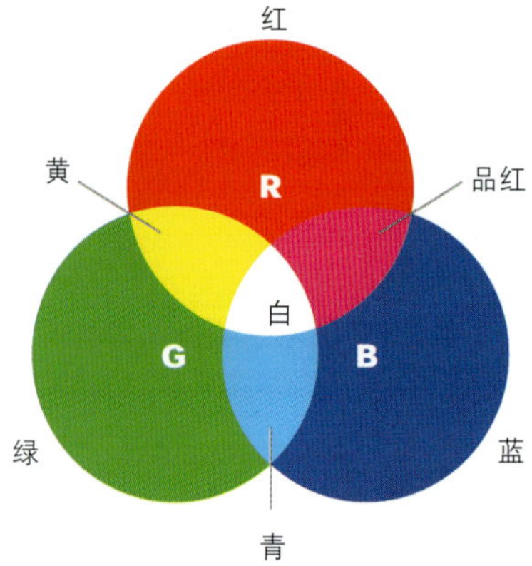


**彩插 -6 抠像：天气预报**

A 在这个画面中，预报员站在蓝色背景屏幕前。

B 在抠像过程中，蓝色背景屏幕被计算机处理过的卫星云图取代。

C 预报员看起来像站在卫星云图前。

彩插 -7 图形程序

图形程序能提供千变万化的线条、笔触、表面肌理和色彩。

彩插 -8 不规则风光图片

有些计算机程序能利用数学公式给不规则的图像“着色”。

彩插 -9 变形

在这里，一个人的图形逐渐演变成了一只猫的形象。

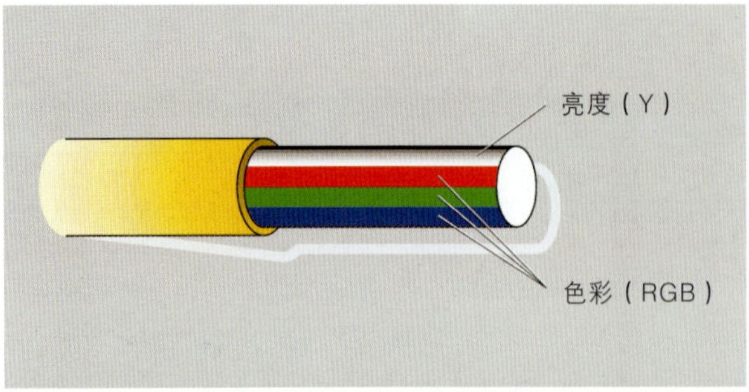


**彩插 -10 合成系统**

合成系统将Y（亮度）信号与C（色彩）信号合成一个视频信号。合成系统只需要一根电线将所有信号作为一个信号传送并录制到录像带上。这便是标准的NTSC制式。

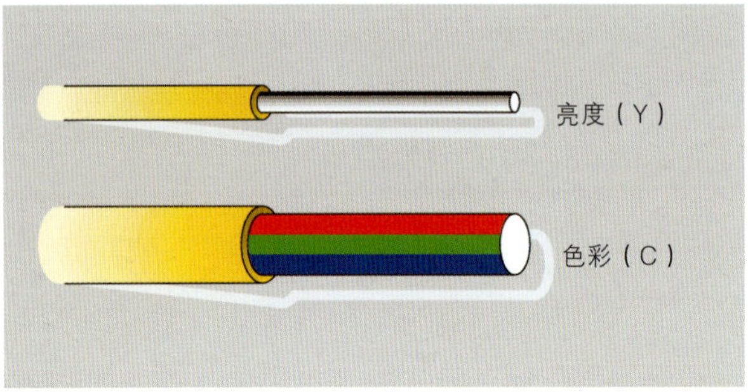


**彩插 -11 Y/C 分量系统**

Y/C分量系统将Y（亮度）信号和C（色彩）信号分开，在录像带上再将两个信号合并。Y/C分量系统需要两根电线分别传输这两个信号。

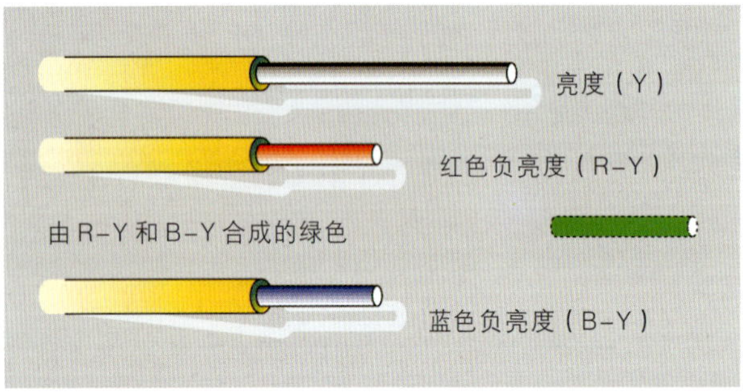


**彩插 -12 Y/色差分量系统**

和RGB分量系统一样，Y/色差分量系统需要三根电线来传输三个信号：Y（亮度）信号、R–Y（红色负亮度）信号和B–Y（蓝色负亮度）。绿色信号由这些信号混合而成。

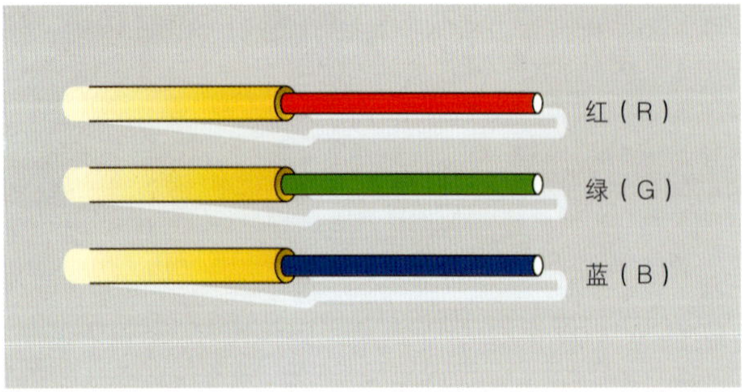


**彩插 -13 RGB 分量系统**

RGB分量系统（也叫RGB系统）在整个录制过程中将RGB信号分解。RGB分量系统需要三根电线来传输信号。

## ◎操作特点

我们已经学了如何移动摄像机，如何取景构图，现在我们要注意的是：（1）白平衡；（2）对焦和（3）变焦。

### 白平衡

**白平衡（white-balancing）**指调整摄像机内的红绿蓝（RGB）色度讯道，使白色无论是在蜡烛光偏红色的照明条件下，还是在室外光偏蓝色的条件下都能在电视机屏幕上呈现为白色。绝大多数小型摄录一体机都能自动完成这一功能，好像它们已经将白平衡钮设在了正确的位置上——户外或户内（见彩插4）。

专业ENG/EFP摄像机的白平衡控制是半自动的，比全自动的更加精确。其缺点是每次进入新的光照环境都必须重新调整白平衡，如从室内到室外，或从荧光灯照明的超市到白炽灯照明的经理办公室。但其优点更加突出，那就是在拍摄时能根据特定的照明条件调节摄像机的白平衡。如果采用全自动的白平衡，就无法确定摄像机默认的白色是否正确。

如果用半自动系统调整摄像机的白平衡，可以将焦点对准一张白纸、白衬衣甚至洁净的卫生纸，然后按下白平衡钮。有些摄像机口袋里缝有白色的长方形材料，可以在任何时候用来调整白平衡。寻像器上的显示器（通常为一只闪烁的灯）会告诉你什么时候摄像机拍摄的白色正确。一定要保证让白色物体占满整个屏幕，并处于真正给场景提供照明的光线下。比如说，不要在走廊里或舞台门外调整白平衡，然后跑到模特展示最新时装的T型台上去拍摄她们。如果这样，图像的色彩与模特们身上的真正色彩就会有较大的差距（这种色彩的改变将在第7章中详述）。每次进入新的光照环境都必须调整白平衡，因为那些用肉眼无法分辨差别的光线，在摄像机那里却会产生不同的效果。

在操作演播室摄像机或与摄像机电缆相连的ENG/EFP摄像机时，白平衡由身在主控室或遥控中心的技术监控人员负责。但是，摄像师也必须让摄像机对准实际照明条件下的一张白色卡片调焦，其程序与在演播室里完全一样。

**要点4　除非摄像机具备全自动白平衡系统，否则每进入新的光照环境都必须重新调整白平衡。**

### 对焦

通常，我们希望屏幕上的所有画面焦点都是对准（准确与清晰）的。对焦既可以手动完成，也可以自动完成。

**图6.24 ENG/EFP摄像机的手动对焦装置**

ENG/EFP摄像机的对焦装置在镜头前方，是一只可以用手旋转调节的圆环。

**手动对焦**　绝大多数ENG/EFP摄像机和所有的演播室摄像机都必须手动对焦。ENG/EFP摄像机的对焦控制装置在镜头前部，是一个可以顺时针或逆时针转动的环（见图6.24）。如果是演播室摄像机，对焦则通过安装在左摇镜头

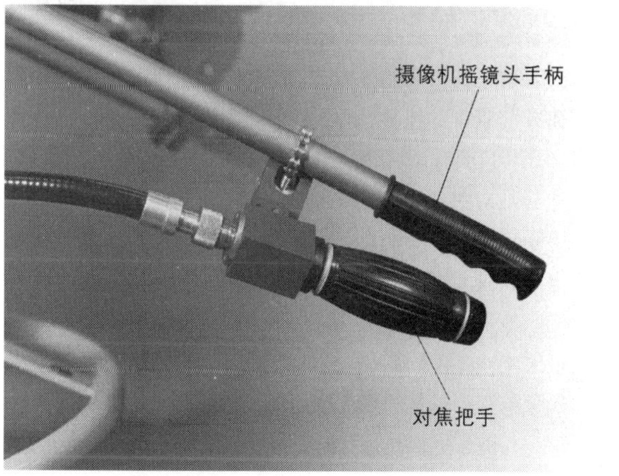


**图6.25 演播室摄像机的手动对焦控制**

演播室摄像机的手动对焦装置安装在左摇镜手柄上，是一只螺旋把手，可以顺时针或逆时针旋转进行调焦。

手柄上并通过电线与镜头相连的螺旋把手来完成（见图6.25）。

有些小型摄录一体机配备有马达驱动的对焦系统，不必旋转螺旋把手或镜头对焦环，只需按一两个键即可完成对焦。这种系统的问题在于，其速度比旋转镜头对焦环慢，而且很难让马达一丝不差平稳地停在准确的焦距上。

**预设变焦镜头　校准变焦镜头**（calibrate the zoom lens）或预设镜头指调整变焦镜头，使镜头在整个变焦过程中始终焦距正确。现在，让我们来练习一下如何给简单的EFP摄像机和演播室摄像机预设变焦镜头。

假定你要拍摄销售经理对员工的动员讲话。拍摄中，导演要求你推镜头，给经理身后紧挨着她的销售图来一个特写。如果你从经理的中景镜头推拍销售图的特写镜头，图就会虚焦，变得根本无法辨认。为什么会这样？就是因为在推镜头拍特写之前忘了预设或校准镜头。

预设镜头时，必须首先将镜头推到最远目标物体的特写——图表——上，然后转动ENG/EFP摄像机前部的圆环或演播室摄像机摇镜头手柄上的螺旋把手对焦。这时再拉回销售经理的中景，她的图像将会非常清晰。也许你不得不对焦距稍做调整，但这时变焦回到图表就不会再出现对焦问题，只要她本人、图表和摄像机的相对位置保持不变。一旦摄像机的位置有了变化，或销售经理移动了画架，你就必须重新调整镜头的焦距。这意味着必须重新向图表推镜头、对焦、拉回一点而将销售经理收入画面，然后观察是否需要调焦，以使其形象在随后的变焦过程中一直保持清晰。

现在，让我们回到演播室，导演要求你从侧面拍摄钢琴师的中景以及琴键和手的特写。这时你如何预设变焦镜头？先推拍琴键的特写，（通过摇镜头手柄上的螺旋把手）将镜头调实。但到底应该将琴键的哪一部分调实呢？也许应该是最远的一端，因为这样一来，无论钢琴师在琴键在哪一部分演奏，你的推拉镜头都可以得到比较清晰的图像。

**要点5　在预设（校准）变焦镜头时，尽量推近目标物并调实，这样所有的后续变焦都会相对清晰。只要摄像机或目标物改变了位置，就必须重新校正。**

**自动对焦**　绝大多数家用摄录一体机和某些ENG/EFP摄像机配备有自动对焦系统。借助一些电子技术（识别一小束雷达波的角度或测算对比度），摄像机可以自动对景物中的不同物体对焦。通常情况下，这些功能表现得都很不错。但是，如果景物的亮度过高或对比度过低，摄像机就可能受骗，然后产生模糊的画面。此外，摄像机也有可能无法判断你想给景物中的哪个物体对焦。也许你想对焦的是中景中的物体而非前景中的明显物体，但自动聚焦系统无法读懂你的艺术构思，只会自动将焦点对准离镜头最近的明显物体。想要有选择地对焦（见后面“景深”部分），必须从自动对焦转换为手动对焦。我们在第5章讲过，自动变焦的速度很难跟上处于快速变焦状态中的移动景物。

**景深**　正如第5章所提到的，景深越浅，对焦的要求越高；景深越深，对焦的要求越简单，越不必担心焦距。你应该还记得，镜头推得越远（镜头角度逐渐变小），景深越浅；镜头拉得越近，（镜头角度逐渐变大）景深越深。此外，景深也受摄像机和物体之间的相对距离的影响。

在以下这几个拍摄任务中，哪一个可能会给你带来更多的对焦问题：拍摄傍晚交通高峰，这时必须用小景别来压缩大桥上的车流；用超广角位从街道的方向拍摄正午的游行队伍。当然是前者。原因是什么？因为光线暗，因为必须采

**图6.26　浅景深的特写**

无论镜头是什么焦距，特写的景深都比远景的景深浅。

用大孔径，因为要用长焦镜头（远摄镜头，见第5章），这三者合在一起产生的景深就比较浅。相反，正午游行时的强光（只需较小的镜头孔径）和变焦镜头的广角位则可以产生很深的景深，可能根本无须调整镜头的对焦环。

你会发现，如果将摄像机移到距离物体极近的位置，即使将镜头拉到广角，景深仍然会缩小。由于摄像机与物体之间的相对位置会像焦距一样影响景深，因此我们说，通常情况下，近距离特写产生的景深较浅（见图6.26）。

如果使用的是高清晰度电视摄像机，在刚开始时你可能会遇到许多对焦问题。由于高清晰度摄像机中的一切看上去都比普通摄像机更清晰，因此当你的镜头略微有点虚焦时，你就可能不看那个小寻像器。高清晰电视的高清晰度还可能导致你以为看清了更远处的图像——前景与背景看上去处在对焦范围内。然而，当你用高质量的显示器上观看自己所拍摄的镜头时，你却会发现背景和前景都虚焦了。

**要点6　景深取决于镜头的焦距、孔径以及摄像机与物体之间的相对距离。**

## 变焦

所有小型或ENG/EFP摄录一体机都在镜头上配备了开关来启动变焦。按下开关上标有T（远距离拍摄）的部分，即会启动一只马达，重新设置变焦镜头中的各个元件，为推变焦做好准备；按下开关上标有W的部分，则可以拉变焦。这种由变焦开关启动的自动变焦装置可以使变焦过程稳定而流畅（见图6.27）。有些摄像机具备快速变焦和慢速变焦两种选择。ENG/EFP镜头配备有附加手动变焦控制，可以将镜头上的变焦开关拨到快速变焦的位置，从而避免使用自动变焦装置（见图6.24）。

演播室摄像机在右摇镜头手柄上装有类似的开关，这个由大拇指控制的开关通过电线与演播室摄像机的自动变焦系统相连。按下开关上的T（远距离摄影）部分，可以推镜头；按下开关上的W部分，可以拉镜头（见图6.28）。

由于自动变焦系统使变焦变得相对容易，因此你很容易受到诱惑而去推拉镜头而不是将摄像机移近或移开。不过，在这里我要再次强调，将变焦的运用减少到最低限度。频繁而毫无道理的的变焦以及过多的移动摄像机只会表明摄像师毫无经验。

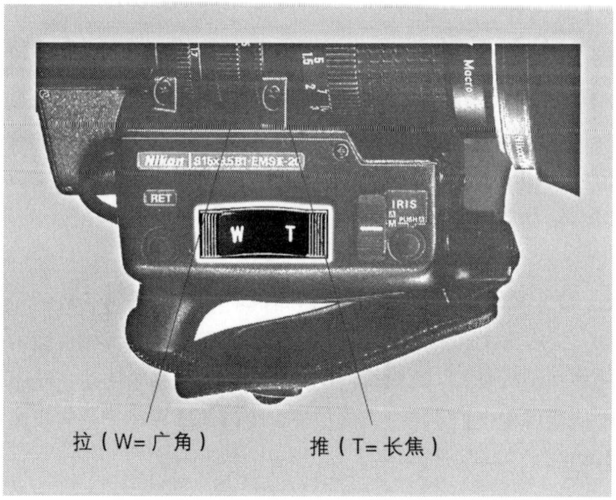


**图6.27　摄录一体机的变焦控制**

摄录一体机的镜头附近有一个控制镜头推拉的开关。

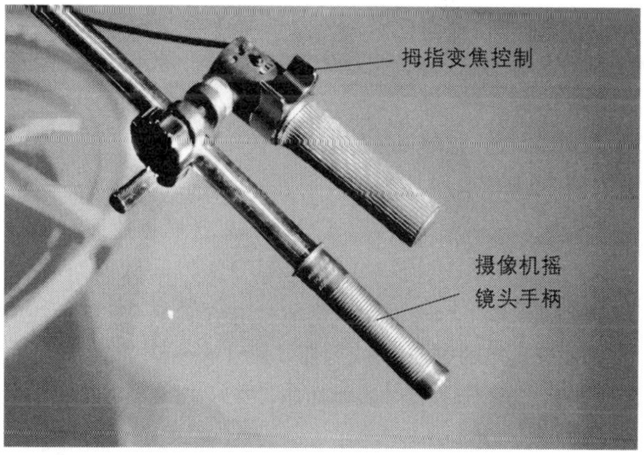


**图6.28　演播室摄像机的变焦控制**

演播室摄像机的变焦控制是装在右摇镜头手柄上的一只旋转开关，可以由右手大拇指控制。

## 要点7 将变焦的运用减少到最低限度。

### ◎总体指南

无论是操作演播室摄像机还是小型摄录一体机，都应该像对待所有的电子设备一样，必须特别小心。注意个人与他人的安全，不要单纯为了某个漂亮而于叙述无补的镜头而拿个人与摄像机的安全去冒险。不要图方便而无视标准的操作程序。无论做什么，请运用自己的常识。

和学骑自行车一样，只有通过具体的操作，你才可能掌握如何运用摄像机。不过，以下这些指南到可以使学习更加容易，亦可以作为有用的参考。

#### 对照表1：摄录一体机和ENG/EFP摄像机

☑ **不要将摄像机暴露在毫无遮拦的地方** 不要将摄像机暴露在太阳下或高温的车内而不采取任何保护措施。注意，寻像器不要冲着太阳，否则寻像器中的放大镜会将光线聚集起来，从而融化寻像器的外罩和电子元件。若是在雨中或非常冷的情况下拍摄，请使用塑料套（称为“雨衣”）。在紧急情况下，也可以用一只塑料包装袋暂时顶替。

☑ **离开摄像机时必须小心** 如果要离开摄像机而无人照看，必须锁好三脚架上的云台。如果要放下摄像机，一定要竖着放，平放会损坏寻像器和装在上面的话筒。

☑ **使用镜头盖** 即使摄像机内部有“帽子”阻止光线到达成像装置，也要将金属或塑料镜头盖盖住镜头。镜头盖一来可以防止光线进入成像装置，二来可以保护变焦镜头昂贵的前部。

☑ **使用充足电的电池** 一定要落实镍电池是否电量充足。许多电池有“记忆”功能，有时即使只有一半电量也会显示电量充足。为了避免这种问题，务必在充电前将剩余的电放干净。市面有充/放电二合一的充电器，可以在充电之前自动放电。

不要将电池暴露在高热的环境中，也不要将它摔在地上。随时携带一只充满电的备用电池和一个交流电电源插座，后者可以将110伏（我国为220伏。——译者注）的交流电转换为合适的直流电，既可以充当电源，也可以充当充电器。

除非主电池要给摄像机内那些驱动记时表和维护其他电子元件的小型辅助电池充电，否则不要像换手表电池一样频繁地更换摄像机的电池。带一只备用电池和一根备用保险丝。

☑ **落实录像带的格式** 务必落实录影带是否与摄像机的格式相匹配，即使录像带的盒子外观上看上去与摄像机的格式相似，也有可能与摄像机具体的型号不匹配。因此，一定要多带几盘盒式录像带。在报道的中间突然将录影带用完了和将电池用完了一样令人沮丧。

☑ **检查所有连接** 检查所有连接器，不论它们与什么连接，看它们是否与预定的插座相匹配（见图4.15）。只在紧急情况下使用转换器。从设计上来讲，转换器只是一个临时替代品，而且很可能会给你带来麻烦。如果ENG/EFP摄像机与电缆连接，一定要检查电缆的长度。将外部话筒插上，检查话筒与摄像机的插口是否相配。小型摄录一体机一般使用小的接头；而所有大型ENG/EFP摄像机则使用三相接头（关于音频接头的更多知识，请见第8章）。

☑ **测试摄像机** 即使很匆忙，也要试录一段，以检查摄像机是否能正常工作。带上头戴式耳机检查音频。在实际拍摄过程中，请使用计划中的那种电源和插座。检查变焦镜头的变焦幅度和焦点。在极冷和极潮湿的天气条件下，变焦镜头有时会粘住或完全报废。

☑ **设置旋钮** 将所有的旋钮，如自动—手动调焦、自动光圈、变焦速度及快门速度设置到预定的位置。摄像机前面的物体运动得越快，要求快门的速度越快，这样才能防止动态中的物体变模糊。不过，请记住，快门速度高要求的照明条件也高。

☑ **调节白平衡** 除非是自动系统，否则在录制开始应该前先让摄像机达到白平衡。一定要在拍摄的实际照明条件下调节白平衡。

☑ **记录声音** 打开摄像机的话筒，在录制画面的同时录制声音。这种声音不仅有助于你确定事件发生的位置，还能提供背景声音，并有助于将来的后期编辑。

☑ **留心警示标志** 注意警示标志并尽快解决问题。如果你不关心画面的质量，尽可不必理会摄像机上“照明低”的警告，但不可忽视“电量不足”的警告。

## 对照表2：演播室摄像机

☑ **保持联络与控制** 戴上耳机，在主控室和摄像师之间建立联系。解开云台的锁定装置，调节摇和俯仰运动制动装置。让台座上升或下降，感觉其范围和动作。在任何垂直位置，平衡度适当的台座都能保持摄像机的稳定。

☑ **顺电缆** 确保护线套离地面够近，以避免摄像机从电缆上碾过。放开电缆检查其长度。若想在移动拍摄过程中避免电缆打结，可以将其绑在台座上，但留出足以让摄像机自由做摇、俯仰和升降动作的长度。

☑ **测试变焦镜头和焦距** 请视频工程师打开摄像机的镜头盖，将变焦镜头推拉至终点，检查镜头的变焦幅度。如果需要，调节寻像器。预设变焦镜头，以便在后续的变焦过程中让画面待在焦点内。

☑ **练习自己的动作** 用记号带在演播室的地面标出关键的拍摄位置。记下所有的直播动作，以便在要求的动作出现前预先将镜头调到广角。

☑ **移动时不要慌乱** 如果拍摄动作特别艰难，可以请地勤人员帮你转动摄像机的方向。如果在移动拍摄过程中电缆发生缠绕现象，千万不要生拉硬拽，请示意地勤人员帮你解开。在移动拍摄或跟拍时，起步要缓慢，这样才能推动笨重的摄影移动车，在移动拍摄结束前同样也要放慢速度。在提升或降低摄像机时，在台座的升降柱达到最高点或最低点之前必须刹住，否则，摄像机和画面就会剧烈晃动。

☑ **不要忽视红灯** 在将摄像机移动到一个新的位置或预设变焦之前，一定要小心指示灯（寻像器内和摄像机顶上的红灯）是否已经熄灭。指示灯的功能是告诉摄像师、演员和制作人员哪一台摄像机正处于开机状态。在特技制作中，即使你认为自己的镜头已经拍摄完毕，指示灯仍然还会亮着。通常，ENG/EFP摄像机或摄录一体机只有一个寻像器指示灯，在摄像机顶上没有附加的指示灯。寻像器指示灯只会告诉你——摄像师——摄像机什么时候在运行。

☑ **避免紧张的摄像机活动** 盯着寻像器，慢慢地纠正微小的构图瑕疵。如果特写中有一个物体不停地来回跳动，不要不惜一切代价地将其留在画框内，让它不时跳出画框比被迫快速摇镜头来抓它效果反而更好。

☑ **让导演来导演** 听从导演的指令，即使你认为他错了，也不要试图从你的位置上指挥导演。但如果导演让你用长焦在直播时做移动拍摄或跟拍这类完全不可能做到的事，则应该提醒导演。

☑ **善于观察，集中注意力** 注意周围的活动，尤其要注意其他摄像机的位置，注意导演指令它们向哪里移动。听从导演的指令，就不会挡住其他摄像机的路。在移动摄像机时，尤其是向后移动时，一定要小心路上的障碍。请一位地勤人员引导你。除非必不得已，尽量避免使用内部通话系统讲话。

☑ **预先推测** 即使你手中没有列出镜头顺序的分镜头剧本，也应该尽量在导演提出下一个镜头前事先设想一下这个镜头。比如，假设你从内部通话系统中听到其他摄像机在拍特写镜头，不妨自己拍一个中景或换一个不同的角度，给导演提供一个不同的景别。千万不要重复其他摄像机的镜头。

☑ **妥善收拾工具** 拍摄结束时，要等“完毕”指示灯亮后才能关闭摄像机。请摄像师盖好摄像机。等寻像器变黑后，解开摇和俯仰运动的制动器，锁好摄像机云台，将金属或塑料镜头盖盖在镜头上。将摄像机停放在平常的位置，将电缆卷成常见的8字型。

## 再次重申，请记住：

◎**摄像机运动**

摄像机运动包括：摇、俯仰、翻转、摇臂升降、移动、横移/跟拍、弧形移动、台座升降和悬摆。变焦虽然不是摄像机在动，但也包括在这个系列当中。

**◎摄像机支架**

摄像机支架包括：各种三脚架、演播室台座或特殊支架，如摇臂或摄像机升降台座。

**◎摄像机云台**

这是一种机械装置，连接摄像机与三脚架或演播室台座。有助于摄像机的摇摄和俯仰拍摄。

**◎白平衡**

这个程序是调节摄像机适应不同照明条件的一个必要环节。一旦摄像机处于新的照明条件下，就必须做这项工作，除非摄像机具备全自动调节白平衡的装置。

**◎预设变焦镜头**

这个步骤又叫做校正变焦镜头。只要摄像机本身或摄像机前面的物体的位置发生变化，就必须重新预设变焦镜头。在预设变焦时，必须将镜头完全推到最远目标物体上，然后调准焦距。这样，所有的后续广角变焦便都会得到清晰的画面。

## 要点

☞尽量保持手持或肩扛式摄像机的平稳，一边移动一边拉镜头。

☞一旦可能，尽量将摄录一体机或ENG/EFP摄像机放在三脚架上。

☞一旦无人照看摄像机，必须锁定摄像机云台。

☞除非摄像机具备全自动白平衡系统，否则，只要进入一个新的照明环境，就必须重新调节摄像机的白平衡。

☞若要预设（校正）变焦镜头，应尽量将镜头推到最远的目标物上，然后调好焦距。如此，后面变焦时基本上都会得到清晰的画面。只要摄像机本身或被拍摄物的位置发生了变化，就必须重新校正变焦镜头。

☞景深取决于镜头的焦距、镜头孔径以及摄像机与被拍摄物之间的相对距离。

☞尽量少用变焦技巧。

第 7 章

# 光、色彩、照明

## 重要术语

**additive primary colors 加色法三基色** 指红、绿、蓝三种颜色。普通的白光（日光）可以分解成这三种基本的颜色。这三种色光以不同的比例组合在一起，形成其他所有的颜色。

**attached shadow 附着式阴影** 在物体本身上的阴影，不能脱离物体而存在。

**background light 背景光** 对景片和背景幕布的照明，也叫布景光。

**back light 逆光** 从主体后面打过来的灯光，正对着摄像机，通常为一盏聚光灯。

**base light 底光 / 基础光** 为了让摄像机处于最佳工作状态而必需的均匀的、无方向的（漫射的）光。

**cast shadow 投影** 由一个物体造成并投射到另一个物体表面的阴影，可以独立于物体而存在。

**color temperature 色温** 以开文（Kelvin）温标度量的光中红光和蓝光的相对比例。室内摄像照明的色温标准为 3200K，室外标准为 5600K

**contrast 对比度** 画面中最亮与最暗部分之间的亮度差别。

**diffused light 漫射光** 用较弱的光束给较大的区域照明而形成的光。由散光灯形成的漫射光能造成柔和的阴影。

**dimmer 调光器** 一种通过调节电流来控制光的强度的装置。

**directional light 定向光** 用很强的光束照亮较小的区域而形成的光。由聚光灯产生的定向光造成醒目而清晰的阴影。

**falloff 照明渐弱** 画面中亮的部分转入阴影区的速度（程度）。快减弱意味着亮的区域突然转入阴影区，明暗之间有着很大的亮度差别；慢减弱则会显示由亮到暗的渐变过程，明暗之间的亮度差别很小。

**fill light 辅助光 / 副光** 架设在摄像机另一侧与主光相对的另一个光，用以照亮阴影区，进而降低照明减弱的程度，通常由散光灯来完成。

**floodlight 散光灯** 产生漫射光的照明灯具。

**foot-candle/ft-c 尺烛光** 照度计量单位，也指投射到物体上的光量。1 尺烛光为一支蜡烛投射到距光源 1 英尺远的 1 平方英尺区域内的光量（见勒克斯）。

**incident light 入射光** 由光源直接照到物体上的光。测量入射光时，测光表对准摄像机镜头或照明灯具进行测量。

**Kelvin degrees 开文温标** （K）计量色温或白光中红光和蓝光相对量的标准度量单位。

**key light 主光** 布光时的主光源，通常为一盏聚光灯。

**light intensity 光强度** 镜头所看到的照在物体上的光量，用勒克斯或尺烛光计量，也叫光级。

light plot **布光图** 近似于布景平面图的一张平面图，上面显示灯具的类型、规格（瓦特数）和位置。涉及到所照明的场景和光束的主要方向。

lux **勒克斯** 照度的欧洲标准计量单位。1 勒克斯相当于投射到距光源 1 米远的 1 平方米表面上 1 流明的光量（即 1 支蜡烛发出的光量）。10.75 勒克斯 = 1 尺烛光。大多数照明师粗略地计为 10 勒克斯 = 1 尺烛光。

photographic principle **摄影法则** 主光、逆光和辅助光的三角形分布：逆光在摄像机对面，被拍摄物的正后方；主光和辅助光在被拍摄物前，摄像机的两侧。亦称为三角布光。

reflected light **反射光** 从被照亮的物体表面反射回来的光。测量反射光时，测光表在摄像机同一侧方向上对准近处的被拍摄物。

spotlight **聚光灯** 能产生有方向的相对集中的光的灯具。

triangle lighting **三角形布光** 主光、逆光和辅助光的三角形分布，也叫做摄影法则。

Triple-I的照明指导是世界上最著名的照明指导之一，但常常会做出一些奇怪的事：在拍摄海滩场景时，她坚持用大型反光板和辅助灯光，甚至在中午阳光直射的时候也这么做；但当稍后浓雾卷过来，天色变阴的时候，她到好像反而对辅助光或反光板不感兴趣了。可是回到摄影棚，当要在棚里重新制造一支烛光的效果的时候，她却开始抱怨灯具不够。

她告诉你说，好的照明要求的不仅是精心的照明——光源在哪儿？从哪个角度投射过来？光线是柔和还是生硬？光是什么颜色？还要求对阴影进行细心的控制——阴影应该投在哪里？是否应该突出？是由于光和影的相互作用才使我们看见了物体及其所处的环境，使我们得以具体地去感知它们。

**要点1 灯光意味着精心的照明和对阴影的控制。**

本章将从各个方面讲解光和照明艺术：

◎**光**

定向光和漫射光；照度及其测量方法；对比度

◎**阴影**

附着式阴影；投影以及照明减弱控制

◎**色彩**

加色法和减色法混合；彩色电视接收器与生成颜色；色温与白平衡

◎**灯具**

聚光灯；散光灯以及演播室灯具与便携灯具

◎**照明技巧**

灯的应用；摄影布光法则或三角布光法则；室外照明及照度测量

## ◎光

看见挂在演播馆里数量众多、式样各异的灯具，难免不让人感到眼花缭乱。而Triple-I的照明指导却向你保证，照明艺术是可以学会的。她说，照明艺术所需的，就是能识别各种灯的类别及其功能，掌握它们的强度以及控制光与影之间的反差。

### 光的种类

不管光在技术上是如何产生的，我们在工作中遇到的光基本上属于两种类型：定向光和漫射光。

**定向光**（directional light）意味着光束很精确，产生的阴影比较醒目。太阳、闪光灯和汽车前灯都发出定向光。定向光可以指向特定的区域而不会有多少光流失到其他地方。

**漫射光**（diffused light）产生更全面的照明。它的漫射光束快速散开，照亮很大的区域。由于漫射光看上去像是从四面八方射过来的（没有方向性），因此它没有轮廓清晰的阴影——这些阴影看起来柔和而透明。漫射光的典型例子为雾天，这时，雾成了太阳的一个巨大的漫射柔光镜。观察明亮阳光下的阴影和阴天或雾天里的阴影，它们很不一样：在阳光下，阴影很重；而在雾天里却几乎看不到阴影。百货商场采用荧光灯，电梯里则只用漫射光。用漫射光照亮的区域不可能有清晰的界限，更确切地说，漫射光常常用来给较大的区域提供照明。

### 光的强度

照明的一个重要方面是控制**光的强度**（light intensity）（即投射到某一物体上的光的量）。强度用欧洲的**勒克斯**（lux）或美国的**尺烛光**（foot-candles）来计量。如果想将尺烛光换算成勒克斯，将尺烛光的数值乘上10即可。20尺烛光大约相当于200勒克斯（$20 \times 10 = 200$）；如果想把勒克斯换算成尺烛光，则用勒克斯的数值除以10。2000勒克斯大约相当于200尺烛光（$2000 \div 10 = 200$）。①

① 1勒克斯等于投射到1平方米（约3 × 3英尺）表面上的光，由1支蜡烛在1米远的距离处燃烧发出的光。

你可能会听到照明指导或摄像师抱怨基础光不足。**基础光（baselight）**指总的光强度。可以从被照明物体或场景的方向将测光表（可读取尺烛光或勒克斯）对着摄像机来判断基础光的水平。还记得前面讲过，摄像机必须要有一定量的光才能激活里面的成像装置和其他电子元件，才能用给定的光圈产生最佳的视频信号。如果将光圈开到最大仍然得不到充足的光，则必须启动摄像机的增益装置。大多数家用便携式摄录一体机都能自动完成这些操作。演播室和ENG/EFP摄像机的增益则要通过CCU（摄像机控制单元）来完成，当然，也可以通过ENG/EFP摄像机上的开关来完成。增益会通过电子方式增强微弱的视频信号。不过，遗憾的是，增益开得越大，画面上的噪波越多：画面中暗的部分会出现暴风雪一样的彩色小斑点。充足的基础光可以防止这种问题的出现。

尽管款式更新的摄像机（模拟的和数字的）比起老款的摄像机更敏感，需要的光更少，但要想得到干净的画面，仍然需要大量的光。家用摄录一体机也许能在1–2勒克斯光的水平产生可辨认的画面，但要想获得出色的画质，必须要有更多的光。用5.6的光圈，顶级摄像机大概需要1000勒克斯（100尺烛光）才能获得最佳的画面质量。[①]基础光的水平高还可以降低整个场景内照明减弱的速度，同时不会消除阴影，只是使其变得更淡。如果基础光水平太低，可以打开光圈，提高增益，或者（最好别这样）增加一两个能产生高度漫射光的散光灯来照亮场景。

你也可以通过调整灯具与被拍摄物之间的距离来控制光的强度。灯具越接近被拍摄主体，光越强；灯具离主体越远，光变得越弱。在灯具的前面放上漫射材料，或（更常见的做法）采用电子**调光器（dimmer）**，即可进一步减弱光的强度。如同汽车里控制发动机进油量的油门一样，电子调光器能控制到达灯泡的电量（瓦特数）。大多数现代调光器由计算机控制，高度精确。

### 对比度

**对比度（contrast）**指在一个电视画面里最亮点和最暗点之间的差别。用测光表测量反射光即可测量对比度。对比度通常用比率来表示。比如说，对着一个特别亮的地方，如白色的餐桌布，测光表的读数可能为4000勒克斯或400尺烛光，而在暗布景里，读数则可能为100勒克斯或10尺烛光，其对比度则为40∶1（400 ÷ 10 = 40）。40∶1的对比度是大多数摄像机的上限，超过这个比率，如60∶1，要么白的地方会曝光过度，要么暗处的细微过渡色调会全部变成一片黑色。高质量的摄像机能处理这种反差极大的场景，但普通的电视机却根本做不到。

## ◎阴影

尽管我们很清楚光和光的变化，但如果我们不是在特别热的天里找舒服的地方，如果不是阴影干扰了我们想看到的东西，我们一般是意识不到阴影的存在的。由于对阴影的控制在照明工作中是一件非常重要事，因而我们必须仔细观察阴影以及它们对我们感觉的影响。

一旦意识到了阴影，你就会对身边有如此众多而又各不相同的阴影感到奇怪。有些好像是物体的一部分，如咖啡杯上的阴影；有些像是一个物体投射到其他表面上的，如公用电话的柱子投在街道上的阴影。有些阴影又暗又重，像刷的一层厚厚的黑漆；有些阴影却又亮又淡，以至于很难用肉眼察觉。有些逐渐由亮过渡到暗；有些却又那么突兀、生硬。

尽管有各种各样的阴影，但它们基本上只分为两大类型：附着式阴影和投影。至于阴影的相对亮度和暗度以及它们的变化方式，则是与照明减弱有关的问题。

**图7.1 附着式阴影**

附着式阴影永远与被照亮的物体共生共存，无法独立于物体而存在。

① f/5.6和f/8.0之间的光圈能获得最佳景深。这正是摄像机说明书采用f/5.6作为最佳光能级标准的原因。当然，如果用更大的光圈，只需少量的光即可拍摄。

## 附着式阴影

**附着式阴影（attached shadow）**看上去像是附着在物体上的，脱离了物体就不复存在。将咖啡杯靠近窗户或台灯，在杯子上光源（窗户或台灯）相反方向形成的阴影就是附着式阴影，即使摆动杯子或上下移动它，附着式阴影仍然会待在杯子上（见图 7.1）。

附着式阴影能帮助我们感知物体的基本形状。没有附着式阴影，只看图片的话，物体的实际形状就不准确。在图 7.2 中，左边的物体看上去像一个三角形；而有了附着式阴影再看它，三角形就变成了圆锥体（见图 7.2）。

附着式阴影还有助于我们感知物体的肌理。大面积醒目的附着式阴影可以突出物体的肌理；没有它们，物体看上去光滑得多。泡沫塑料球表面上的附着式阴影使得其看上去像月球的表面；但如果用平光照明消除上面的附着式阴影，这个球看上去就会显得又光滑又扁（见图 7.3 和图 7.4）。

如果要拍一条护肤霜的电视广告，你大概希望给模特脸上打的光让附着式阴影淡到让人注意不到的程度（见图 7.5

**图 7.2 附着式阴影显示形状**

附着式阴影有助于显示物体的基本形状。没有附着式阴影，我们看到左面的形状是一个三角形；而有了附着式阴影，我们看到的右面形状则是一个圆锥体。

**图 7.3 粗糙的肌理**

大面积的附着式阴影能突出物体的肌理，这个泡沫塑料球的表面看上去比较粗糙。

**图 7.4 光滑的肌理**

这里，附着式阴影几乎消除了，所以球体的表面看上去比较光滑。

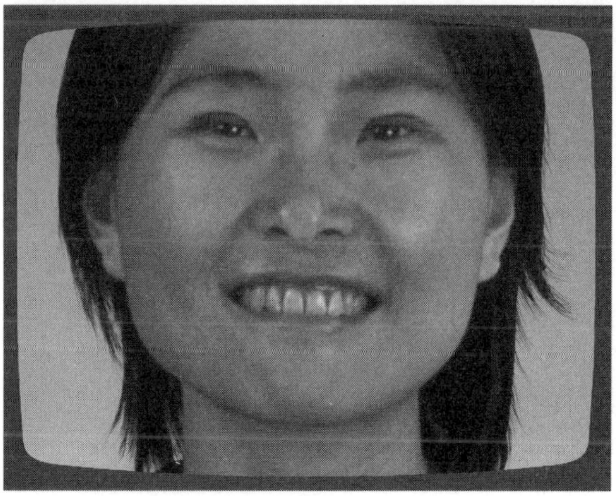

**图 7.5 附着式阴影降到最低的情形**

要突出这个模特脸部的光滑，附着式阴影要控制在最低状态。

和图7.6）。但如果有人要你在拍著名的阿兹特克日历石雕的同时强调它丰富而深厚的层次，这时就需要用光打出大面积的附着式阴影（见图7.7）。至于如何控制附着式阴影，将在本章稍后的照明技巧部分加以讨论。

**图7.6 附着式阴影降到最低的情形**

光直射在这块阿兹特克日历石上，附着式阴影的缺失使这块复杂的石雕看上去缺少层次。

**图7.7 强调附着式阴影的情形**

光从旁边照射过来，附着式阴影更加突出，丰富、深厚的层次强调得恰到好处。

## 要点2 附着式阴影揭示形状和肌理。

由于我们通常看到的光源都来自上方（如太阳），因此我们习惯于看到附着式阴影在物体的下面凸显或凹没。如果将主光源放低，让它从低于常人视线的角度照射一个物体，比如人脸，我们就会体验到这种神秘而怪异的失真现象（见

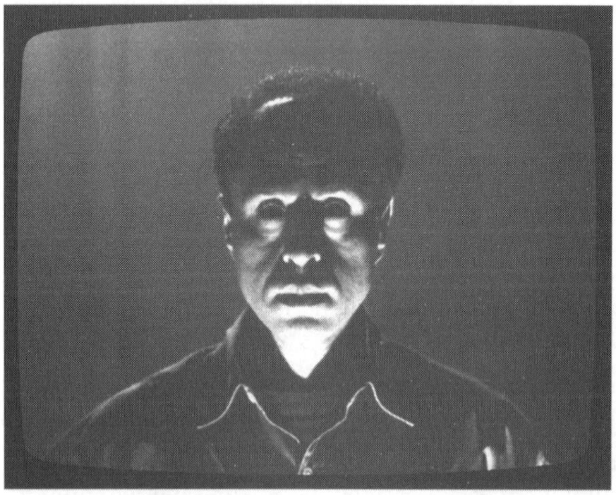

**图7.8 附着式阴影反转的情形**

低于视平线的光源使阴影恰好落在与其预期位置相反的地方。我们将这种不寻常的阴影称为鬼影式或神秘式阴影。

**图7.9 投影**

投影通常由一个物体投射到其他物体的表面上。在本例中，树的投影落在了雪地上。

图7.8)。通常说来，很少有哪部科幻或恐怖电影不用这样反转阴影效果。

## 投影

和附着式阴影不同，**投影(cast shadow)**可以独立于产生它们的物体而存在。比如，如果给墙上某个阴影拍照，你可以聚焦于这个阴影而不用露出手。公用电话的柱子、路标以及树投在街道或附近建筑物墙上的阴影等，这些都属于投影。即使这些投影触到了产生它们的物体的底部，它们仍然是投影，而不会变成附着式阴影(见图7.9)。

投影能帮助我们看到物体与它周围环境之间的相对位置，而且还(至少在某种程度上)能帮助我们确定事件发生的时间。请再看一下图7.9。树的投影远远地朝着摄像机的方向伸展过来，这些相对较长的阴影表明这是清早或傍晚。

**要点3 投影有助于我们搞清物体的位置以及事件发生的时间。**

**图7.10 照明快减**

这些建筑物上的明暗变化非常突然，照明减弱相当快，充分显示出边缘和拐角。

**图7.11 照明慢减**

这个阳台上的附着式阴影逐渐变暗，照明减弱相对较慢，显示出弧形表面。

## 照明减弱

**照明减弱(falloff)**指从亮到暗的变化程度。具体而言，它指突兀的相对程度，即"光亮减弱的速度"，也就是说亮区转换成阴影区，或一个物体的亮面与阴面之间形成反差的速度。如果由明亮到浓重的阴影之间变化特别突然，我们称之为照明快减，能显示边缘或拐角的清晰轮廓(见图7.10)；照明慢减表示由明到暗的渐进变化，能显示物体的曲线(见图7.11)。

照明快减也意味着明暗之间存在着高反差。如果阴面只比明面暗一点点，且阴影高度透明的话，说明照明减弱的速度比较慢。对物体肌理的感觉也依靠照明减弱来获得：照明快减式照明可以显示物体表面的褶皱；而照明慢减或无减弱式照明则能遮盖这些褶皱。

**要点 4　照明减弱的速度决定了明暗之间的对比度和由明变暗的速度。**

如果用计算机来制造照明效果，必须仔细计算附着式阴影与投影之间的关系以及照明减弱的比率。比如，如果从屏幕的右侧将一个光源射向被拍摄物，附着式阴影显然会在屏幕的左侧（与光源的方向相反），而投影必然指向屏幕左侧的方向。如果此时按逆时针方向移动光源（接近摄像机），附着式阴影和投影肯定也会随之而移动——处于光源相反的方向。如果将光源升高，则投影变短；如果将光源降低，则投影变长。因此，一定要保证阴影出现在符合逻辑的位置，这有助于拍摄到真实的照片。如果将实况转播的场景用电子手段切到相片制作或绘制的背景中，就必须特别注意阴影的这种一致性。

## ◎色彩

第 4 章曾保证要在后面的章节中更进一步地讲解色彩及其在视频中的用途。本部分则重于（1）色彩混合的基本过程；（2）彩色电视接收机及其产生的色彩；以及（3）色温和白平衡。

### 加色法色彩混合与减色法色彩混合

看到这个标题，你肯定会想起我们对分光仪的讨论——分光仪将镜头传递的白光分解成三种基本的色光——红、绿和蓝（三基色，RGB）。同时，我们还会想起如何将红、绿、蓝三种光以一定的比例混合到一起，形成图像中的所有色彩。这些就是所谓的**加色法三基色**( additive primary colors )，这是由于我们是通过把一种色光加到其他色光中而将它们混合到一起的。

如果你有三台完全相同的幻灯机，你可以将红色幻灯片放进第一台幻灯机，将绿色幻灯片放进第二台，将蓝色的放进第三台，然后将它们同时投向屏幕，并让它们的光束的一小部分重叠在一起（见彩插 5），这时，你所看到的形象与彩插中显示的三个重叠在一起的圆非常相似。

正如你所看到的一样，红光和绿光混合生成了黄色光；红光和蓝光混合生成了偏蓝的红色光，即品红；而绿光和蓝光的混合则形成偏绿的蓝色光，即青色。三种基色光重叠到一起，即可显示为白色。将三台幻灯机同样调暗，即会看见各种灰色；将幻灯机全部关掉，看到的则是黑色。将其中一台幻灯机或三台分别调暗，能得到各种各样的颜色。[①]如果红色幻灯机强度饱满，而绿色的只用 2/3 的强度，蓝色的幻灯机关掉，这时候可以得到某种橙色。绿色幻灯机调得越暗，橙色越偏红。

**要点 5　加色法三基色为红、绿和蓝。**

你也许会记得在用手指作画的年代，那时的三原色是红、蓝和黄。将红色和绿色的颜料混合在一起生成的并不是非常纯净的黄色，而是脏兮兮的深棕色。但颜料的混合与光的混合大不相同，在颜料混合的时候，其内含的过滤物质会削减某些颜色（光谱频率）而不是将它们加起来，我们称这种混合过程为减色法混合。但有色的光混合到一起时，颜色会加上去而不是过滤掉，因此有加色法混合一说。

### 彩色电视接收机与生成颜色

彩色电视机也是按加色法混合的原理工作的，只是彩色电视接收机使用的不是三台幻灯机，而是显像管颈部的三支电子枪，它们将由众多红色、绿色和蓝色的细小圆点或矩形电子簇形成的光束射到电视机屏幕的内壁。假定三支电子枪中的一支打出红点，一支打出绿点，第三支打蓝点

① 在某些幻灯机上，这种调暗的做法会减弱幻灯机散热马达的功率。如果这样，千万别将功率降得太多、太久，否则就有可能使整个灯组过热。

（见彩插 1）。电子枪发出点的力度越大，点就越亮。如果红色枪和绿色枪以最大的强度打点而将蓝色枪关掉，我们得到黄色；如果所有的枪都以最大的强度发射，我们得到白色；如果都以一半的强度发射，得到灰色；如果它们分别以很小但相同的强度发射，则得到暗灰色。正如你所见，如果三支枪使用的时间过久，彩色电视机上就会呈现黑白节目。

既然视频信号由电能而非真正的颜色组成，为什么我们不能不用摄像机，而只以一定的电压来激发三支电子枪生成某种颜色？是的，这没问题！这种方法已经被计算机采用，并以一种稍微复杂的形式制造出了成千上万的色彩。片头字幕和其他图形样式中丰富多样的色彩，以及颇有争议的黑白电影的着色，都以加色法混合的原理和计算机生成的颜色为基础。

## 色温与白平衡

在第 6 章，我们已经对如何调整白平衡进行了探讨，下面，我们将讲解白平衡的原因。你之所以要让摄像机保持白平衡，是因为不是所有的光源都会产生同样的“白度”。例如，蜡烛发出的光比超级市场里荧光灯的光更红，而荧光灯的光更蓝。在电力不足的情况下，闪光灯发出的光束看起来也相当红；而在电力充足的时候，闪光灯发出的光束则更强、也更白。如果将灯调暗，则会出现色温的变化。灯调得越暗，得到的光就越偏红。摄像机只有针对这些差别调整自己，才能在不同的照明环境中得到一致的色彩。

**色温** 我们用来测量白光中红光或蓝光的相对量的标准叫做**色温**（color temperature）。白光中的颜色差别用开文温标（K）来计量。白光看起来越偏蓝，色温越高；看起来越偏红，色温越低。

记住，色温与实际光源的热量多少毫不相关。你可以触摸荧光管，虽然它亮着时的色温很高；但你不会在白炽灯泡上做同样的事，尽管它亮着时色温低得多。

**要点 6 色温测量白光里红光或蓝光的相对量。偏红的白光色温低，偏蓝的白光色温高。**

由于室外光比正常的室内照明光更偏蓝，相应地形成了两种色温标准：室外照明 5600K，室内照明 3200K。所有用来模拟室外光的灯具所发出的光色温都较高，为 5600K。这意味着它们的白光接近室外光的蓝色。室内用的标准灯色温比较低，为 3200K，其“白”光更偏红。

色温由白光中蓝光和红光的相对量来测定，既然如此，我们是否可以在室内光的前面放上一张偏蓝的滤光片来提高其色温，或在一只室外灯的前面放一张橙色滤光片来降低其色温？当然可以。这些被称为滤色片 / 明胶片或颜色隔板的彩色滤光片可以非常方便地让室外灯具模仿室内照明，反之亦然。有些摄像机采用类似的滤色片来做大致的白平衡。

**白平衡** 也许你还记得，白平衡意味着调整摄像机，使它将某一白色物体设定为荧屏上的白，而不管这个白色物体由高色温的光源（正午的太阳、荧光灯、5600K 的灯具）照明还是由低色温光源（烛光、白炽灯、3200K 的灯具）照明。如果启动自动白平衡功能，摄像机会自动调整三基色信号，使它们混合成白色。当然，你也可以用手动控制，这意味着你得用一个白色物体来调整白平衡。摄像机会在这个平衡值上锁死并产生记忆，指导你在不同的照明环境中重新调整它。

有些大型摄像机用偏蓝或橙色的滤光片来改变室内或室外光的色温，从而达到第一次粗略白平衡的目的。在高色温的（偏蓝）室外光里，摄像机用橙色滤色片来减少蓝色，然后通过自动调整红、绿、蓝的混合比例来进一步微调白平衡。这些摄像机配备有一支白平衡操纵杆，可以放在不同的开文温标位置上，也可以由中央控制器或遥控器来控制。

恰当的白平衡对色彩的一致性至关重要。比如，假设你先要在室外拍摄一位穿白衣服的主持人，随后转入室内拍摄，那么她的衣服不应该在室外看上去偏蓝，而在室内却偏红。她的衣服应该室内室外看上去同样地白。即使在室外的同一地点拍摄，为了保持色彩的一致性，你也许要多次调整白平衡。由于阴天的天空比明亮的阳光色温更高，所以当雾消散或云散去的时候，必须重新调整摄像机的白平衡。从室外移入室内的时候，也一定要重新调白平衡（见彩插 4）。

## ◎灯具

尽管可用的灯具有很多，但基本上只有两种类型：聚光灯和散射灯。聚光灯投射出定向的、边界清楚的光束，照亮一个特定的区域。它们产生的阴影生硬而浓重；散射灯产生大量没有方向的漫射光，产生的阴影比较透明。有些散射灯的照明减弱非常慢，以至于它们看上去像一个不产生阴影的光源。比较重、功率也比较大的灯是为演播馆设计的，它们通常悬挂在由很沉的钢管制成的固定灯架上，或者挂在可移动的、配重平衡的支架上（见图7.12）。为ENG/EFP制作任务配备的便携式灯具更轻便，但功率也比较小。

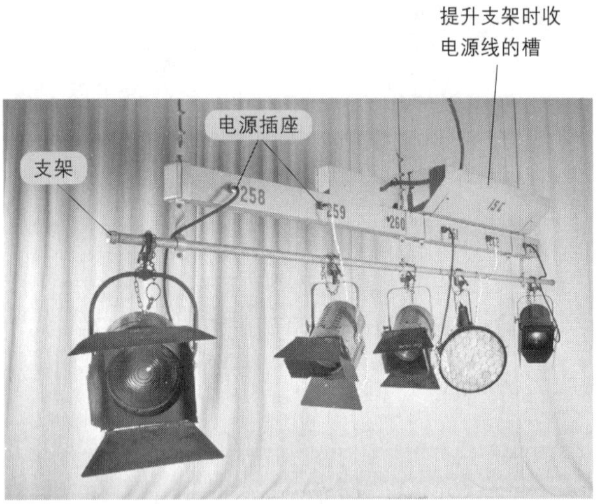


**图7.12 演播馆照明支架**
照明支架由很大的钢管架组成，这些支架能支撑各种各样的灯具。本例中的支架可以通过配重平衡系统降低和提升。

### 聚光灯

**聚光灯**（spotlight）产生锐利、定向的光束，照亮特定的区域。大多数演播馆聚光灯有玻璃透镜，帮助收束光线并将其聚合成准确的光束。大多数普通的演播馆聚光灯为**菲涅耳聚光灯**（Fresnel）和**椭球镜灯**（ellipsoidal）。此外还有式样繁多的便携式聚光灯，这些灯具在尺寸和光束的范围上都不一样。

**菲涅耳聚光灯** 菲涅耳聚光灯是演播馆聚光灯中应用最广的灯具。其透镜薄而层级分明（由法国的奥古斯汀·琼·菲涅耳开发），能将光聚集成一个轮廓清晰的光束（见图7.13）。移动灯光反射器的朝向或远离透镜，这个光束的范围就可以从一个“圆点”或“中心点”变成一大片。有些灯具要对着灯移动透镜：若要漫射光或散射光，将灯光反射器移向透镜，这时光束变得有点漫射（强度减弱），阴影比光束聚集时更柔和；若要聚集光束，将灯光反射器移离透镜，这会增加光束的清晰度和强度，使它的阴影明显而浓重。有些菲涅耳聚光灯有用来移动灯光反射器的曲柄，还有一些聚光灯有供站在演播馆地上用灯杆（一个在末端有金属钩的10英尺长木杆）转动的圆环或手柄。

你可以通过挡光板来进一步控制光束（见图7.13）。它们由活动金属折片组成，像牲畜栏的门一样能来回摆动开关，可以挡住从四面进入的光，也可以旋转挡住从顶部或下面进入的光。挡光板嵌在透镜前的支架里。为了防止它们滑落，像铡刀一样伤着人，所有的折片都用小链子或钢缆固定在灯具上。

菲涅耳聚光灯的型号通常以它们的石英灯瓦数来确定。在演播馆里，最普通的菲涅耳聚光灯为650瓦和1千瓦。对于比较老式的、不太敏感的摄像机来说，2千瓦的菲涅耳聚光灯仍然是最常用的灯具。所有的演播馆菲涅耳聚光灯的色温都为3200K的室内色温。

在精心的现场制作或大型实况转播中，你可能还会见到另一种菲涅耳聚光灯，镝灯（HMI）。这种售价高昂的聚光灯内装有高效能的弧光灯，其发出的光照度是同样大小的普

**图7.13 菲涅耳聚光灯**
菲涅耳聚光灯是演播馆照明中最常用的灯具，其透镜能产生可用挡光板部分遮挡的强光束。

通菲涅耳聚光灯的3—5倍，但用的电却比较少。镝灯在室外的标准色温为5600K。镝灯的缺点在于它们必须要有镇流器（一种像家用荧光灯上的变压器）才能正常工作。

**椭球镜灯** 这种聚光灯用于制造特殊效果，能产生极其强烈、高亮度的光束，通过活动金属光闸可以形成矩形或三角形（见图7.14）。椭球镜灯的聚焦位置不是靠灯泡反射器滑向或滑离透镜来调节，而是相反，靠移动透镜离开和靠近固定的灯光反射器来调节。由于椭球镜灯发出的光束很精确，所以它不需要挡光板。在有些椭球镜灯上，紧挨着光束成形闸有一个插槽，用于插各种细小的、具有不同孔洞的金属片。这种金属片叫做图案板或阴影模板。椭球镜灯将阴影模板的图形投射到一个平面上，将其打碎，形成变化多端的图形或几何图案（见图7.15）。演播馆的椭球镜灯多为750瓦。

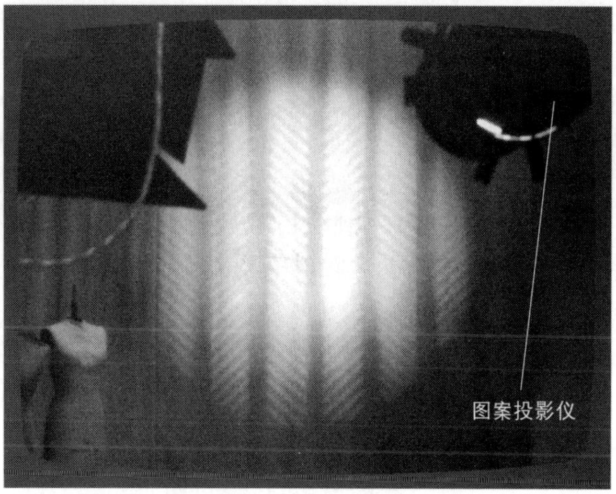


**7.15 阴影模板**

有些椭球镜灯兼作图样投影仪，可以插入各种各样的金属剪切图样，即阴影模板。聚光灯将其图样投射到墙上或其他物体的表面。

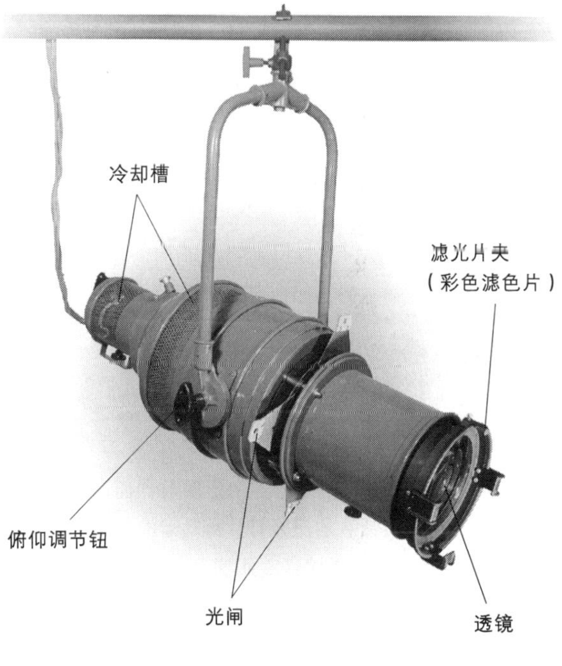


**图7.14 椭球镜灯**

椭球镜灯产生明亮而轮廓清晰的光束，用来准确地照明特定的区域。

**图7.16 罗威尔全能灯**

这种轻型灯具兼具聚光灯和散射灯的功能，主要用在ENG/EFP拍摄中。你可以将它插在普通家用插座上，用手拿着或将它固定在灯架或其他便利的固定装置上。

**便携式聚光灯** 虽然我们可以将小型菲涅耳聚光灯带到外景地，但我们其实还有一些介于聚光灯和散射灯之间的便携式聚光灯可用。为了把这些便携式聚光灯的重量减到最小，它们的尺寸比较小，而且是敞口的，也就是说这种灯没有透镜。没了透镜，它们就不能像菲涅耳聚光灯和椭球镜灯那样发出精确的光束，即使在中心点或聚焦点的位置上也不行。它们的设计用途是安装在灯架或夹子上。更常见的一些种类为罗威尔（Lowel）全能灯和专业灯（图见 7.16 和图 7.17）。比较老式的备用品是夹灯，其反光板装在灯泡内。PAR38 灯尤其常用于室外人行道和行车道的照明。夹灯在给小块地方充当辅助照明时非常有用，你可以轻易地将它们夹在家具上、道具上、门上或各种能夹得住的地方，此外还有一些带挡光板以及适合夹灯的金属支架。和那些大家伙一样，这些挡光板能控制光束的散布范围（见图 7.18）。

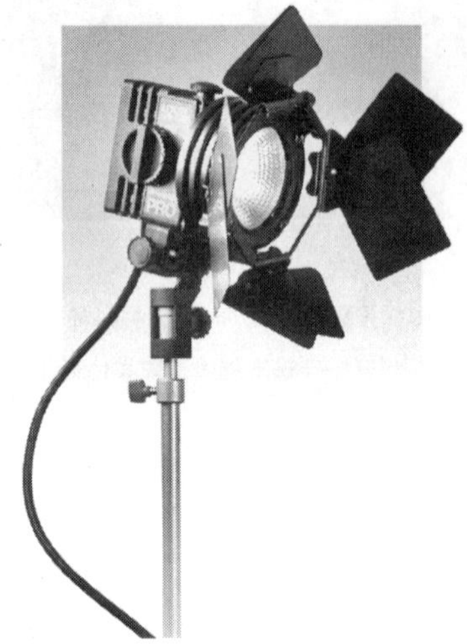

**图 7.17 罗威尔专业灯**

罗氏专业灯是一种用于 ENG/EFP 的体积小而功率大的（200 瓦）聚光灯，既可以手持，也可以夹在摄像机上或固定在灯架上。

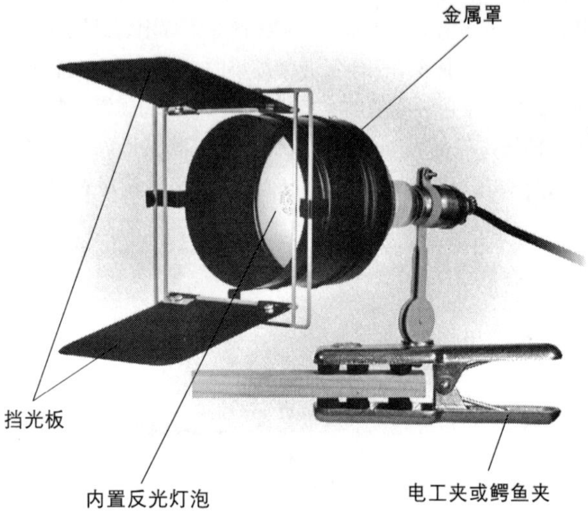


**图 7.18 带挡光板的夹灯**

带普通内置反光灯的小型聚光灯，可在野外拍摄时照明小块区域。

**要点 7 聚光灯产生轮廓清晰、定向的光束，造成照明快减。**

## 泛光灯

**泛光灯（floodlight）**没有透镜，这是因为它们的目的是制造高度漫射的、无方向的光而非轮廓清晰的光束。由于这种光散射度高，因而其产生的阴影柔和而透明。如果用泛光灯给一个物体照明，照明减弱的速度比用聚光灯照明时慢得多。比较常用的演播馆泛光灯为勺形灯、柔光灯和矩形泛光灯，而特殊用途的泛光灯则包括荧光排灯、内反射排灯、长条灯或环形灯以及各种小型便携式泛光灯。这些灯都相对较小，非常便于携带，且能产生大量的漫射光。

**勺形灯（scoop）**是根据其勺形反射器而命名的一种泛光灯，是一小巧而灵活的泛光灯，所发光的色温为 3200K 的室内色温。有些照明指导喜欢用它，而不喜欢用矩形散光灯，就因为它的光束虽然柔和，但却多少更有方向性，能给比较明确的区域提供照明。勺形灯常常充当辅助光，以减缓阴影浓重区域的照明减弱，并使阴影更透明。若想让光束漫射程度更高，可以把柔光纱挂在勺形灯的前面。柔光纱是一种抗热的玻璃纤维材料，一般缠成卷，可用剪刀像剪布一样剪开（见图 7.19）。

图 7.19 带柔光纱的勺形灯

这种泛光灯像勺一样的反射器可以使你朝特定的方向投射漫射光束，这使它成了一种很好的辅助光。在它的另一边开口处挂上柔光纱，它便会更像一只矩形泛光灯。

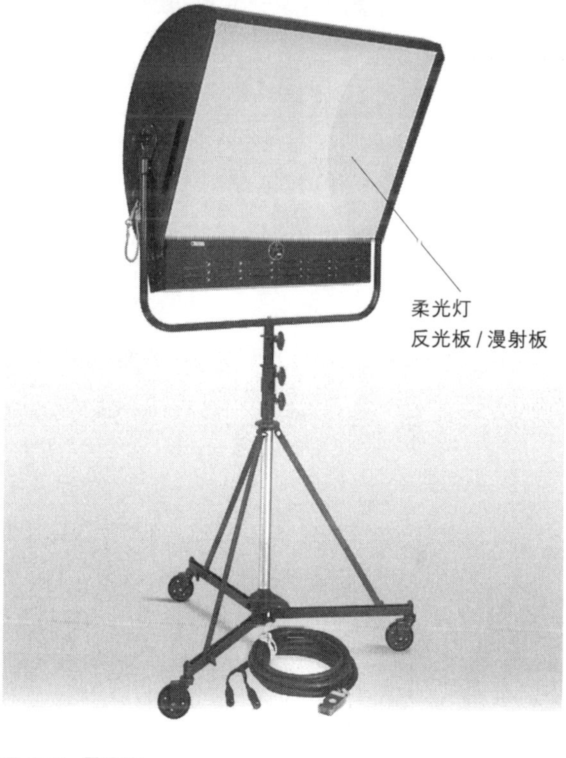


图 7.20 柔光灯

这种泛光灯表面覆盖着漫射材料，发出非常散的漫射光。它形成的照明减弱很慢，阴影几乎显现不出来。

**柔光灯** **柔光灯（softlight）**和矩形泛光灯相似，只是前者的大开口上覆盖着漫射材料，能将光散射得很开，几乎看不到什么阴影。由于它能产生的照明减弱速度慢，因此常用于需要平光的场合，如电视广告中的产品展示或教育节目，也可以用在模特身上突出其皮肤的柔和与光滑。柔光灯的型号很多，色温为室内的3200K。大多数柔光灯的体积都非常大，不适合狭窄的制作空间，不过小一点的柔光灯往往是新闻布景和采访区的主要用灯（见图 7.20）。

**矩形泛光灯** **矩形泛光灯（broad）**是一种表面只罩玻璃的灯具，在正方形或矩形的反光板内装有一支或更多的大管灯，能产生大量高度漫射的光。矩形泛光灯可以以均匀、慢照明减弱的3200K的光照亮大片的区域（见 7.21）。一些小矩形泛光灯有挡光板，主要用来给醒目的聚光灯阴影提供补充照明，以降低阴影的浓度。这些挡光板可以在不降低其光束柔和性的同时阻止光泄露到某个布景区域。

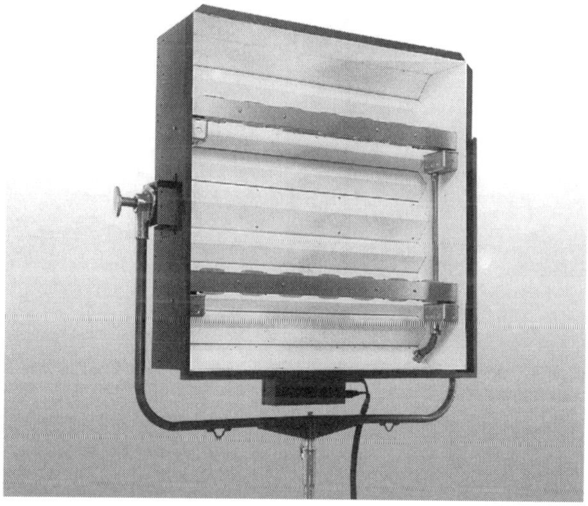

图 7.21 大型矩形泛光灯

这个表面只罩有玻璃的泛光灯用柔和的、高度漫射的光照明大片区域。它形成的照明减弱比较慢。

**特殊用途泛光灯** **荧光排灯（fluorescent bank）**由一排荧光灯管组成，在电视历史的早期阶段，这种灯是主要的照明设备之一。在中断使用一段时间之后，这种排灯又重新投入了使用。它的功效很高，能发出极端的散射光，照明减弱慢，不会产生其他泛光灯产生的热量。荧光排灯既可以发出标准的5600K的室外光，也可以发出3200K的室内光。荧光灯生产商努力让这种灯看上去更接近钨丝泛光灯，没有荧光灯表面上那种绿乎乎的颜色。所有这类灯具的不足在于，排灯相对比较大，也比较笨（见图 7.22）。

**泛光排灯（floodlight bank）**由带内反射灯泡的长条灯组成。体积较小的散射排灯有两到三排灯，每排三只灯；较大的则有几排灯，每排有 12 只灯以上。它们的用途是照亮远处的大片区域，与你在体育场看到的灯相类似（见图 7.23）。

**长条灯（strip）**或**环形灯（cyc）**的用途是给环形幕布（没有缝合线的背景幕布，沿着演播馆或摄影棚的墙展开）、垂幕或大面积布景提供照明。排灯类似于戏院里的长条灯，由几排石英灯组成，每排 3 — 12 只灯。这些灯固定在长盒状反射器内。有些排灯在开口处安装有滤色片，能在不增加新设备的情况下改变背景的颜色。它们通常一个挨一个地排列在演播馆的地板上，朝上照着背景（见图 7.24）。

**图 7.22 荧光排灯**

荧光排灯由一系列荧光灯管组成，产生非常柔和的光，照明减弱速度慢。

**图 7.23 泛光排灯**

泛光排灯由几排内置反射灯组成，用于远距离照明大块区域。大型排灯用于照亮远处的场景，如体育比赛场地。

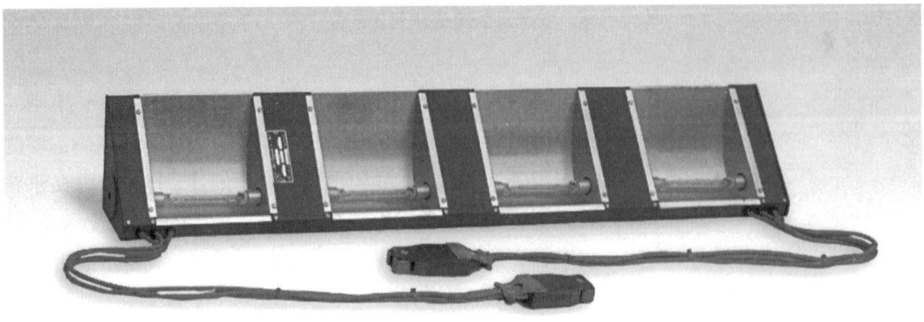

**图 7.24 长条灯或环形灯**

这些灯具主要用来照亮环形幕布、垂幕或大景区。

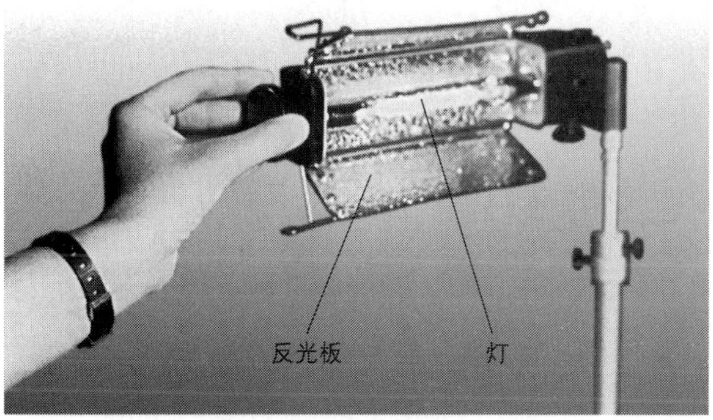


**图 7.25 小型 EFP 泛光灯**

这种小型EFP泛光灯（罗氏灯）采用普通民用交流电，可以用来照亮小块区域。如果将其安装在伞形反光板内，便可充当聚光灯。

**便携式泛光灯** 在选择便携式泛光灯时，应该找体积小，能产生大量漫射光，带一个能防止漫射光四处漫射的反射器，能插在普通120伏（我国为220伏。——译者注）家用插座上，分量轻，一个小灯架即可支撑的那种灯（见图7.25）。如果将其固定在伞形反光板里面，便携式散光灯便可充当聚光灯。许多便携灯随身配备有“灯盒”或“灯帐篷”，一种帐篷状的漫射片。你可以用它罩住便携灯的光源，从而将漫射灯改造成一只很好用的聚光灯。在情况紧急的时候，你可以用一只普通的石英车库灯，用柔光纱将光束漫射开，或者，更好一点的做法，让光束从白板或某种反光板上反射回来。

**要点 8 散光灯产生全面的、无方向的照明，照明减弱速度慢。**

## ◎照明技巧

照明工作应该从你想如何在屏幕上呈现事物入手，然后选择最简单的方式来达到这种效果。尽管目前没有放之四海皆准的秘诀能保证你在任何情况下都得到好的照明，但我们仍然有一些现成的技巧可以帮助我们轻松地做好手头的具体工作。但千万不要成为这些技巧的奴隶。你也许希望能有更多的设备、更多的空间尤其是更多的时间来做好照明，但你应当认识到，摄像照明的最终评判标准不是你如何忠实地遵守书本上列出的标准，而是照明效果如何呈现在监视器上，尤其是如何准时地布好光。

下面我们就来看一看照明有哪些基本要点：（1）操作灯具；（2）演播馆照明；（3）实地照明；以及（4）测量照度。

### 灯具的操作

照明工作显然会遇到一些危险：普通民用电流足以杀人；灯、挡光板（有时设备本身）会变得太热，甚至能造成严重的烧伤；如果将易燃物质放在离灯太近的地方，灯具会引起火灾；有挡光板的灯具通常高高地挂在演播馆的上方，如果安全防护不当，会掉下来砸伤人；直视明亮的强光束能导致眼睛的暂时失明。但即使这样，你也不必害怕，不必在还没开始做就放弃。遵守一些安全规定，你便可以消除这些危险。

#### 照明安全一览表

☑ **电** 别用湿手操作设备，即使在未插电源的时候。不要“热插拔”：即在连接和断开电源线或接线板之前必须关掉电源。接线板将选用的灯具与特定的调光器连接到一起。一定要戴手套！用木制或玻璃纤维的安全梯子，而不是金属的。动电源线的时候不要触摸任何金属。如果必须用适配器来连接电源线或将它插上去，用电工胶条来粘连接处。不要浪费电能。只用那些绝对必需的设备。在进行初步舞台彩排时，关掉演播馆的灯，改用家用灯。关掉这些灯不仅可以使演播馆凉快一些，同时还可以延长这些价格昂贵的灯泡的寿命。

☑ **热** 碘钨灯（石英外罩和卤钨灯丝）会变得相当热，它们能使挡光板乃至灯具的支架发热。一旦灯亮，就不可再用手触碰挡光板或灯具，请戴手套或灯杆来调整挡光板或灯具。

让灯具远离易燃物质，比如幕帘、布、书或木板。如果必须将灯具放在离这些物质较近的地方，最好用铝箔片来给这些物质隔热。

更换灯泡的时候要让它先冷却下来。不要用手指直接碰碘钨灯，指纹或其他附着在这些灯上面的东西会使它在这个地方过热并最终烧坏。换灯泡的时候，要用棉纸或（在紧急情况下）运动衫或衬衣下摆包住灯泡。在触摸灯具内部之前，一定要确定电源处于断开状态。在将调光器调到最大值之前，如果可以的话，先用小功率让大型灯具预热。

☑ **安放和保护灯具** 在降下活动支架之前，先确定演播馆的地面没有人、设备和布景。在真正降下支架之前要发出警告，如“支架5C下来了！”要等到“全部清场”信号发出方可降下支架。在降下支架的时候，一定要让人看着演播馆的地面。拧紧C型夹头上所有必要的螺钉（见图7.26），用安全链或电缆将灯具紧紧固定在支架上，将挡光板固定在灯具上。检查明显破旧或松动的插头以及电缆的电源连接。

无论什么时候移动梯子，都要看看下面和上面有没有障碍物。千万不要将灯具扳手或其他工具留在梯子上。别冒不必要的险而站在梯子上斜着身体去够灯。可能的话，叫人帮你稳住梯子。

☑ **眼睛** 调整灯具的时候，不要直视灯。从灯具的后面操作，而不是前面。如果采用这种方式，你的眼睛与光束是同一方向，而不是与光束对视。如果一定要与光对视，时间一定要短，并戴上深色眼镜。

**图7.26 C形夹头**

用这种C形夹头将沉重的灯具固定在支架上。即使灯具固定到支架上，C形夹头仍然能让灯具转动。

**要点9 不要图一时的方便而不顾安全。**

## 演播馆照明

现在，你已经能够做一些实际的照明工作了。你会发现，比起样式繁多、令人着迷的演播馆照明来说，你更多的时候是在对付让人头疼的实地照明。而且你还会发现，在演播馆学布光比在外景地更容易。就像Triple-I的指导人员告诉你的那样，照明艺术既不神秘，也不复杂，只要在脑子里记住它的基本职能：（1）展现物体或人的基本形状；（2）加亮或打暗阴影；（3）显示被拍摄物与背景的相对位置；（4）给物体或人赋予轮廓。

**摄影或三角布光法** 静物摄影师曾教过我们，所有这些功能都可以借助三只灯来实现：（1）**主光（key light）**，展示基本形状；（2）**副光（fill light）**，在阴影太重时提供补充照明；（3）**背光/轮廓光（back light）**，将被拍摄物同背景区分开并造成轮廓。电视或电影的各种照明技巧都来源于静物摄影的基本法则，即**摄影法则（photographic principle）**或**三角布光（triangle lighting）**（见图7.27）。

## 要点 10 基本的摄影法则或三角布光由一个主光、一个副光和一个轮廓光构成。

**照明三角的应用** 在演播馆里，菲涅耳聚光灯通常用做主光。菲涅耳灯能让光束对准物体而不致将太多的光溢到其他布景区。将光束或聚集或散射或利用挡光板，你便能进一步控制光束的散射范围。当然，你也可以用其他灯具充当主光，如全能灯、泛光灯，甚或柔光灯。正如你所见，主光并不是由所用的灯具而是由它的功能来确定的——是否能展示被拍摄物的形状。主光通常放在被拍摄物前方的左侧或右侧（见图7.28）。注意：主光造成的照明减弱速度较快（浓重的附着式阴影）。

若想让主体在背景前显现更清晰的轮廓，尤其是想让头发出现光泽——由此扩展到整个画面，那就需要轮廓光。有些照明人员认为，正是轮廓光赋予了照明以专业的光彩（见图7.29）。

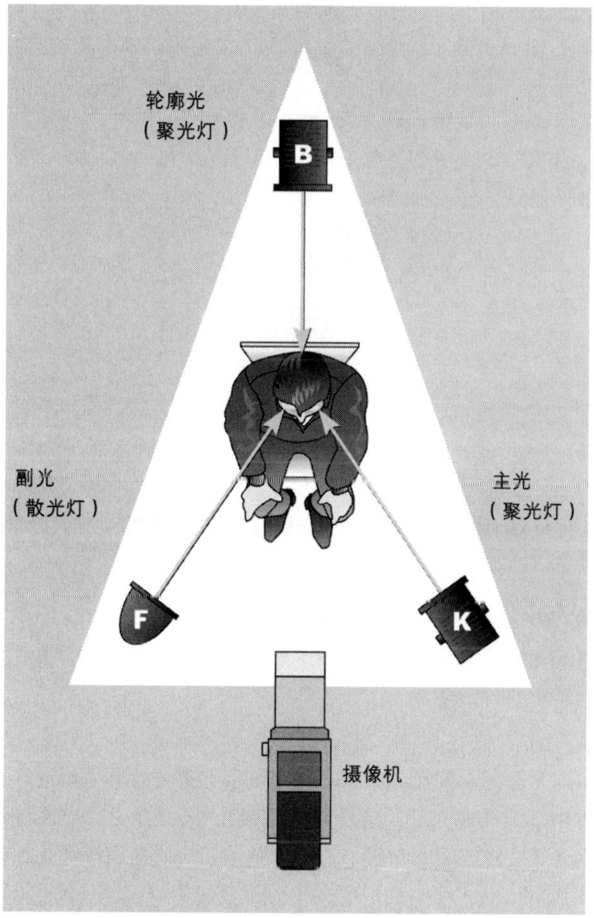


**图7.27 摄影基本法则**

摄影基本法则由一个主光、一个副光和一个轮廓光构成，它们组成一个三角形，轮廓光打到最大，正对摄像机。

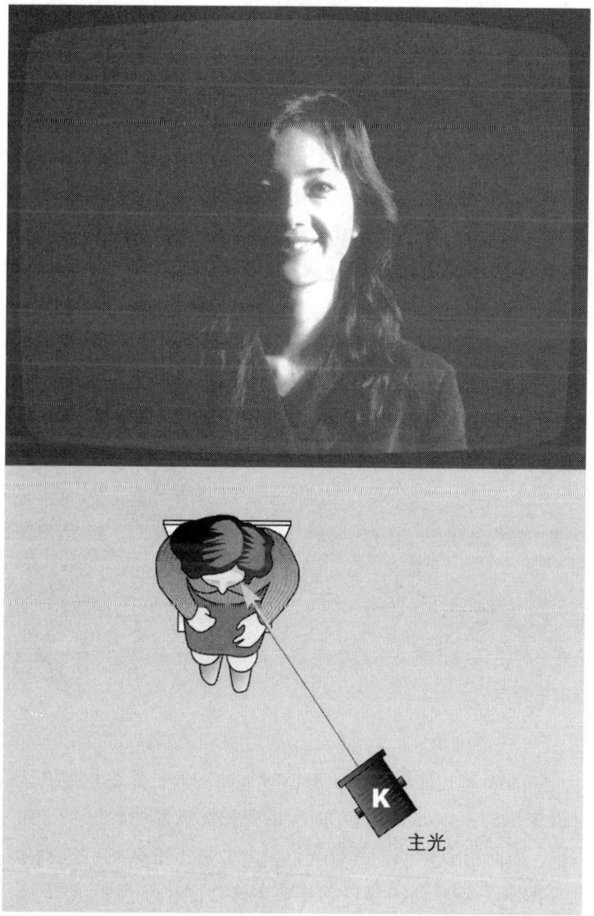


**图7.28 主光**

主光即主要的光源。它展示被拍摄物的基本形状。聚光灯通常用做主光。

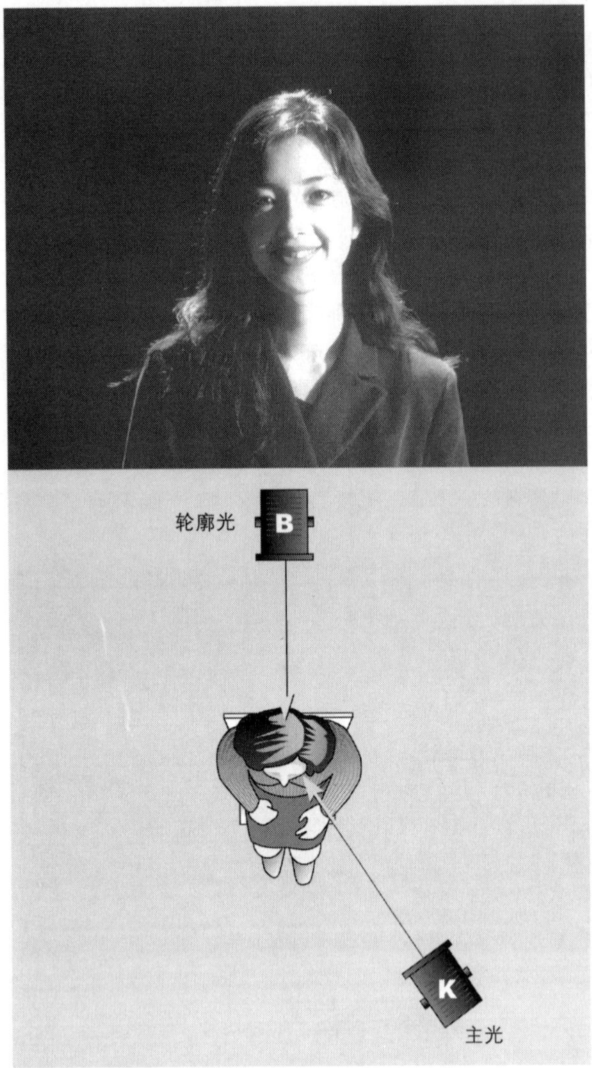


**图 7.29 轮廓光**

轮廓光将主体的轮廓从背景中勾勒出来并给出光晕。聚光点的聚光灯用于轮廓光。

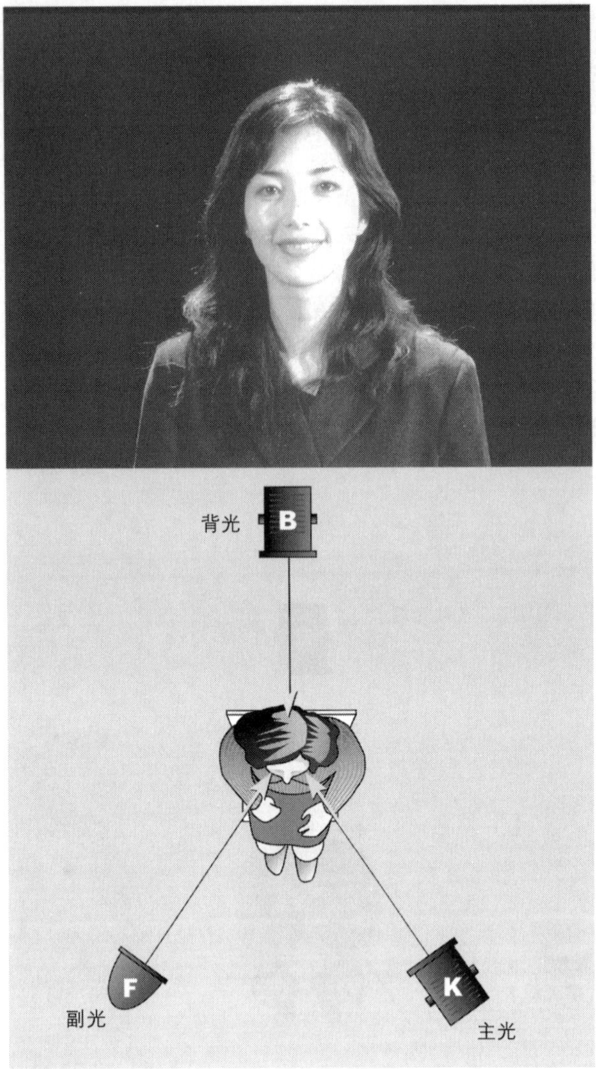


**图 7.30 副光**

副光减慢照明减弱，使阴影显得更透明。泛光灯通常用来给浓重的阴影提供补充照明。

顾名思义，轮廓光落在主体的头部后方。将主光放在正对摄像机的主体的后上方。由于需要轮廓光照明的区域非常有限，因此可以用菲涅耳聚光灯。为了防止轮廓光射进摄像机或被镜头捕捉到，要将它放在主体后面比较高的地方。

有些照明指导坚持轮廓光和主光的强度应该一样。这种规定毫无道理，因为轮廓光的强度取决于被拍摄物或主体的相对反射系数，给穿白外套的金发女人打的光当然比给穿深色衣服、黑卷发的男人打的光弱一些。

要想让照明减弱慢下来，进而使浓重的阴影更加透明，可以用副光。副光通常采用泛光灯而非聚光灯，当然也可以用菲涅耳聚光灯（或任何其他聚光灯）。显然，应该将副光放在主光的另一侧，正对着摄像机，朝向阴影区（见图 7.30）。

副光越强，照明减弱越慢。如果副光和主光的强度一样，则不仅会消除附着式阴影，连照明减弱也会消失，画面就不会呈现出层次。许多新闻或采访布景采用平光照明（主光和副光用强度相同的聚光灯），来消除记者或嘉宾面部特写上的皱纹。

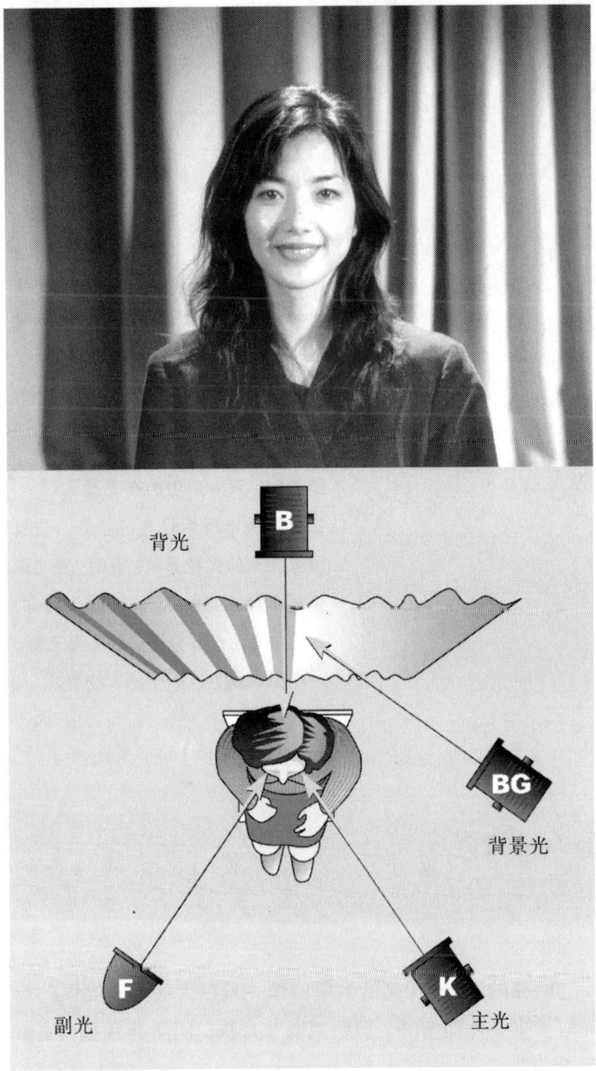


**图7.31 背景光**

背景或布景光给背景和各种布景区提供照明。聚光灯或散光灯放在主光的同一侧。

**辅助光** 除非你想要暗背景，否则应该用辅助光来给背景或布景提供照明。这种补充光源叫做**背景光或布景光**（background light）。若是小布景，或许只需一只菲涅耳聚光灯或泛光灯即可（见图7.31）；若是大布景，则需更多的灯具，每一盏灯照明一个特定的区域。若想把背景上的附着式阴影与前景阴影放到同一侧，则必须将背景光像主光一样放在摄像机的同一侧。

自然，你也可以用背景光给沉闷的背景提供一些视觉兴趣点。可以制造一小片光，也可以制造一个醒目的投影，让它们切过背景。若想在室内照明时制造夜间效果，一般是让整个背景保持黑暗，只照亮其中的一小部分。而如果想再现白天，则给背景提供均匀的光。只需在背景光的前面放上彩色滤色片（彩色介质）即可将一个中灰或白背景变成彩色背景。有色光可以让你省去很多着色工作。

**多重三角布光的设计** 如果有两个人并排坐着或互相面对，你该怎么办？是否每个人都需要一个主光、一个副光和一个轮廓光？是的，如果你有足够的灯和时间。不过，你应该用尽量少的灯具来实现照明设计。如果人们彼此相对而坐，则一个人的主光可能是另一个人的轮廓光，一只柔光灯可以为不止一个人提供副光。有时，主光会溢到背景上，这样就没有必要再设布景光了。

在设计灯光的时候，一定要记住自己是在为摄像机布光。了解主摄像机的位置对有效地运用三角布光很有必要。比如，如果你沿弧线以一个人为轴心移动摄像机直至主光正对这台摄像机，那么主光在此时就能发挥轮廓光的作用。

可能的话，尽量在灯所处的位置设置布景，而不是将灯移来移去将就布景。比如，假设你要给一个简单的双人采访场景设置布光，那么，抬头观察一下照明支架，找到主光、副光和轮廓光的三角位置，将椅子放在三角的中央。即使找不到放另一把椅子的照明三角（主、副、轮廓光），你仍然走在了前面：照明的一半工作已经完成。

**布光图** 对一些比较复杂的节目，应该准备一张布光图。一旦有了详细的布光图，就可以去演播馆标明所需灯具的位置、型号和功能。布光图必须显示场景、主要表演区域和主摄像机的位置，用箭头指示光束的大概方向（见图7.32）。

**其他照明技巧** 如果有人要求你去救场布置照明，不要抱怨艺术的苛刻，不要抱怨没有充足的布置时间。只要打开尽可能多的散光灯，然后试着给场景提供一点轮廓光，对场景进行修饰即可。这不是为三角法则或照明减弱担忧的时候，这些应急技巧每次都会令人惊奇地产生出很好的照明效果。

即使在正常情况下，也不要做摄影法则的奴隶。有时你会发现，或许一只朝向汽车挡风玻璃的菲涅耳灯可能就是你想要制造的可信夜间效果所需要的东西。而在另外一些时候，你也许要四五只精心布置的灯来再现一支蜡烛的效果。照明的效果并不取决于你如何忠实地遵守传统的照明规则，而取决于场景在监视器上的再现效果。

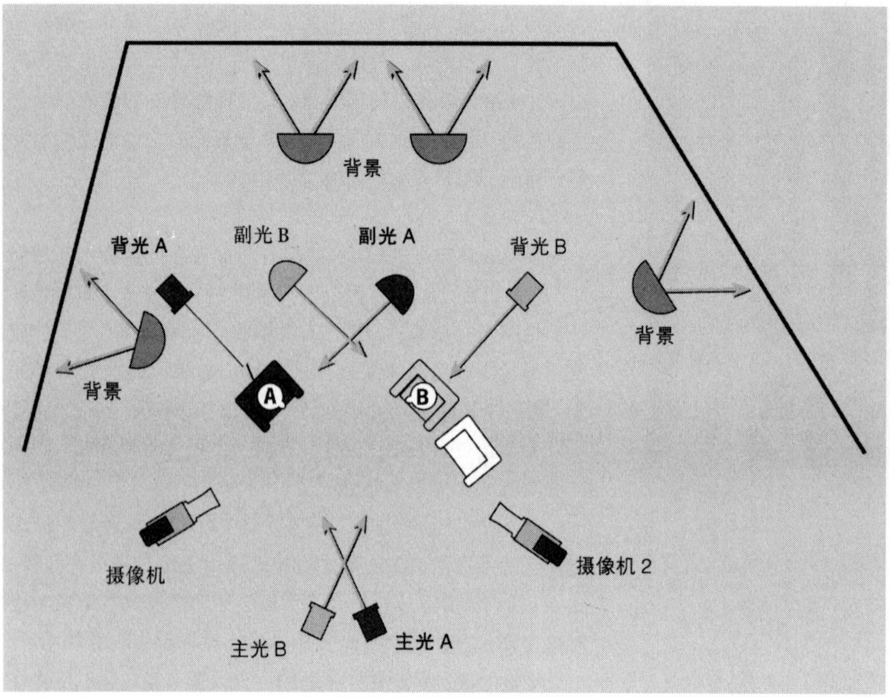


**图 7.32 双人采访的布光图**
布光图显示所用灯具的型号、位置以及光束的大致方向。有时，布光图也显示灯具的大小（瓦特数）。注意，本例中有两个部分重叠的布光三角：一个给人物 A，一个给人物 B。

**要点 11 好照明的主要标准是照明在监视器上的效果如何。**

## 外景照明

演播馆照明完全由各种型号的灯具完成，而外景照明却常常还包括对可利用光的控制和补充。户外拍摄在很大程度上依赖于现有的可用光，你的照明工作就是控制阳光，让它至少在一定程度上服从于照明基本法则。在室内拍摄时，除非地方较小，否则即可运用演播馆照明的所有基本要领。窗户往往会带来问题，从外面进入的光通常比室内光亮，其色温也比室内灯要高。

**户外——阴天** 阴天或雾天是室外拍摄的理想天气。云和雾发挥着巨型漫射滤光器的作用：太阳这个巨大而刺眼的聚光灯现在变成了一只巨大而温和的柔光灯。高度漫射的光使照明减弱变慢，产生透明的阴影。摄像机喜欢这种反差低的照度，并会通过场景再现明快、真实的色彩。而在一般情况下，场景多半都是由高亮度的基础光加以照明。

**明亮的阳光** 明亮的太阳就像一只巨大的、高亮度的聚光灯。主要面非常亮，照明减弱非常快，阴影非常重，明暗反差相当大。

这种高度反差产生了一个难以解决的曝光问题：如果缩小光圈抵消亮光（光圈F值很高），则阴影区会变得毫无层次、又暗又重，显不出任何细节；而如果想在阴影区看到一些细节而开大光圈，则画面上的受光面就会曝光过度。摄录一体机的自动光圈在这种情况下毫无用处，它只能根据场景中最亮的点来调节光圈，结果整个背光面都变得一样暗。即使是最先进的摄像机，在这种情况下也无法自我调节。

因此，你要做的就是提供足够的副光来减缓照明减弱，减少反差，使附着式阴影更透明但受光面却不曝光过度。不过，在野外到哪里去找那么强的副光来中和太阳的光呢？

在耗资巨大、精心制作的节目中，可以用色温 5600K、亮度高的聚光灯（通常为 HMI 灯）做室外副光。好在你同时还可以利用太阳充当主光和副光——所需的只是一块能将

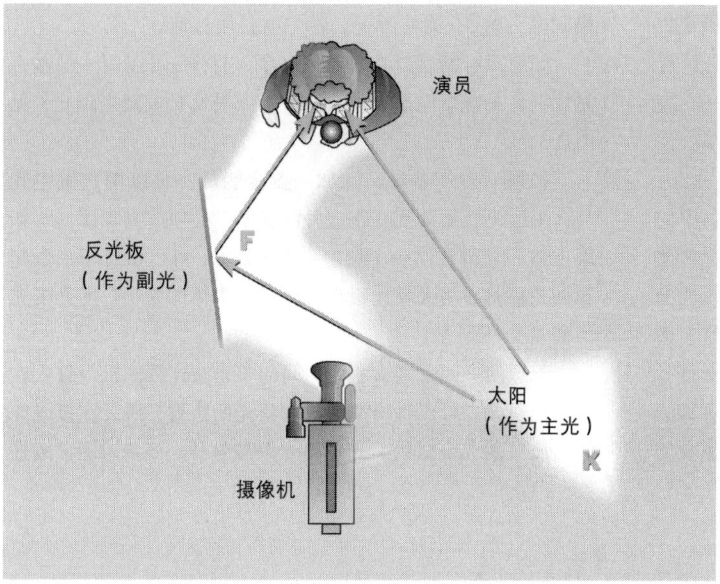


**图 7.33 反光板的使用**

反光板能起到副光的作用：将一些光反射到浓重的阴影区并减慢照明减弱。

阳光反射到背光面的反光板（见图 7.33）。可以用一大块泡沫芯板或一张白卡板做反光板，也可以用有硬撑背的皱纹铝箔，还可以用各种商用折叠式反光板。后者在远距离使用时效果很好。反光板离被拍摄物越近，副光越强。有些照明指导或摄影指导用多个反光板将光反射到离光源很远的地方。在这种情况下，反光板变成了主光源。有了好的反光板，即使不用任何灯具也可以将阳光引到室内，给房间或走廊提供照明。

不要冲着明亮的背景拍摄，如阳光沐浴下的白墙、大海或湖，除非利用巨大的反光板或其他高亮度的副光，否则站在亮背景前的人就会变成剪影。尽可能找一些阴影，并将被拍摄主体放在阴影里。遮阳伞不仅能提供一些视觉上的兴趣点，还能使照明工作变得更加简单。

**没有窗户的室内** 如果房间照明充足，尽量利用现有的光，看看其效果如何。如果看上去还好，就不必补充额外的照明。记住在开始拍摄之前调节摄像机在现有光照条件下的白平衡。在适当的区域放置一些背景灯，大多数室内照明便

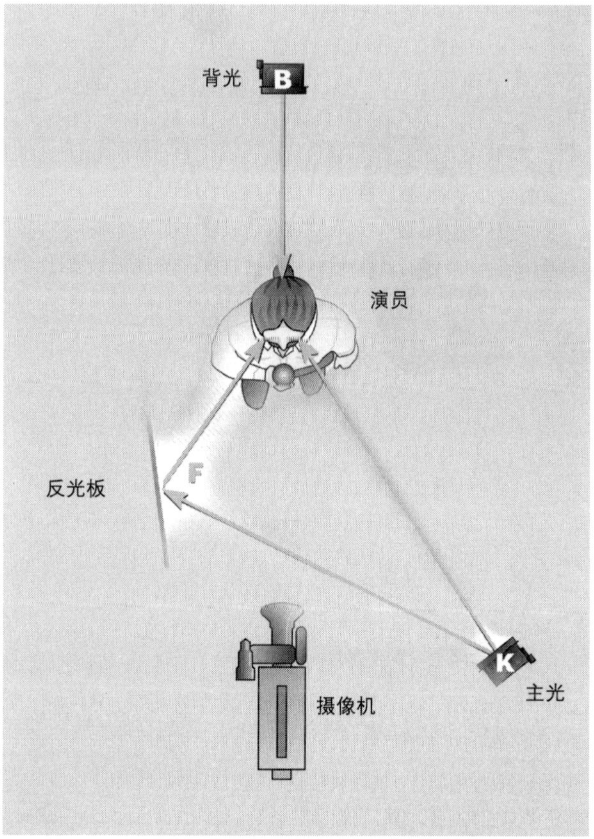


**图 7.34 室内用反光板**

用两盏灯来达到三角布光的效果，用一盏做主光灯，另一盏做轮廓光灯，副光则由反光板提供。

可以得到改进。有可能出现的问题包括照明灯架闯入摄像机镜头，轮廓灯位置过低而被摄像机捕捉到等。在这种情况下，应该让灯具往边上挪一点，或用1 × 2的木头做一个临时轮廓灯架。将轮廓光移到离被拍摄主体足够近的地方，使它避开摄像机的取景范围。

在给待在房间里固定位置的人打光时，如采访节目中的那样，可以运用适用于演播馆的摄影法则，只是这时得将便携灯放在架子上。尽量让主光或副光为背景光的两倍。为避免在被拍摄物上出现让人头疼的红色亮斑，同时使光看上去更柔和，应该在三只灯上全都加上柔光纱（玻璃纤维材料），可以用木制衣架将柔光纱挂在挡光板上。由于便携式灯具的使用寿命有限，因此应该尽量使灯处于熄灭状态（这也会使房间凉一些）。为防万一，带一些备用灯泡。

如果只有两盏灯在室内给一个人打光，可以用一盏做主光灯，另一盏做轮廓光灯，然后用一块反光板充当副光（见图7.34）。

如果只有一盏灯，比如一盏全能灯，可以用它做主光灯，用反光板做副光。在这种设置中，必须放弃轮廓光。如果主体一直待在同一个位置，镜头紧凑，可以试着用一个光源做轮廓灯，用大反光板将其反射到主体的脸上。反光板充当着主光和副光。

若想使一间普通大小的房间的布光能让摄像机跟着人在房间里行动，可以将便携灯放在泛光的位置，从天花板或墙的角度反射光，或用柔光纱将光束漫射开。如果可能，最好

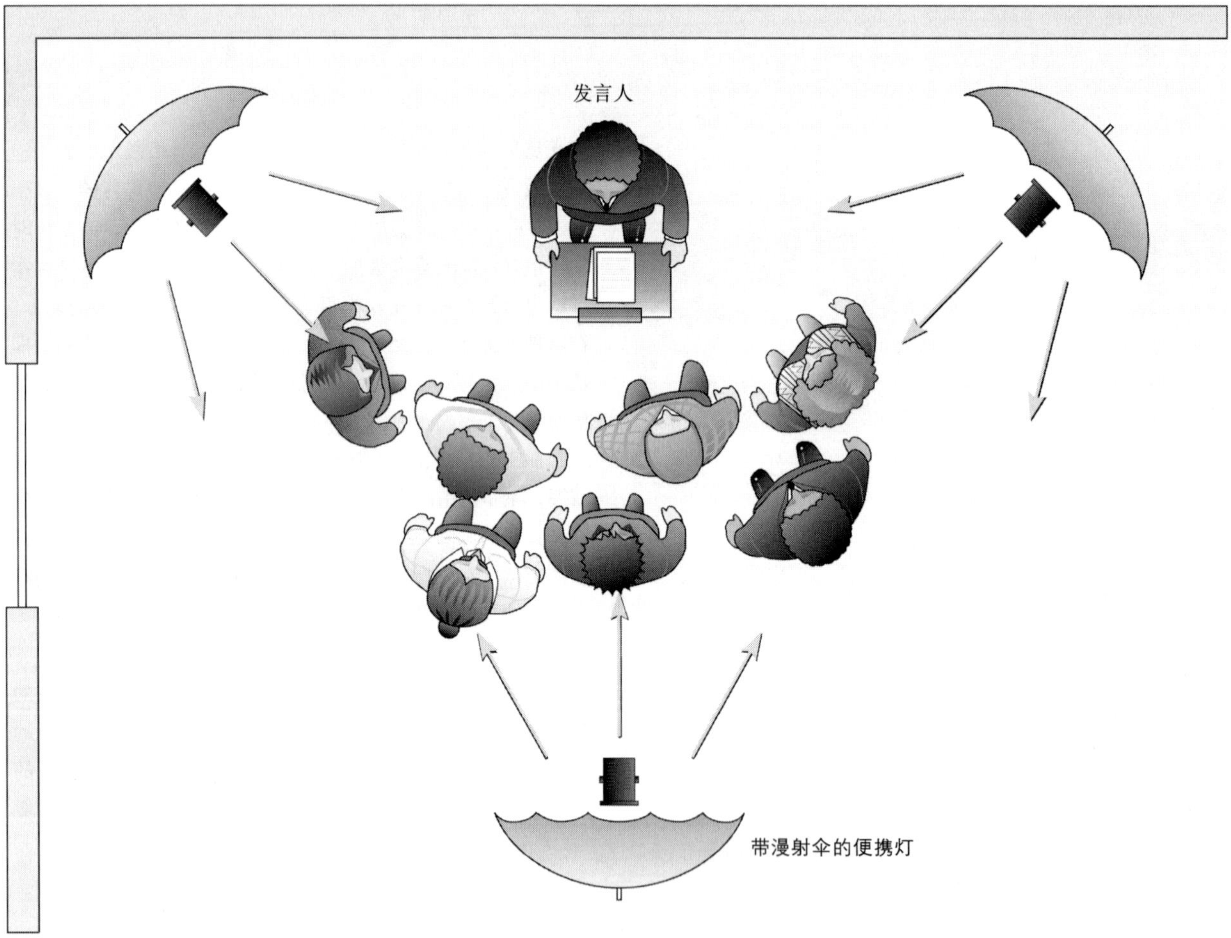


**图7.35 室内布光**

若想得到均匀的室内基础光，小型便携散光灯要用漫射光伞进一步漫射。

用漫射伞。将灯朝着伞的里面，伞的开口朝向场景或反光板，而不是直接朝向表演区。可以用同样的技巧给一个大型室内场景提供照明，但如此一来则要么需要更多的灯，要么需要功率更大的灯，主要目的是为了用最少的灯得到最多的基础光（见图7.35）。

**有窗户的室内** 正如前面提到的，窗户一直都是拍摄的难题。即使不冲着窗户拍摄，它们也会放进大量高色温的光，而这种光很难用普通的灯具与之匹配。如果采用普通的室内3200K灯来中和5600K的室外偏蓝光，则摄像机很难找到正确的白平衡。此时，必须增加室内光的色温来配合室外光的色温（从3200K到5600K）。有两种办法：将蓝色滤色片或浅蓝色滤光片加在灯具上，或者，将商用（但售价昂贵）橙色滤色材料贴在窗户上降低室外光的色温，直至达到室内色温的3200K。

如果一定要将窗户纳入镜头，你会发现窗户恐怕会变成你眼中亮度最高的光源。此时，与其增加便携灯的亮度来适应窗户的亮度（通常白费力气），不如用一块中灰板（ND）将窗户遮住来降低室外光的亮度。这种中灰板和彩色校正板类似，中灰滤光器可以在不改变光的色温的情况下降低其亮度。

对付窗户的最好办法就是避开它。拉窗帘或说服主体坐到窗户的对面，或至少让主体侧身对着窗户。记住，如果用额外的灯来减慢窗户光的照明减弱，必须将副光灯校正到适当的室外色温（加上蓝色滤光片或合适的滤色镜）。在这种情况下，反光板无疑是减慢照明减弱的最简便手段。请参见下列简单的室外照明指南。

## 要点12 在外景地，光的作用是显现景物而非艺术效果。

### 外景照明指南

☑ **提前勘察** 在实地拍摄之前，应该勘察拍摄场地，决定照明所需的设备。检查有哪些电源可用，有谁能给你提供开关（姓名、地址、家庭和工作电话号码），要用哪种插座，需要多少延长线。让适配器适应各种插座。

☑ **准备充分** 随身携带几卷电工胶布、一卷铝箔、手套、一个小扳手、一些木头夹子（塑料的会熔化）以及一个小灭火器。

☑ **别让电路超负荷** 到了拍摄场地，别让电路超负荷。即使一只普通的15A民用插座能承受1500瓦的灯具，那也别让一条电路的负荷超过1000瓦。要知道，一条电路上可能同时有好几个插座，但它们可能分布在房间的不同角落。要测试哪些插座在同一电路内，可以将灯插在不同的插座上并关掉开关。如果灯灭，说明这只插座在标明的电路内；如果灯还亮着，说明这只插座连接在另一条电路中。记住，延长线过长会给电路增加负荷。

☑ **不要浪费灯泡寿命** 正如前面提到的，只在需要的时候开灯。便携灯具的灯泡使用寿命有限。尽量关掉灯不仅可以节省能源，还能延长灯泡的寿命，减少表演区的热度。

☑ **保护灯架** 在便携灯架上安装灯具时要尤其小心。将所有灯架都用沙袋保护起来，以免它们被人碰翻。不要将延长线放在主要通道上，如果一定要将它们穿过走廊或门槛，那就将它们用胶带安全地固定住（随身带的电工胶布正好用在这里），或用胶皮垫盖在上面。

☑ **小心移动延长线** 不要硬拉连接在灯具上的延长线，这样灯架容易翻倒，尤其在灯架全部展开的时候。

### 照度的测量

在关键性的照明设置中，你也许想在摄像机开机前核实基础光是否充足，明暗区的反差是否在可接受范围内（通常为40：1）。这些，你都可以在测光表的帮助下进行。测光表只能测量灯具发出或从物体上反射回来的尺烛光或勒克斯的读数，即**入射光**（incident light）或**反射光**（reflected light）的读数。

**入射光** 入射光的读数能使你掌握特定区域的基础光水

平，即摄像机能从布景中的某个特定位置接收的光量。若想测量大致的入射光，必须站在被照明物的旁边或前面，将测光表指向摄像机镜头。测光表的快速读取非常有用，尤其在实况转播查看主光源光能级的时候。

如果想得到某个灯具光强度的更精确读数，可以将测光表指向灯的里面。若要检查入射光的相对均匀度，则可以在沿布景走的时候将测光表指向主摄像机的位置。如果指针或数字读数停在大致相同的亮度水平上，说明照明均匀；如果指针或读数突然往下掉，说明照明设置中肯定有漏洞（存在没被照亮或照明不足的地方）。

**反射光** 反射光读数主要是用来查看明暗区之间的反差。若是测量反射光，站在被照亮物体或人的附近，从摄像机的方向将测光表指向受光面和背光面。小心不要挡着反射光。正如前面提到的，两个读数之间的差显示照明的反差。注意，照明反差不仅取决于落在物体上的光的量，还取决于物体反射到摄像机里的光的量。物体反射得越多，反射光的读数越高。镜面几乎能将所有落在上面的光反射出去；而黑丝绒布只能反射一小部分。

千万别成为测光表的奴隶。毕竟，判断照明是否合适的最佳方法是看监视器。

## 再次重申，请记住：

**◎光的种类和强度**

两种基本的光指定向光和漫射光。定向光呈聚合状，产生清晰的阴影；漫射光呈散开状，产生柔和的阴影。光强度用欧洲的勒克斯或美国的尺烛光来计量，1 尺烛光约等于 10 勒克斯。

**◎阴影**

阴影分为附着性阴影和投影。附着性阴影附着在物体上，不能脱离物体而存在；而投影则可以在产生影子的物体外看到。照明减弱说明由亮到暗的变化和受光面与背光面之间的反差。照明快减指受光面中间没有过渡区域而直接连着浓重背光面的情形，对比强烈；照明慢减指受光面逐渐过渡到背光面的情形，对比不强烈。

**◎色彩**

色彩通过加色法混合产生。所有的色彩都能通过红、绿、蓝三基色的不同比例混合而生成。色温指白光中红光和蓝光的相对量。白平衡根据主要照明光的色温来调节摄像机，使得摄像机能将白色物体在电视屏幕上还原为白色。

**◎灯具**

灯具通常分为聚光灯和泛光灯、演播馆用灯和便携灯。聚光灯产生轮廓清晰、集中的光束；泛光灯产生高度漫射、无方向的光；演播馆用灯通常挂在天花板上；而便携灯则用折叠灯架支撑。

**◎摄影法则或三角布光**

照明功能通常由一个主光（主要光源）、一个副光（补充照明浓重的阴影）和轮廓光（将主体同背景分离开并给它提供光晕）来完成。反光板常常发挥副光的作用。背景光是用来照亮背景和布景区的辅助光源。在户外照明中，是否能提供充足的照明往往比是否能做细致的三角布光显得更为重要。在户外，泛光灯比聚光灯更常用。

**◎测光**

测量入射光（落到物体上的光）时，从被照明物体的位置将测光表对准摄像机镜头或灯；测量反射光时，则站在物体附近，从摄像机的位置将测光表对准物体。

## 要点

- ☞ 照明是指对灯光布局和阴影的精心设计与控制。
- ☞ 附着性阴影揭示物体的形状和肌理。
- ☞ 投影有助于我们判断物体的位置和事件发生的时间。
- ☞ 照明减弱显示受光面与背光面之间的反差以及由亮过渡到暗的速度。
- ☞ 加色法三基色为红、绿和蓝这三种颜色。
- ☞ 色温表明白光中红光或蓝光的相对量。偏红的白光色温低；偏蓝的白光色温高。
- ☞ 聚光灯产生轮廓清晰的定向光束，产生照明快减现象。

☞泛光灯产生全面的、无方向的照明，产生照明慢减现象。

☞不要图一时方便而不顾安全。

☞摄影基本法则或三角布光由一个主光、一个副光和一个轮廓光组成。

☞照明是否良好的主要评判标准是照明在监视器上显示出什么效果。

☞在户外，照明的目的是为了照亮物体而不是为了艺术效果。

第 8 章

# 录音与音响控制

## 重要术语

ATR **磁带录音机** audiotape recorder 的缩写形式。

cardioid **心形话筒** 一种单向的拾音话筒。

condenser microphone **电容式话筒** 一种质量高、极其敏感的话筒，大多用于室内。

DAT **数字录音带** digital audiotape 的缩写形式。

DVD **数字通用视盘** digital versatile disc 的缩写形式。能存储 4.7G 的视频 / 音频信息，也称为数字影碟。

dynamic microphone **动圈式话筒** 一种比较粗糙的话筒，适宜室外使用。

fader **音量控制器** 在一个特定的轨道中水平滑动以控制音量的键钮，其功能与电位器相似。也称为滑动音量调节器。

hypercardioid **锐心型话筒** 一种拾音范围很窄、但很远的话筒，还能拾取直接来自背后的声音。

jack **插座** 插转接器的座套。

lavaliere **项挂式话筒** 别在衣服上的小话筒，也叫胸麦。

mini disc **微型光盘** 一种小光盘，能存储一小时 CD 质量的音频信息。

mini plug **微型插头** 用在某些家用音频设备上的极小的连接器。

omnidirectional **全向式话筒** 可以从各个方向拾取声音的话筒。

pickup pattern **拾音区域** 话筒能很好地接收声音的区域。

polar pattern **两极区域** 二维的拾音范围。

RCA phono plug **RCA 莲花插头** 用于家用录音、录像设备上的小接头。

ribbon microphone **带式话筒** 一种拾音质量高、极端敏感的话筒，得到的声音非常柔和。

sweetening **润色** 在后期制作阶段对录制的声音进行处理。

unidirectional **单向话筒** 能从前面拾取到最佳声音的话筒。

VU meter **音量表** 测量音量、显示声音响度的一种仪器。

windscreen **防风罩** 盖在话筒上、降低风的噪音、防止噪音干扰的泡沫胶皮罩。

XLR connector **卡侬插头** 一种用于音频线上的专业三相插头。

你可能不止一次听过这样的观点：电视主要是视觉的。你还常常听说，在电视制作中，你可能犯的最大错误是给观众呈现了一个“说话的头”。你先前在拍摄MTV时遇到的Triple-I的导演认为，“说话的头”这种想法完全是一种误解，说明还有很多人似乎仍然没有不理解电视这个媒体的本质。她告诉你，电视节目更多地依赖于声音而不是胶片。她认为，声音不仅能传递信息，而且还能给出情节和结构的顺序。她说：“‘说话的头’并没有什么错，只要他们讲得好，讲出了值得讲的东西。”

实际上，电视和录像节目中的很多信息是通过人的语言来传达的。我们不妨做一个简单的实验来证实这个观点：首先，关掉节目的影像部分，试着理解正在播放的内容；然后，再打开影像，关掉声音。只听声音的时候，你可能会在理解故事内容上遇到一点小麻烦，但大多数时候，如果只看画面，你也很难理解正在播放什么内容。即使你只看画面也能看懂故事，但由于缺少声音，剩下的讯息很不完整，很怪异。

你会发现，大多数业余水平的录像都有这样的特点：不仅摄像机疯狂地移动，镜头快速推拉，而且声音效果也很差。即使是专业的录像，如果出现糟糕的声音和槽糕的画面，前者对整体效果的损害也更大。为什么会这样？乍看上去，声音的制作看似比对应的图像部分更容易。于是在用便携式摄录一体机拍摄时，你很可能会过于注重去如何获得好的画面，而忽略环绕在你四周的声音，以为内置话筒会自动采集必要的声音。

即使经验丰富的录像制作人员也会遇到声音的问题。在简单的制作中，比如对一家企业老总的采访，对声音采集的要求确实比对摄像（照明和摄像机的操作）的要求更简单。如果声音的制作更复杂，比如在嘈杂的街角做采访，或要将音乐和音效同对话混在一起，那么对音频部分的重视和技巧绝对不能少于对视频部分的重视和技巧，而且往往更加注意声音的处理。在录制音乐节目的时候，声音显然是制作过程中要求最高的部分。不管怎么说，不管摄制简单与否，在最后时刻才将话筒伸到场景中的做法终归欠妥当。在你最初制定摄制计划、考虑摄制手段上的要求时，就应该考虑到声音方面的要求。

本章将详细讨论制作出色的影像声音所需的各种工具与技巧。

◎**声音拾取原则**
话筒如何将声波转成音频信号

◎**话筒**
声音的拾取；制造方法；使用方法

◎**声音控制**
音频混频器与调音台的操作

◎**声音录制**
模拟与数字录制设备及其他音响录制装置

◎**合成声**
计算机生成的声音

◎**声音美学**
环境；主体—背景关系；透视；连贯性；能量

## ◎声音拾取原则

在图像转换过程中，物体在镜头中的形象被转换成视频信号。同样，我们实际听到的声音被转换成电能——音频信号，这种信号通过扩音器再让人听见。声音拾取的基本工具为话筒，又叫麦克风。

当然，你也可以创造合成声，即通过电子手段生成并录制某一声音的频率来合成声音，这一过程同用计算机生成视频图像如出一辙。我们首先侧重讲解话筒生成的声音，然后再简要谈谈合成声。

**要点1 话筒将声波转换成电能——音频信号。**

## ◎话筒

尽管所有的话筒都具有将声音转换成音频信号的基本功能，但它们却是以不同的方式，为了不同的目的而转换声音的。好的声音要求你必须了解如何为特定的声音拾取选择匹配的话筒，如果你有许多不同的话筒可用，做到这一点并不容易。尽管话筒的品牌和型号各式各样，但总起来说，如果将它们分类的话，大致可以根据以下三点来分类：（1）声音的拾取；（2）制作方法；（3）使用方法。

## 声音的拾取

并非所有的话筒都以同一种方式拾取声音。有些话筒从所有方向听到的声音质量一样好；而有些则只能听到来自某一方向的声音。

通常，大多数用于电视节目制作的话筒是全向的或指向性的。指向上的特征取决于其**拾音区域（pickup pattern）**，即话筒能很好地拾取声音的这个区域，而其二维表现则称为**两级区域（polar pattern）**。

**全向式话筒（omnidirectional）**从各个方向拾取的声音都一样好。想象一下处于一个球体中心的全向式话筒，这个球体本身代表着拾音区域（见图8.1）。单向话筒专门用来拾取某个方向——话筒的前面——的声音。由于单向话筒的拾音区域大体上呈心形，所以这种话筒也称作**心形话筒（cardioid）**（见图8.2）。

如果“心形”逐渐变细，我们则称之为**锐心形话筒（hypercardioid）**或超指向话筒。如果心形拾音区域的“心形”延展成西瓜状（见图8.3），锐心形话筒的拾音区就会伸长，这意味着你可以使那些实际上很远的声音听起来很近。锐心形话筒对来自正后方的声音也很敏感。由于这些话筒一般都比较长，并指向声源的方向，因而它们一般又被称为枪式话筒。

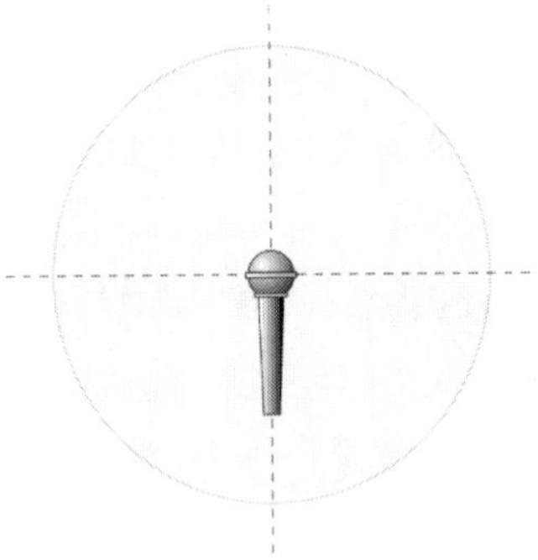

**图8.1 全向拾音区域**

全向话筒从各个方向拾取的声音质量一样好。

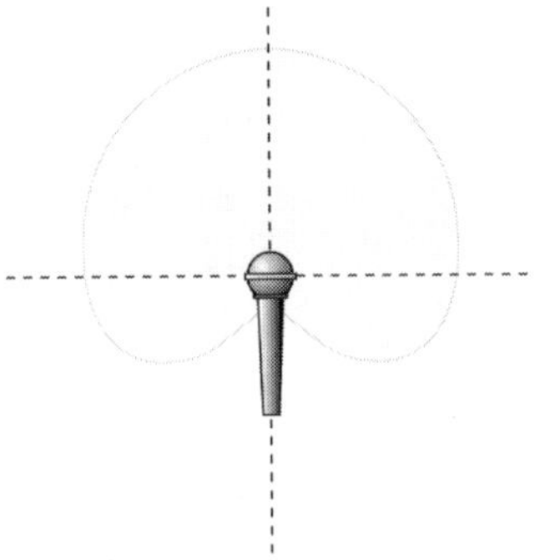

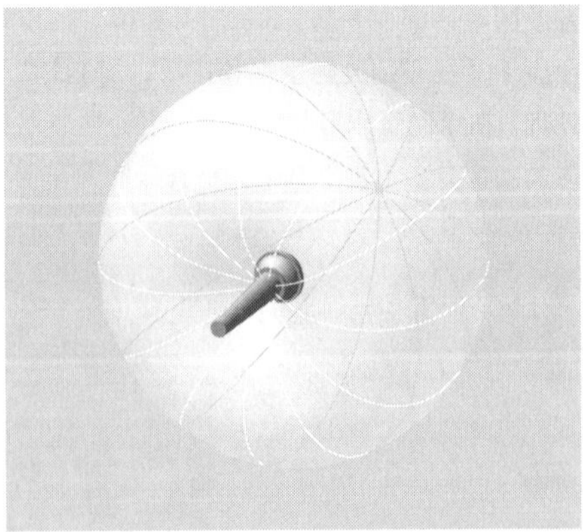

**图8.2 心形拾音区域**

单向话筒适宜于拾取来自话筒前方的声音。其声音拾取区域呈心状，这是称其为心形话筒的原因。

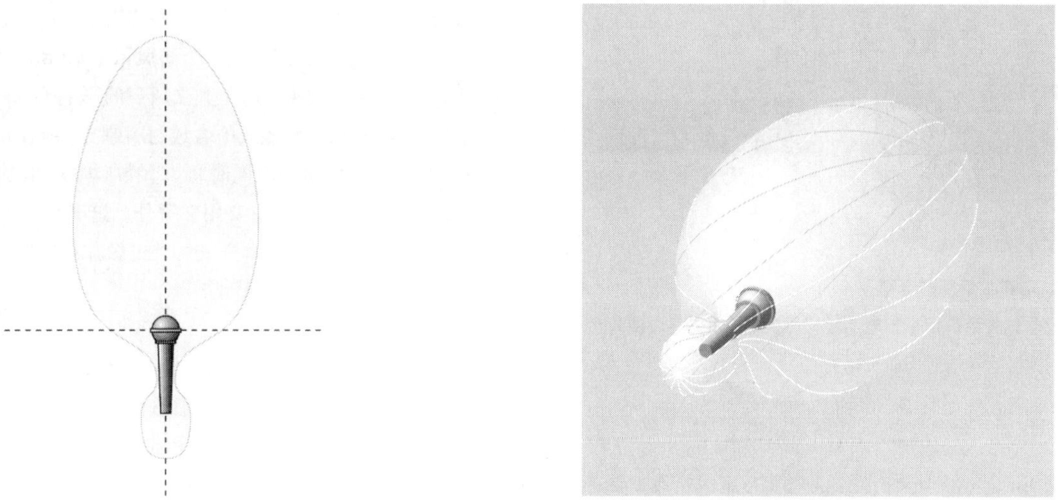

图 8.3 锐心形拾音区域

锐心形拾音区域比心形更狭窄，但其延展的范围更长。锐心形话筒还能拾取来自麦克背后的声音。

**要点 2 拾音区域标明话筒能较好地拾取声音的区域——标明其方向性。**

## 制造方法

在为具体的录音任务选择话筒时，既要考虑话筒的具体声音拾取区域，又要考虑它的机械构造——其声音的生成元件。按照制造方式分类，话筒可以分为三类：（1）动圈式；（2）电容式和（3）带式。

动圈式话筒在被声音激活时，内部的一个小线圈在磁场内移动。这种线圈的移动产生不同的声音信号；电容式话筒内有一块活动的极板，对着另一块固定的极板振荡产生声音信号；带式话筒内有一根小铝带而非线圈在磁场内移动。不要太在意这些声音元件到底是怎样工作的，对你而言，了解这些话筒在用途上的区别更加重要。

**动圈式话筒** 动圈式话筒（dynamic microphone）是最坚固耐用的一种话筒，可以在各种天气条件下将它们拿到户外使用，甚至能经得起偶尔为之的野蛮操作。它们可以靠近极高的声音而不大失真或不坏。许多动圈式话筒配备有内置“呼吸滤音器”，能消除人在离话筒很近时产生的那种呼吸声（见图 8.4）。

图 8.4 带呼吸滤音器的动圈式话筒

带呼吸滤音器的动圈式话筒是最耐用的一种话筒，它们能经得起野蛮的操作和极端的温度。其内置呼吸滤音器能减少由人的呼吸而产生的扑扑声。

**电容话筒** 与动圈式话筒相比，这种话筒对物理震动和温度敏感得多，但它们能产生高质量的声音。**电容话筒**

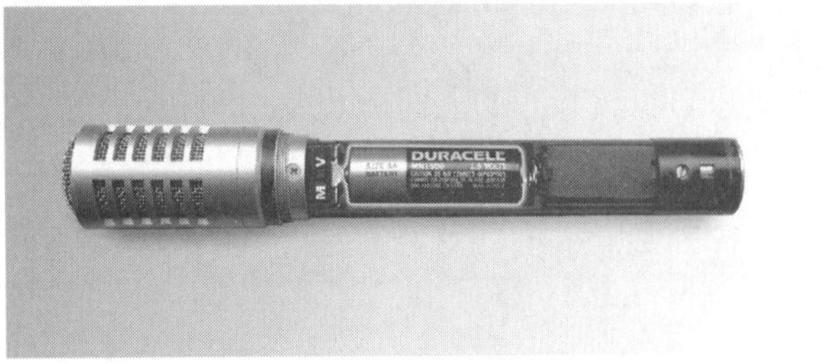

**图 8.5 电容式话筒的电源**

大多数电容式话筒用一节电池给极板充电。如果通过调音台给话筒供电，则称这种电力为幽灵电力。

( condenser microphone ) 通常用在室内拾取重要的声音。在录制音乐中，它们尤其重要。与动圈式话筒不同，电容话筒只需较小的电力即可激活话筒内部的声音激活装置。有些需要一节小电池装在话筒外壳内 ( 见图 8.5 )，有些则通过电线通过调音台获得电力供应 ( 通常称为幽灵电力 )。如果采用电池，一定要确保电池安装正确 ( 正负极对应外壳上的标示 )，且电池里还储存有电；如果采用电容话筒，手头一定要有一节备用电池。如果在室外使用枪式电容话筒 ( 或任何一种枪式话筒 )，则要用一个**防风罩 ( windscreen )** 将整个话筒完全保护起来，以免其受风声的影响 ( 见图 8.6 )。防风罩用声学泡沫橡胶或其他合成材料制成，能让正常的声音频率进入话筒里面，但同时将大多数频率较低的风声挡在外面。ENG/EFP 话筒主要用在室外，这时可能要加一只防风袜，也称做防风干扰罩——看上去像抹布样的一块布，能拉起来盖住防风罩 ( 见图 8.7 )。

**带式话筒** **带式话筒 ( ribbon microphone )** 有时又叫做速率话筒，在拾音质量和敏感性上与电容式话筒相似 ( 见图 8.8 )。带式话筒产生的声音圆润而丰富，但它经不起野蛮的操作、极端的温度以及近距离大声的震动。事实上，如果靠近带式话筒，大声的震动甚至可以使其永久损坏。某西部电视节目的主角就在给自己的连剧拍现场宣传片时，很偶然地领教了带式话筒的敏感性，这次教训给了他非常深刻的印象：当他为显示自己的快速拔枪技巧而在话筒近处放空枪时，话筒中灵敏的铝带被弹了出来。

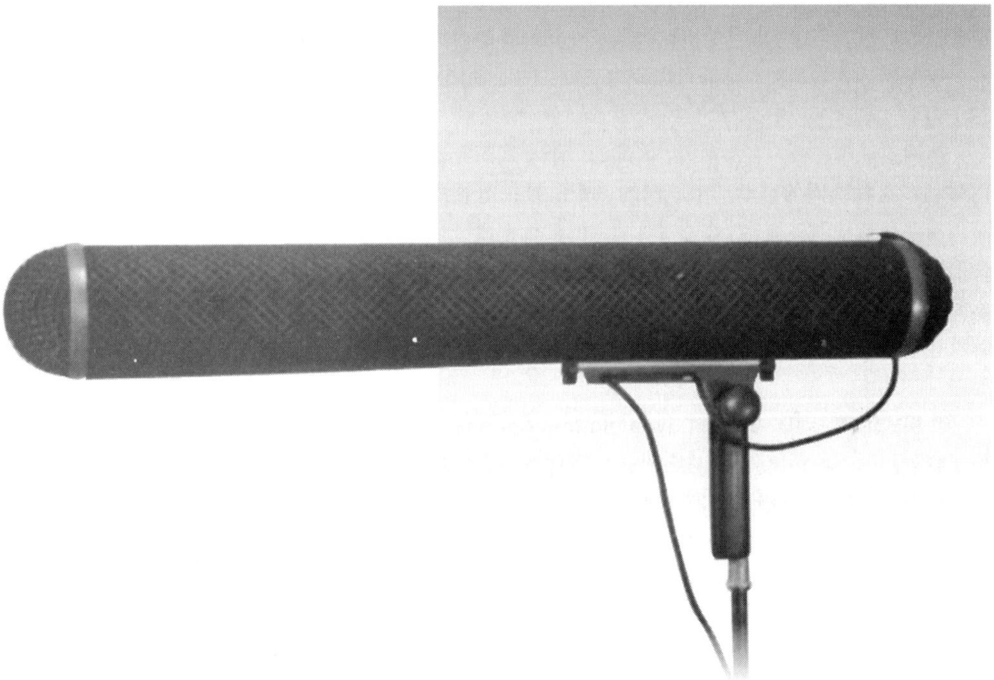

**图 8.6 枪式话筒上的防风罩**

防风罩由透气材料制成，避免话筒受过多风声的干扰。

图 8.7 盖在防风罩上的防风袜

防风袜在防风罩的上面进一步减少风的噪声。

（注：Beyer Dynamic是商标名，不是话筒型号。图中的话筒为一支带式话筒。）

图 8.8 用于拾取高质量声音的带式话筒

歌手常用灵敏的带式话筒，因为它能产生高质量的、丰富的声音。

**要点 3 善待所有的话筒，即使是在它们关掉的时候。**

## 使用方法

现在，你已经知道了话筒的基本类型，下面，我们就来讲解如何有效地使用它们。如果话筒没有放在最合适的拾音位置上，那么即使是最高级、最昂贵的话筒也无法保证拾取到最好的声音。实际上，是否能将话筒放在适合声源的位置上往往比话筒采用什么声音生成元件更为重要。因此，在录像过程中，话筒往往按照它们的使用方式而非制作方式分类：（1）项挂式话筒；（2）手持话筒；（3）吊杆式话筒；（4）台式和落地式话筒；（5）头戴式话筒以及（6）无线话筒。

**项挂式话筒** 项挂式话筒（lavaliere）是一种体积小、但耐用的全向话筒（动圈式或电容式兼有），主要用于人声的拾取（业内俗称“胸麦”——译者注）。即使那种最小的、指甲盖般大小的项挂式话筒，其音质也出奇地好。由于这种话筒集体积小、耐用和高质量于一体，因而现在成了电视制作中不可或缺的一种话筒。它通常别在讲话者下巴下方6—8英寸的衣服上，如西服领子或衬衫前襟（见图8.9）。尽管项挂式话筒主要用于人声的拾取，但也可以将它用于各种音乐的拾取。音响师已经成功地将其应用于拾取小提琴和弦的低音。不要过于拘泥于这种话筒的常见用途，不妨尝试其他不同的使用方式，听听它们会传出什么声音。如果听起来觉得很好，说明选对了话筒。

图 8.9 夹式项挂话筒

小型项挂式话筒通常别在主持人的衣服上，主要用来拾取人的声音。

项挂式话筒最明显的优点在于佩带的人可以将双手解放出来。此外，使用项挂式话筒还有其他一些重要优点：

★话筒一旦戴好，其与声源之间的距离便不再改变，因而你不必像使用手持或吊杆式话筒那样去控制它（调整音量）。
★在使用吊杆式话筒时，照明必须将其阴影藏到摄像机的视野之外。与此不同，项挂式话筒无需在照明上做什么特殊考虑。
★虽然演员的行动范围多少会受话筒线的限制，但比起吊杆式话筒甚至手持话筒，项挂式话筒允许的行动速度还是比较快的。若想提高机动性，可以将演员的项挂式话筒插在腰别式发射器上，将它当作无线话筒来用。

遗憾的是，项挂式话筒也有一些缺点：

★如果环境很吵，而你又不能将话筒移近演员的嘴，话筒便会很轻易地拾取周围的噪音。
★每个声源必须单独配一支话筒。比如，在一个双人采访中，必须为主宾各配一支项挂式话筒；而在五人小组节目中，显然需要五支话筒。
★由于项挂式话筒别在衣服上，因而很可能会拾取衣服产生的摩擦声，尤其是演员动得比较多的时候。也有可能偶尔拾取到由衣服静电造成的劈啪声。
★如果话筒必须藏在衣服下面，声音就会变得很压抑，同时产生噪音的危险也大大增加。
★一旦戴上项挂式话筒，它与嘴之间的距离就不再改变。这样，画面上特写镜头中较近位置或远景镜头中较远位置发出的声音听上去便缺少距离感。

以下为使用项挂式话筒必须加以考虑的几个因素：

★落实话筒是否确实已经戴上。这一条非常清楚，经常出现这样的情形：在录制开始的时候，话筒被主持人坐在屁股下面而不是戴在衣服上。
★在佩带话筒时，先将它从衬衫或外衣下面穿过来，然后再将它安全地夹在衣服外面。不要将话筒夹在首饰或纽扣旁边。如果必须将话筒隐藏起来，不要将它藏在几层衣服的下面，尽量将话筒的顶部露在外面。将话筒线塞在演员的腰带或衣服内，这样话筒就不致被拉歪或（更糟糕）拉掉。为了进一步避免劈啪声，可以将紧挨着话筒下端的线扎成圆形，或挽个松散的结。在话筒和衣服之间垫一块橡胶可以进一步减少摩擦噪音。
★在话筒已与话筒线连接但尚未夹到演员身上时，一定要当心，不要将话筒从桌子或椅子上拉下来或掉在地上。尽管项挂式话筒相当结实，也经不起这种虐待。如果在布景或收工（清场）时不小心将话筒掉到地上，应该马上测试，检查它是否还能使用。一旦别上戴上话筒，要告诉演员避免用手或某个将要在镜头前展示的东西击打它。
★在室外使用的时候，应该在话筒顶部放一块能罩住其顶部的小挡风玻璃。
★拍摄结束后，注意不要让演员尚未摘下话筒就站起来走动。

**手持话筒** 顾名思义，**手持话筒**（hand microphone）由演员用手拿着。在使用手持话筒的时候，必须事先练习一下对声音拾取的控制。

如果记者是在嘈杂的环境中使用手持话筒，可以将话筒靠近自己的嘴，从而消除大量分散注意力的背景声。当然，也可以将话筒伸向自己正在访问的人。由于主持人可以将话筒伸向任何一位正在说话的人，因此在有一位或一位以上嘉宾的访问中，只需一支话筒即可。在有现场观众参与的节目中，主持人喜欢用手持话筒，以便接近现场观众并自然地与他们交谈。这时，无需精心设置多个话筒。

在歌手演唱到特别柔和的段落时，可以将单向手持话筒靠近自己的嘴，以此来控制声音的表现力；而当歌变得更高亢、更外露的时候，则可以将其放得远一点。经验丰富的歌手常常把手持话筒当作重要的视觉元素来使用：他们会在演唱过程中将话筒从一只手换到另一只手上，借此在视觉上标明歌曲的一个新段落，或改变节奏，有时则仅仅是为了制造一点额外的视觉兴奋点（见图 8.10）。

若是在室外为繁重的制作任务而使用手持话筒，或是在各种天气条件下使用手持话筒，这时的话筒必须结实耐用，要能经得起比较野蛮的持握动作或极端的天气条件。配备有内置呼吸滤音器的动圈式手持话筒是这类制作活动中最常用的一种话筒。另外，歌手比野外记者在声音质量上的要求更多，他们更喜欢高质量的手持电容或带式话筒。但这些灵敏的手持话筒在极端的天气条件下，在一些野外制作条件下不太好用，因此大多局限于室内使用。

我们上面刚刚提到手持话筒的一大缺点：必须由演员来控制话筒。缺乏经验的演员常常会用话筒挡着自己或嘉宾的

**图 8.10　歌手使用的单向话筒**
为突出自己嗓音的丰富层次，歌手把单向手持话筒放在靠近嘴的位置。

脸；而这一缺陷在话筒装了大型彩色呼吸滤音器之后变得更加突出。在采访进行到令人兴奋的时候，缺乏经验的记者可能会在问问题时将话筒伸向嘉宾，而后又在嘉宾回答的时候将话筒对准自己。这种常见的下意识喜剧动作对旁观者来说或许很幽默，但对眼看着自己的努力被这种动作毁掉的制作人员来说，当然毫无幽默可言。

使用手持话筒的一些其他缺点是，演员的手无法腾出来做其他事，比如演示产品。而且，如果用的不是手持无线话筒，在工作过程中拖拽话筒线也并不是一件容易的事。

下面是给使用手持话筒的演员的一些忠告：

★在彩排的时候，检查话筒线的工作半径，同时确保话筒线能自由活动，不会碰到家具或布景。在话筒连接到摄录一体机上时，必须检查话筒线的长度。

★在录像或实况转播前检查话筒。讲几句开场白，以便音频工程师或摄录一体机操作人员调整音频信号的音量。如果有几支话筒紧挨在一起，必须查出哪一支话筒处于工作状态。不要向话筒里吹气或吹口哨，更不能重重地敲击话筒。当然，也不要轻轻刮呼吸滤音器，这种刮发出的噪音会让音频工程师将这支话筒挑出来。

★如果是在正常的条件下在野外使用手持话筒（这种条件指声音不过大，没有或几乎没有风），应该把话筒放在与胸部等高的位置并越过它而不是冲着它讲话（见图 8.11）。在嘈杂和有风的情况下，则应该将话筒靠近嘴边（见图 8.12）。

★在用单向手持话筒时，必须把它放在靠近嘴的位置，并直接对着话筒说或唱，如图 8.10 所示。

★在用手持话筒采访孩子的时候，不要站着，蹲下去，让自己和孩子处于同一个高度。这样，你便可以与孩子建立更亲密的关系，摄像机则能拍到很好的双人特写镜头（见 8.13）。

★如果在拍一个镜头的时候话筒线缠在了一起，不要惊慌，也别用力猛拉。站在当时的位置别动，继续表演，

**图 8.11　手持话筒的正常位置**
在非常安静的环境，手持话筒应当放在与胸等高的位置。主持人越过话筒而不是冲着话筒讲话。

**图 8.12　嘈杂环境中手持话筒的位置**
在嘈杂的环境中，主持人将话筒放在靠近嘴的位置，对着话筒而不是越过话筒讲话。

同时努力让现场导演或其他人注意到自己的困难。如果在拿话筒的同时又要使用双手，可以临时将话筒夹在胳膊下，以便它继续拾取你的声音。

★如果手持话筒直接与摄录一体机连在一起使用，摄像师应该将摄像机的话筒打开（内置的或附加在上面的）。摄像机话筒可以给录像带上的第二个声道提供环境声，同时又不影响提供主要声音的手持话筒的使用。实际上，在拍摄过程中，摄像机的话筒应该始终处于开机状态，即使你当时不打算用这个声音。但在后期编辑时，你很可能会用到环境声。

**图 8.13 采访孩子**

采访孩子时，在将话筒伸向孩子的时候，应当蹲下去。现在，孩子对你的关注超过话筒，摄像师也能得到更好的双人镜头。

## 要点 4 在播送前，一定要测试自己打算用的话筒。

**吊杆式话筒** 无论什么时候，若不想让话筒进入画面，可以用锐心形枪式话筒。大家应该还记得，这种具有高度指向性的话筒能拾取远处传来的声音，但却能让它听起来像从近处传来的一样。你可以将话筒指向主声源，同时可以消除或极大地降低其狭窄拾音区域之外的声音。值得注意的是，这种话筒同样也能敏感地拾取其拾音范围内无关的噪音。

若是用于精细的演播馆制作，比如肥皂剧，那么枪式话筒则悬挂在大型吊杆上，即所谓的演播馆吊杆或摇臂吊杆上。吊杆操作员站在吊杆平台上，将吊杆伸出或缩回，翘起或放下，摇向一侧，旋转话筒让其指向声源，甚至让整个吊杆组移动。之所以这么做，都是为了将话筒尽可能接近声源，但同时又不让它进入画面。

演播馆吊杆的问题在于其体积过大，会大量占用演播馆的操作空间。此外，操作吊杆的难度不亚于操控一台摄像机。正是由于其体积庞大，因而在野外制作中基本无法使用大吊杆。这就是为什么在外景或演播馆的小段落制作中枪式话筒多半挂在鱼杆式吊杆上或只用手拿着的原因。

鱼杆式吊杆是一种能伸缩的、结实而又分量轻的金属杆。枪式话筒借助一只减震器固定在吊杆上，而减震器又能吸收由于振动和话筒线的摩擦而产生的噪音。一定要在每次开拍前检测减震器，检查话筒是否能在不传导操作或吊杆噪音的情况下活动自如。如果吊杆减震器的噪音无法消除，那么，即使是最好的枪式话筒也毫无用武之地。

如果镜头比较非常紧凑（紧凑的中景和特写），则可以采用短的鱼杆式吊杆——比长的更容易操作。可以手持短吊杆从上方或下方拾取声音，如果从声源的上方拾取声音，伸开胳膊拿吊杆，并根据需要将它伸到场景中（见图 8.14）；如果从声音的下方拾取声音，则将吊杆颠倒过来，让话筒指向说话的人（见图 8.15）。

如果镜头比较宽，则你必须离场景远一点，必须换用长的鱼杆式吊杆。由于长吊杆较重，也较难操纵，因此应当以自己的腰带给它提供支撑，然后举起或放下吊杆，与操作真的钓鱼杆一样。长的鱼杆式吊杆通常举在声源的上方（见图 8.16）。

以下是使用固定在鱼杆式吊杆上的枪式话筒的一些的建议：

★若使用鱼杆式吊杆，一定要检查话筒线的长度。这是因为拾音时必须把注意力集中在话筒位置上，不可能同时去控制话筒线。

★确保话筒线正确地固定在吊杆上，没有与话筒缠绕。

★如果主持人边走边说，一定要随他一起走，同时话筒应该一直在他们前面；如果摄像机沿直线拍过去（沿Z轴），你应该处于主持人的侧前方，将话筒指向他们；如果场面调度为横向（从屏幕的一侧沿X轴移动到另一侧），则你应该在他们前面，向后退着走。由于你的眼睛要留心主持人和话筒，因此要当心别被障碍物绊倒。实拍前多排练几次行走路线。如果可能，让现场导演在拍摄间隙带你走几遍。

图8.14 从上方拾音的短鱼杆式吊杆

这种短的吊杆通常举得较高，要伸进场景。

★如果用长吊杆，请将它固定在自己的腰带上，然后根据要求将它伸进场景中举起或放下。

★始终戴上耳机，以便监听话筒所拾取的声音（包括不想要的声音，如拍摄美国内战场面时飞机的嗡嗡声）。尤其要注意监听低沉的风声，在你集中精力听对话的时候，这种声音很容易被忽视。

用手拿着枪式话筒既简便又有效，这时，你变成了一根吊杆，而且是一根非常灵活的吊杆。手持枪式话筒的好处在于，你可以走到摄像机允许你接近场景的最近位置，一边移动一边将话筒指向不同的方向（见图8.17）。即使是在室内拍摄，有些录音师仍然坚持给手持枪式话筒套上防风罩，不过在室外拍摄时必须这么做。用手握着话筒的减震器，不要直接持握话筒。这能使操作噪音降到最低，同时还能防止遮住话筒的端口——话筒内保持话筒朝向的开口。

**台式话筒与落地式话筒** 台式话筒是一种固定在小支架上的手持话筒，可以用于小组讨论节目、听证会、演讲或新闻发布会。由于使用这种话筒的人更注重自己说的内容而不是声音质量，所以他们往往会（无意识地）敲桌子或在椅子上挪动身体时踢到桌子，甚至有时还在讲话时把脸从话筒那儿转开。考虑到所有这些可能存在的难处，如果要用台式话筒，你建议使用哪种话筒？如果你建议用全向动圈式话筒，你就推荐对了。这种话筒最能适应那些违反规程的操作。如果需要将声音更加精确地分开，则应该用单向动圈式话筒。

设置话筒时，可以给每个表演者单独分配一支话筒，或

图8.15 从下方拾音的短鱼杆式吊杆

短鱼杆式吊杆也可以放低，将话筒朝上，以便很好地采集声音。

图8.16 长鱼杆式吊杆

这种长的吊杆可以固定在腰带上，像一杆真正的鱼杆一样举起、放下。

两人分配一支。由于话筒离得太近会消除彼此的频率，所以，每支话筒之间的距离应该至少是话筒与其使用者之间距离的三倍（见图 8.18）。

尽管你精心设置了多组台式话筒，但缺乏经验的使用者，有时即使是经验丰富的使用者，也会在刚坐好的时候习惯性地将台式话筒往自己身边拉。若不想让自己过于忙乱，同时获取最佳的拾音效果，只需把话筒架用胶带固定在桌子上即可。

**落地式话筒（stand mic）**是一种插在稳定的话筒架上的手持话筒，适用于歌手、演讲者、乐器或其他位置固定的声源。用在支架上的话筒品种从结实耐用的、用于新闻发布会或演讲的动圈式话筒到供歌手和乐器拾音用的高质量的话筒。

对某些表演者来说，如摇滚歌手，话筒支架还是一件重要的表演道具。他们将话筒支架拉来拉去，以它为支撑将自己的身体撑在上面，将它举起来，甚至像剑客一样将它举过头顶挥舞（本书不建议这样做。顺便说一下，尤其是在话筒还插在上面的时候，不要这样做）。

在为使用非电声吉他的歌手设置落地式话筒时，一个支架能架两只话筒：一支放在中间位置给吉他拾音；一只在上面给歌声拾音。多组话筒的 3 : 1 空间分配原则在这里同样适用。

**头戴式话筒** 体育解说员和其他解说某一活动的主持人常常使用**头戴式话筒（headset microphone）**（业界俗称耳麦——译者注，见图 8.19）。这种话筒是附加在耳机上的优质话筒。耳机可以分离音频信号，这意味着主持人能用一只耳朵听节目声（包括他自己的声音），用另一只耳朵听来自不同制作人员的指令。注意，头戴式话筒带有话筒，可以讲话；而耳机只能用来听。

**无线话筒** 无线话筒又叫电波话筒，这是因为它们确实是通过一台小型话筒发射器将音频信号发到接收器上的，而后者则与混音器或调音台相连。

最常用的无线话筒是供歌手用的手持话筒。在这些高质量的话筒外壳里有一个内置小型发射器和天线。表演者完全

**图 8.17 手持枪式话筒**
枪式话筒只抓握减其震器部分。在室外使用时，必须配备防风罩。

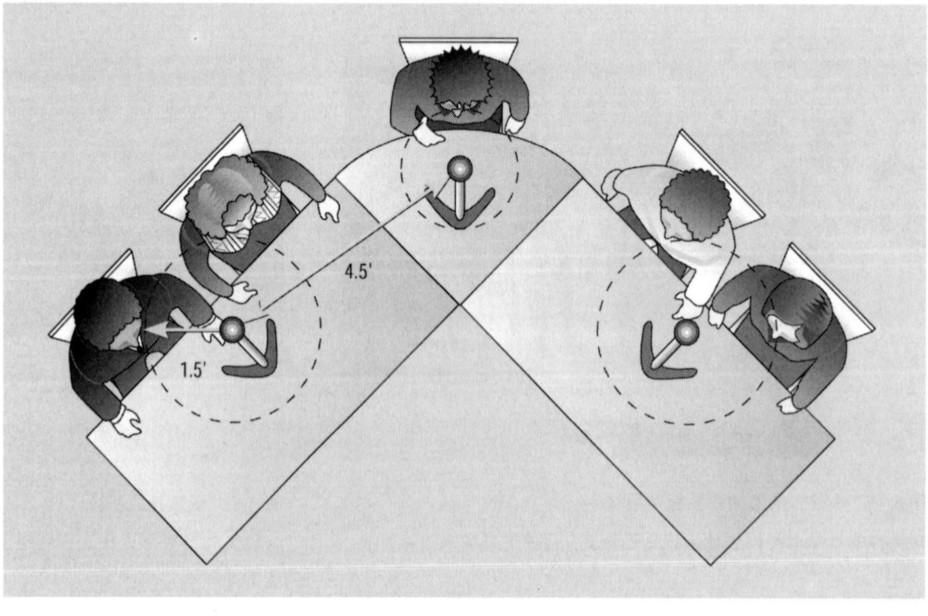


**图 8.18 设置多组台式话筒**
如要在小组讨论节目中使用几支台式话筒，话筒与话筒之间的距离应该为它到其使用者之间距离的三倍。

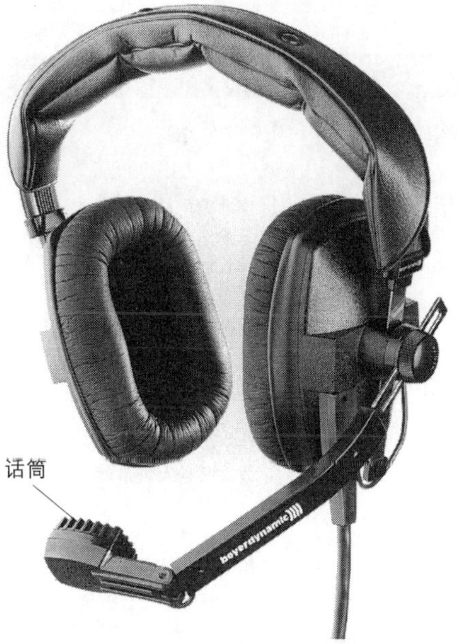


**图 8.19　头戴式话筒**

头戴式话筒是一种附加在耳机上的优质话筒。耳机能传送分离的音频信号，一只耳机传送节目声，另一只耳机传送来自不同制作人员的指令。

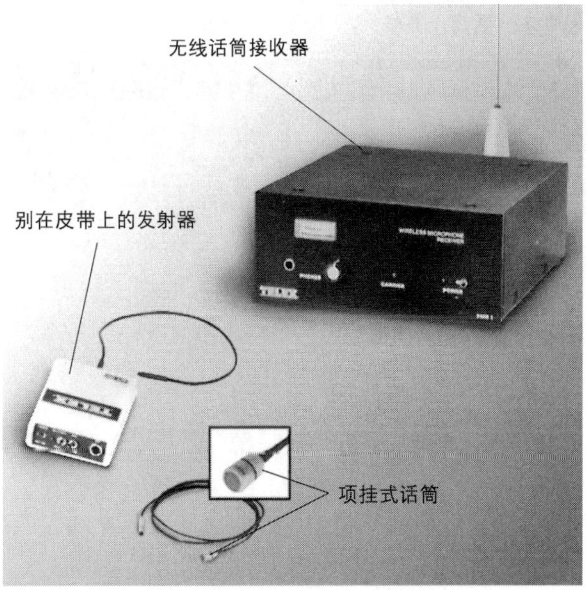


**图 8.20　带接收器的无线项挂式话筒**

无线胸项挂式话筒由演员随身佩带，连着一只小型转换器。接收站拾取信号并将它通过电缆送到调音台。

可以不受限制地四处走动而不用担心话筒线。无线话筒的接收器通过电线与控制和混合声音的调音台相连。由于每支话筒都有各自的频率，因此可以同时使用几支无线话筒而不会出现信号干扰的现象。

另一种比较常用的无线话筒是无线项挂式话筒（即胸麦）。这种话筒常用于新闻采访、外景现场制作，偶尔也会在体育比赛中使用。例如，如果要你采集比赛中自行车运动员的喘气声，或滑雪者的呼吸声和高山速降中滑雪板的声音，这时当然要选用无线项挂式话筒。有时，在演播馆内拍摄戏剧节目时也采用无线项挂式话筒而不用吊杆话筒。

无线项挂式话筒插在演员随身佩带的小发射器上。一般说来，只需将发射器放在表演者的口袋里或将它贴在其身体上，然后将接收线顺着裤子、衬衫或衬衫袖子固定住，或把它绕在腰上即可。无线项挂式话筒的接收器与无线手持话筒的非常相似（见图 8.20）。实际上，任何一种话筒接上匹配的发射器，并将接收器插在音频控制器上后，都可以变成类似于无线话筒的话筒。

令人遗憾的是，世上没有十全十美的无线话筒，尤其是在户外使用的时候。信号的拾取取决于演员与发射器之间的相对位置，如果演员走出了发射器的覆盖范围，信号首先会变得无法发射，然后全部消失。如果演员走到高楼后面或高压线、X射线机和功率强大的无线电发射器旁边，话筒拾取的音频则可能失真，或完全被无关的信号淹没。甚至演员流出的汗都会对发射器产生影响，导致信号强度的减弱。尽管无线设备都有指定频率，且该频率在设置时特意有别于公安或火警频率，但你偶尔也会拾取到公安或火警的呼叫而非演员的声音。

**要点 5　无线话筒易受干扰。**

图 8.21 中的话筒一览表列出了最常用的一些话筒。不过，我们必须明白，人们一直在不断地开发新的话筒，因而话筒的型号也会相应发生变化（见图 8.21）。

**图 8.21 话筒一览表**

| 话筒 | | 种类和拾音区域 | 用途 |
|---|---|---|---|
| 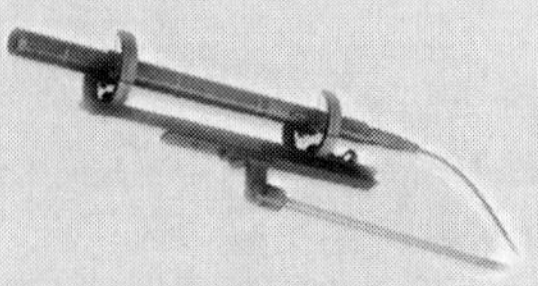 | Sennheiser<br>MKH-70 | 电容式<br>锐心形 | 演播馆吊杆、鱼杆式吊杆<br>非常适宜 EFP 和体育赛事 |
| 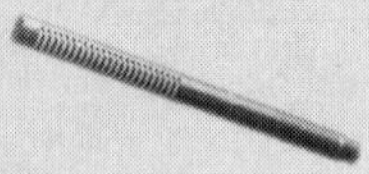 | Sony<br>ECM-672 | 电容式<br>锐心形 | 鱼杆式吊杆<br>用于室内效果极好 |
| 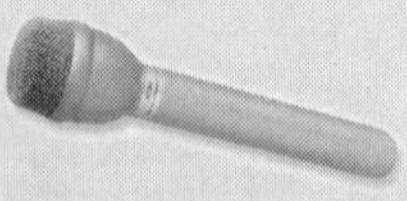 | Electro-Voice<br>RE-50 | 动圈式<br>全向 | 结实的手持话筒<br>适宜各种天气条件下的 ENG |
| 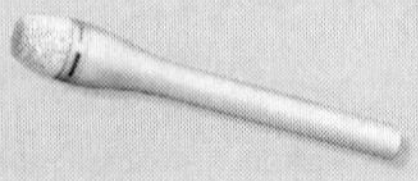 | Shure<br>SM63L | 动圈式<br>全向 | 相当结实<br>非常适宜 ENG |
|  | Electro-Voice<br>RE-16 | 动圈式<br>锐心形 | 通用手持话筒<br>适宜户外（ENG/EFP） |
|  | Shure<br>SM58 | 动圈式<br>单向 | 歌手用手持话筒<br>声音明快、动人 |
|  | Beyer<br>M500 | 带式<br>锐心形 | 经典型歌手用手持话筒<br>声音柔美、圆润 |
|  | Sony<br>ECM-55 | 电容式<br>全向 | 项挂式话筒。适宜人声拾取<br>出色的演播馆话筒 |
|  | Sony<br>ECM-77 | 电容式<br>全向 | 项挂式话筒。适宜人声拾取<br>与吊杆话筒配合很好 |
|  | Professional<br>Sound Corp.<br>PSC MilliMic | 电容式<br>全向 | 非常小型的项挂式话筒<br>多用作隐形话筒 |

## ◎声音的控制

如果用小型摄录一体机拍摄朋友的生日聚会，你也许不会在意声音控制的各个步骤，你所要做的只是确定内置话筒是否打开了，是否设在 AGC 模式上（自动增益控制）。AGC 能自动将不同声音的音量调节到正常水平，不必由你亲自做任何音量调节。但是，如果对声音的要求很严格，如采访节目对音量的控制或要求将两个或更多声源混到一起，这时就要使用音频控制设备。这种设备通常包括（1）音频混合器；（2）调音台和（3）配电板。

### 音频混合器

音频混合器能放大来自话筒或其他声源的微弱信号，能让你控制音量，并将两个或更多的声音混录（组合）在一起。实际上，你所控制和混合的并不是声音本身，而是信号。这些信号随后被扩音器再还原成我们听到的声音。

普通的单声道混音器有三四个输入口和一个将处理后的信号输出的口；立体声混音器有两个输出口，一个用于左声道，一个用于右声道。每个输入口都有一个对应的旋钮电位计（分压计），也叫做**音量控制器**（fader），一个主电位计（立体声则有两个），一个用于监听输出信号的耳机监听**插孔**（jack）。**音量表**（VU meter）可以测量音量的单位，帮助你直观地控制每一个输入源和最终离开混音器的输出信号（见图8.22）。

**对音量的控制** 控制音量——或者，如通常所叫的，控制增益——不仅指将微弱的声音变大，将大的声音变小，而且还指将声音控制在不失真的水平上。若要提高音量，顺时针旋转旋钮，或水平向外面往上推音量控制杆；若想降低音量，则逆时针旋转旋钮，或向下往里拉音量控制杆。音量表通过沿刻度盘上的数字晃动，显示增益调整状况（见图8.23）。

如果音量低，指针几乎不离开最左端，说明音频正处于非常糟糕的状态。如果声音大而使得指针撞向仪表的右端，说明音量太大，应当将音量降低，以避免声音失真。尽量将指针保持在下层刻度的60%与100%之间（或上层刻度的-5与0之间）。如果指针偶尔跳进红色刻度区，不用担心，但不要让它一直在这一个音量过大的刻度区内晃动。如果使用数字音频，必须密切注意音量是否合适。音量过大不仅会导致声音失真，还会导致录音过程中产生很多噪音。

有些大型调音台的音量表采用LED（发光二级管）而非指针来显示音量的大小，也有的采用能对响度的不同方面做出反应的仪表。它们全都可以直观地显示是否有声音进入，

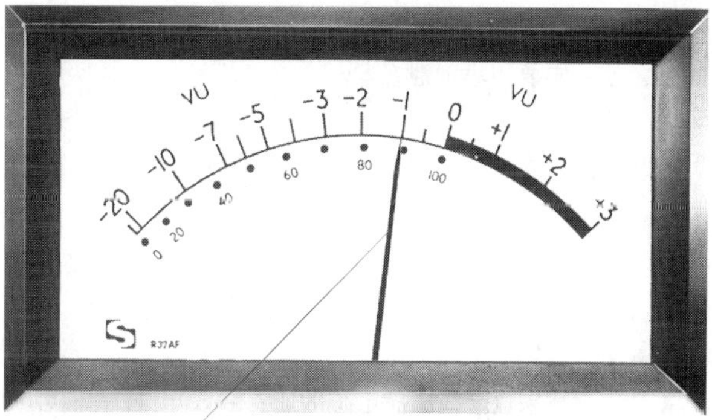


**图8.23 音量表**

音量表表示声音的大小。其刻度用音量单位和百分比的方式给出，前者为 - 20到 + 3（上层刻度）；后者为0到100（下层刻度）。

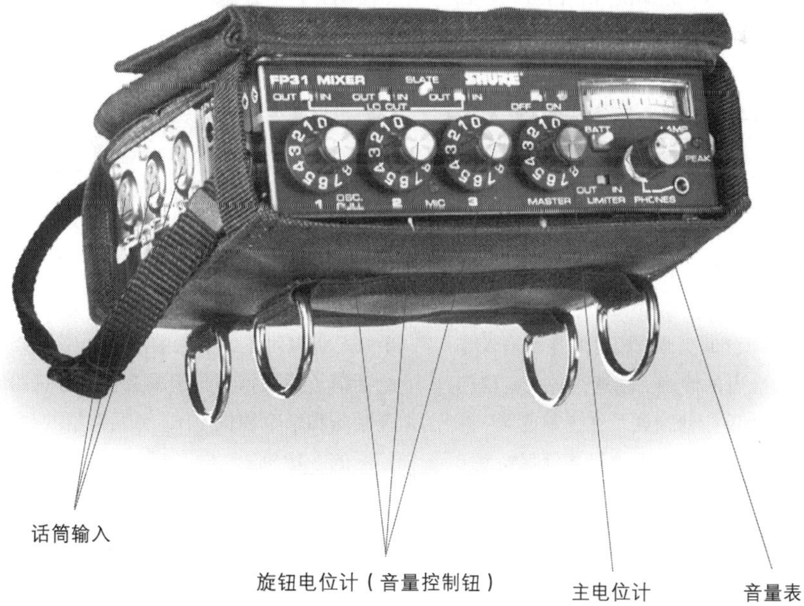


**图8.22 音频混合器**

音频混合器能让你控制数量有限的输入声音的音量，并将它们混合成一个输出信号。

显示这些声音与指定音量刻度之间的相对关系。

**现场实地混音** 混音指将两三路声音组合在一起。如果只在现场采访某个人，根本用不着混音器，只需将采访者的手持话筒插到摄录一体机上的正确输入端口，然后打开摄像机话筒录制现场声，开始录制。但如果对声音的要求很高，需要两路以上的输入或对所有输入的声音进行更精确的音量控制，而AGC或摄录一体机上的端口又无法满足这个要求的话，就一定要用小型混音器。

以下这些要点有助于你完成现场混音任务。

★即使只有几个输入端口，也要将每个端口贴上标签，标明它所控制的声音，如：主持人话筒、嘉宾话筒、现场声话筒等等。

★反复检查来自无线话筒系统的所有输入端口，它们容易在拍摄刚开始的时候出现故障。

★实录之前先在录像带上录一段音量单位指示为0的测试音（100%）。调整磁带录像机上的音量表（摄录一体机上的录像机或独立的磁带录像机），让它的读数也显示为0。

★大多数专业混音器或调音台都可以让你在话筒输入和线路输入之间选择。话筒输入用于较弱的音频信号，如话筒；线路输入用于质量要求较高的声音输入，如CD播放器。如果选择话筒输入，并接入了高质量的声源，那么合成后的声音会严重失真；相反，如果你在线路输入端口接入了话筒，则几乎听不到合成的声音。许多现场制作都是因为有人不注重输入设置是否正确而毁掉的。音频混合器的输出通常为线路输出。如果将线路输出同摄录一体机或独立磁带录像机连接到一起，那么其音频输入也必须是线路输入。

★使用混音器时，将主电位计调到0，然后将各种输入音量加以调节，以便进行恰当的混音。注意查看主电位计（线路输出）的音量表，如果指针跑到了红色刻度区，请重新调整各种输入的音量，但让主电位计指针保持在0的位置。

★尽量将各路输入分开。如果是为录音带的后期制作而录制声音，尽量把明显不同的声源放在不同的声道上。即使在把声源录到录像带上的时候，也要尽量将主声源放在一个声道上，将现场声放在另一个声道上。然后，再在后期制作中将两路声音精心地混合到一起。

★如果不得不在实地进行复杂的声音采集，为保险起见，不仅要把声音输入录像机，还要把它单独录到录音带上。

## 调音台

尽管大型调音台很少用在制作简单电视节目的场合，但在电视台、大企业的节目制作中心以及骨干后期制作机房的音频控制室和音频制作室里，它们却是标准的设备。一台大型调音台上有众多的按钮和控制杆，看上去非常像科幻电影中宇宙飞船上奇异的控制台。但我们没有理由被这个吓倒，即使是最大的调音台，其操作原理和小型混音器也很相似。像混音器一样，调音台也有输入端口、音量控制钮、音量表、混音电路以及处理后信号的输出端口。不过，同混音器不同的是，调音台采用滑动式音量控制器取代混音器的旋钮电位计，此外还有各种音质与功能控制装置和开关。

调音台的体积比较大，其原因在于它的端口可以多达24个或更多，而小型混音器只有4个输入端口。调音台的每个输入端口都有一只独立的滑动式音量控制器、音量表或类似音量表的仪器，另外还有一排音质控制与转换开关。调音台还有额外的分组音量调节器和两个主音量调节器，前者可以在各个输入音频到达主音量控制器之前控制这些音频的混合，后者则控制两路立体声的输出信号（见图8.24）。

调音台能控制所有输入音频的音量，以不同方式混合部分或所有输入信号，处理和控制最后用来混音的每一路声音输入信号。比如，你可以用音质控制钮给输入的声音加入混响；可以减少嗡嗡声或尖锐高音这类多余的频率；可以增强或减弱每路声音的高频、中频或低频。有些控制钮能在输入信号被放大之前调整其强度，或关掉所有其他输入信号，只留下自己想听到的声音。此外，你还可以把一些输入信号编成一组，进一步将其与其他输入信号或其他信号组混合。

为什么要有这么多输入端口呢？这是因为，即使是一个6人小组讨论，用到的输入线路也会达到9路之多：六路给话筒（假设每个小组成员都有各自的话筒），一路给播放开始曲和结束曲的CD，另两路给两台在讨论期间播放节目片断的录像机。

一场摇滚音乐会会用到众多的话筒和其他音响设备，即使24路输入似乎也不够用。专业录音棚的调音台更大。为了保证最大的灵活性，有些大型直列调音台给每一路输入都分配了对应的独立输出。

**图 8.24 调音台**

调音台上有许多输入端口（大型节目制作需要24个或更多的输入端口），每个输入端口都有自己的滑动式音量控制器、各种音质控制钮、各种开关、各种功能转换开关以及一只音量表。

## 电缆与盘线

音频电缆主要用于连接声源和调音台或其他录音设备，如录像机。由于电缆中既没有任何活动的元件，也没有复杂的电路，因此我们通常以为它们不易损坏。但事实远不是这样。音频线，尤其是有接头的那种，其实很容易损坏，必须小心对待。避免扭绞、踩踏或用摄像机支架碾压电缆。即使音频线质量很好，它也可能拾取到照明设备产生的电子干扰声，然后在音频中产生嗡嗡的声音——这也是在导演下令彩排之前必须检查音频系统的另一个原因。

另一个可能发生的问题来自电缆末端的各种接头。所有专业话筒和摄录一体机使用的都是带三芯**卡侬接头（XLR connector）**的三芯电缆（也叫平衡电缆），它们对外界无关频率的干扰不那么敏感。只要摄录一体机具备了卡侬接头（输入插头），就可以用任何一种专业音频线将高质量的话筒与摄像机连接起来。大多数家用话筒和摄录一体机电缆（不平衡电缆）用的是型号较小的**莲花插头（RCA phono plug）**或**迷你插头（mini plug）**。有些音频线的尾端接的是较大的话筒插头，它们常常用在短电缆上连接各种乐器，如电吉他（见图 8.25）。

接头转接器使得接头上各不相同的电缆得以连接在一起。虽然你应当随时备好这种接头，但最好还是尽量避免使用这种转接器。再好的转接器，都只应该作为最后的备用方案，它们始终都是一个潜在的故障。

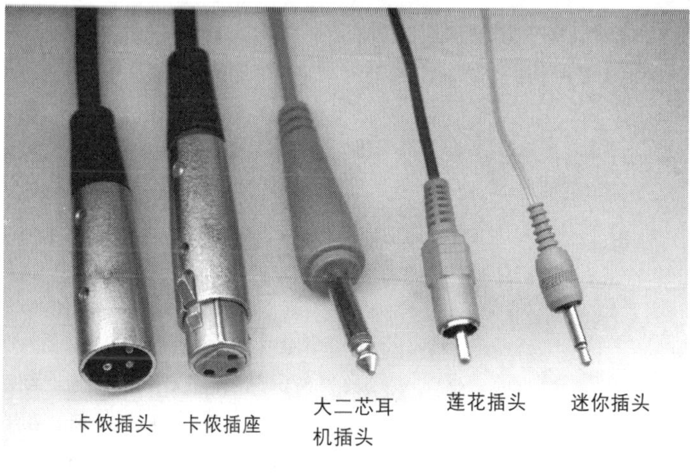


**图 8.25 音频接头**

所有专业话筒都使用三芯电缆和卡侬接头。其他音频接头包括大二芯耳机插头、莲花插头和迷你插头。

**要点 6 一定要检查电缆上的转接器是否与电缆另一端（如摄像机、混音器或某种录制设备）的话筒输出和输入相匹配。**

**要点 7 把电缆连接和接头转接器的数量控制在最低限度；每一个都意味着一个潜在的故障。**

调音台上的各种声音输入（话筒、磁带播放机、遥控输入、录像机声道）必须按你的希望加以排列，而盘线则可以使这项工作变得更加容易。比如，如果不同的声源在调音台上分别出现在分散的音量控制器上（如采访人的项挂式话筒在1号控制器上，录音带在2号控制器上，录像回放在3号控制器上，2号项挂式话筒在4号控制器上），你也许恨不得将两路项挂式话筒挪到相邻近的控制器，将录像回放放在3号，录音带放在4号上。其实，不用将电缆换到不同的输入端口上，只需把这些声源重新配线即可让它们按你想要的顺序呈现在调音台上。

盘线有两种方式。老式的盘线（高度可靠）是通过物理形式将进入的信号（称为输出，因为它们所携带的音频信号要连接到调音台上）连接到调音台上不同的控制器上（即输入，见图8.26）；新式盘线是用计算机取代信号线路安排，这种方法能更快地完成同样的任务而不用额外的电缆和接头；而一些更常见的连接方式则是直接连接，音频行话叫“常规结合”。“常规结合”的电路无需盘线，但在断开时也许需要绝缘胶布。

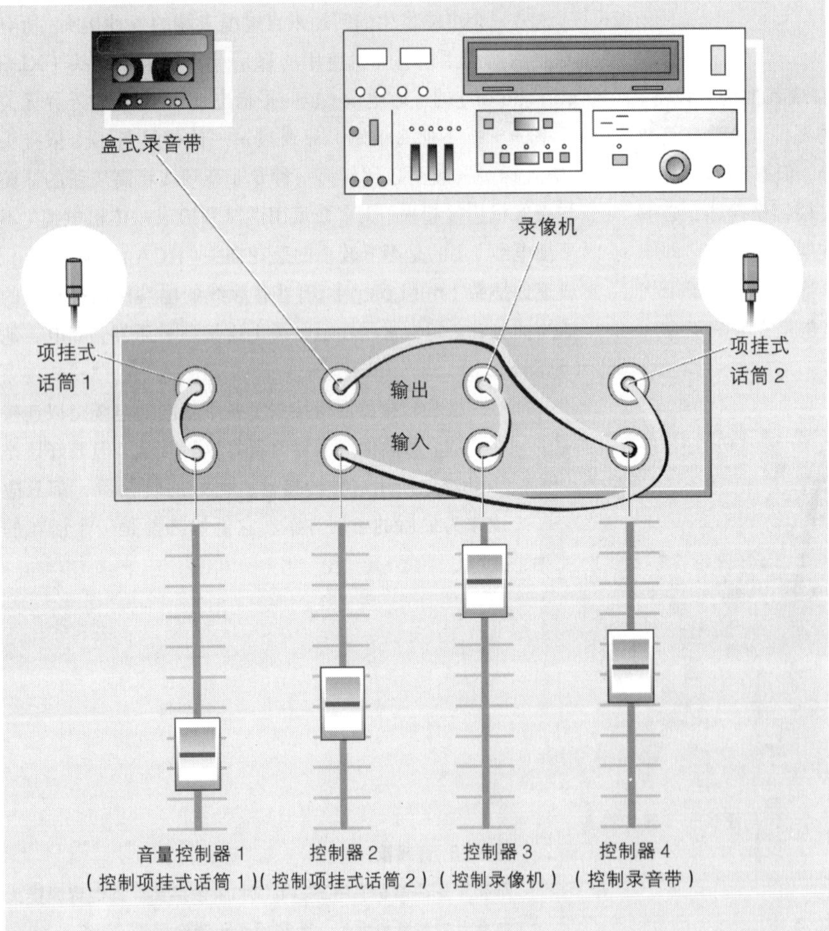


**图 8.26 盘线**

四个声源（1号项挂式话筒、录音带、录像回放和2号项挂式话筒）通过盘线板按各自的线路（项挂式话筒1、项挂式话筒2、录像回放和录音带）传输。

## ◎声音的录制

与视频一样，声音也可以录制成模拟信号或数字信号。尽管模拟设备与数字设备之间存在着内在的差别，但这两种带子的操作原理却几乎没有什么差别。录像实际就是将信号输入录像机中。如果在采集声音的时候小心仔细，后期编辑时便可以省去很多麻烦。但如果录制不正确，声音采集得再好也于事无补。

在大多数电视节目制作中，声音是和图像同时录在录像带声道上的（见第10章）。然而，有些复杂的节目要求对声音进行后期处理，这意味着要去掉一些多余的声音，或在录像带已有的声道上再加入一些东西，即对声音进行**润色处理**（sweetening）。当然，你也可以在声音的后期处理时做一条全新的声道并把它加到已经录制、编辑过的录像上。

尽管模拟设备与数字设备在操作上基本相同，但我们还是把这部分分为模拟和数字两个部分。之所以这样分组，是希望强调模拟声道和数字声道的不兼容，也就是说，你不可以用数字设备播放模拟信号的录音，反之亦然。

### 模拟录音设备

目前仍然在使用——广泛使用——的模拟录音设备有磁带录音机和盒式录音机。

**开盘式磁带录音机** 家用**开盘式磁带录音机**（ATR，audiotape recorder的缩写）几乎已经绝迹。即使在大多数专业应用中——比如录音采访——人们还是喜欢用小巧、便于携带的盒式录音机。然而在电视台和节目后期机房的录音棚和音频制作室里，一对一的开盘式录音机仍然非常活跃。尽管开盘式录音机种类繁多，但其操作原理都一样。磁带（宽度分为1/4英寸、1/2英寸、1英寸和2英寸）从送带盘经过至少三个磁头——消音磁头、录音磁头和放音磁头——到达卷带盘（见图8.27）。在使用开盘式录音机录音的时候，消音磁头会清除所有先前录制的磁迹，以便录音磁头将新的声音录在干净的磁带上；然后放音磁头再回放录上的素材。当录音机处在放音模式上时，消音磁头和录音磁头无法工作。

**多声道录音机** 简单的立体声开盘式录音机只用两个声道，在1/4英寸的磁带上一个是左声道，另一个是右声道。较复杂的开盘式录音机在2英寸磁带上有24个甚或更多的声道。由于每个声道都要有自己的消音、录音和放音磁头，所以24声道录音机的每个声道都有各自对应的磁头组。此外，每个声道还必须有自己的音量表，这样才能观察声音是否在其音量限定范围之内。这意味着，在一台24声道的开盘式录音机里，有24只音量表（见图8.28）。

**模拟盒式录音机** 盒式磁带在带仓里有两个小带盘：一个送带盘，一个卷带盘。当磁带从A面换到B面的时候，卷带盘变成送带盘，而送带盘则变成卷带盘。

相对于开盘式录音系统来说，盒式录音系统的主要优势在于盒式磁带尽管体积较小，但能容纳的连续信息（某些磁带时长达180分钟）却不少，其录音机也比开盘式录音机更易于携带。模拟信号的盒式磁带在家中或汽车里最常用（见图8.29）。

**操作控制键** 尽管录音机种类繁多，但几乎所有的录音设备（包括数字录音机）都有相同的五个操作控制键：（1）停止键；（2）放音键；（3）录音键；（4）回卷键和（5）快进键（见图8.30）。

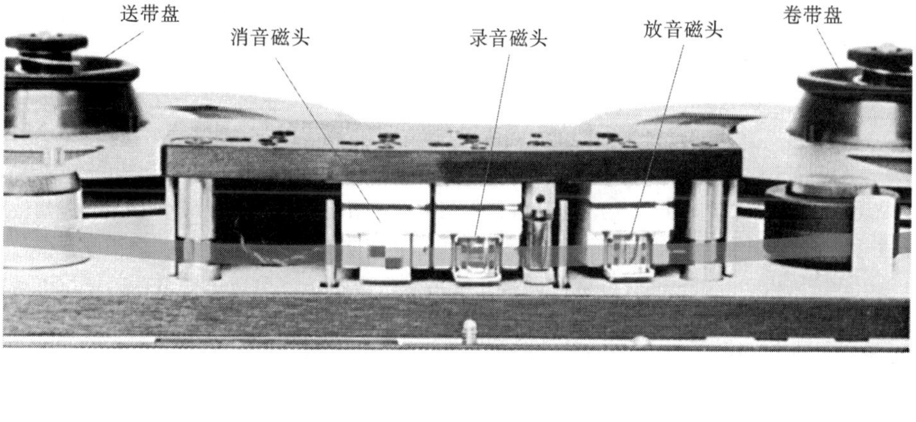


**图8.27 模拟磁头组**
在开盘式录音机里，磁带从送带盘经过磁头组到达卷带盘。

图 8.28 24 声道开盘式录音机

这台 24 声道开盘式录音机采用 2 英寸磁带承载 24 路各自独立的音轨。每个声道都有自己对应的消音磁头、录音磁头、放音磁头和音量表。

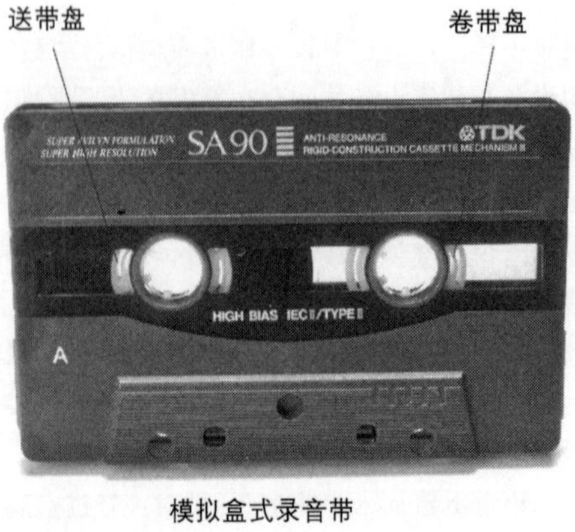


图 8.29 模拟盒式录音带

装在带仓里的一对一盒式磁带高度可靠，且更易于操作。

图 8.30 盒式录音机上的操作控制键

录音机上的标准操作控制键分为录音键、放音键、停止键、回放键和快进键。

图 8.31 数字盒式音带

数字盒带比模拟盒带小巧，但仍能传送高质量的声音。

## 数字录音设备

电视制作中使用的主要数字录放设备包括：（1）数字盒式磁带录音机；（2）数字多轨录音机；（3）计算机磁盘；（4）CD、DVD 和微型磁盘；（5）数字驱动系统。

**数字磁带录音机** 使用**数字磁带**（DAT）的录音机既可能是开盘式录音机，也可能（多半）是盒式录音机。数字磁带录音机看上去和它们的表兄——模拟磁带录音机——非常相似，连操作控制键都相同。其长处在于录放时的噪音比较少，更易于存储，更易于与数字录像机同步。而且，盒式数字磁带比模拟盒带更小巧，但传送的声音质量却更高（见图 8.31）。

**多轨录音机** 调制数字多轨录音机（MDM）采用录像带（如1/2英寸的S-VHS系统）录制八路高质量的声音。

**计算机磁盘** 大容量的计算机硬驱，如Iomega Jaz或Zip带盒，是常见且用处很大的录音装置。假设你的台式电脑必须运行处理能力，这时无需特别的设备即可存储并交换各种音频文件。数字音频工作站（DAWs）的磁盘和软件容量都相当大，后者能将音频信号视觉化，进而对声音进行精确的处理。其实，即使是台式电脑用的那种比较便宜的音频软件，也是后期编辑中协调声音与图像匹配关系、处理声源素材的强大工具。

一旦掌握了如何在计算机屏幕上读解声音形象，你就能精确地选择声音的某个部分，随意地排列它们的顺序。为了同录像中的新声道匹配，计算机为每一帧画面及其相应的音频（非常短）提供了相应的地址。这种使用最广的地址系统叫做SMPTE时码（见第10章）。显示出来的时间码能读取时、分、秒和帧（每秒30帧）的读数，使录音机和录像机以完全相同的速度运转，锁定特定的“地址”（帧数），并确保声音确实一丝不差地与每一帧相应的画面匹配。这一过程叫做声音同步合成（见图8.32）。

**CD、DVD和微型磁盘** 如你所知，专业的光学压缩唱盘（CD）是一种流行的数字播放装置。CD播放机采用激光光束读取压缩在小磁盘（大约5英寸）上的数字信息。CD的一大长处是，它再现的声音几乎没有噪音（假设录音首先没有什么噪音）。不管读取的段落掩藏在光盘的什么位置，高度精确的发光二级管读取系统——其功能很像记数器——都能让你精确地选择起止点。标准CD播放机面板由七个基本控制键组成：（1）放音键；（2）暂停键；（3）停止键；（4）下选键；（5）上选键；（6）快进键和（7）快倒键。按上选键，可以回到当前曲的开头，重复按键则可以直接跳到上一曲；下选键可以直接到达当前曲的结尾，重复按键则可以选择当前曲后面的曲子；快倒键使光盘回转，直到你松开按键为止；快进键使光盘向前转，直到你松开按键为止。在快进的时候，你能听到声音（见图8.33）。

可写CD能让你能像使用录音带或计算机磁盘那样录制新的素材。DVD（digital versatile disc“数字通用光盘”或其原名digital video disc“数字视频光盘”的缩写）能容纳的视频和音频信息是标准CD光盘的数倍。**迷你磁盘（mini disc）**也是一种光盘，只不过是为小型家电设计的，约有一张软盘的一半那么大，能存储一小时的高质量声音。

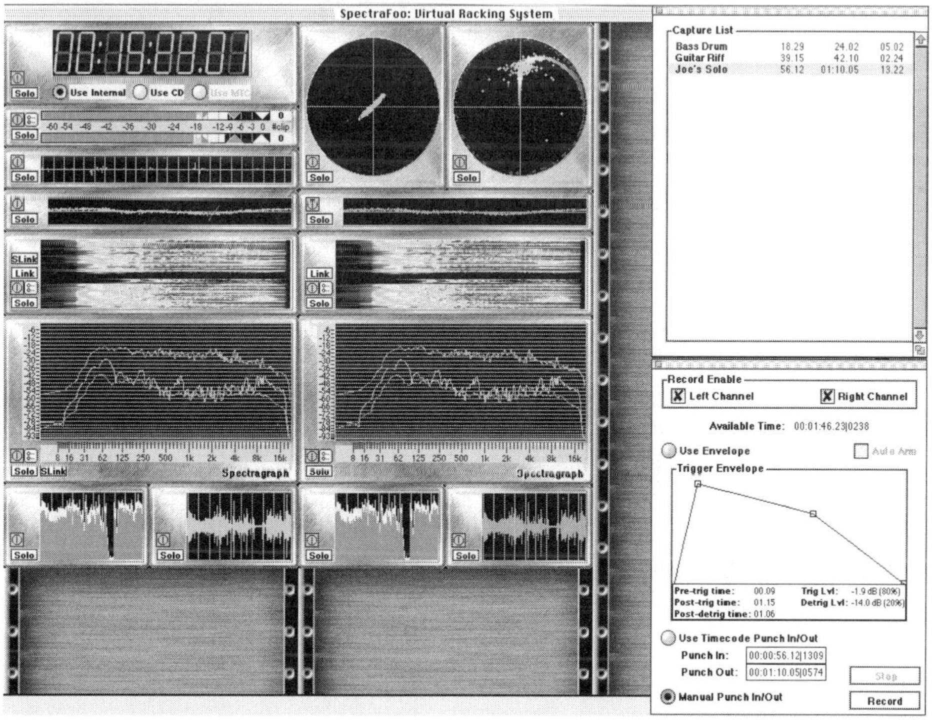


**图8.32 数字音频工作站面板**
很多计算机程序能将声音及其进程视觉化。这对声音的编辑和声画同步尤其有用。

图 8.33 CD 播放机操作面板

标准CD播放机操作面板由七个基本控制键组成：（1）放音键；（2）暂停键；（3）停止键；（4）下选键；（5）上选键；（6）快进键和（7）快倒键。上选键可以回到当前曲的开头和前面的曲子；下选键则可以前进到当前曲的结尾和其后的曲子。

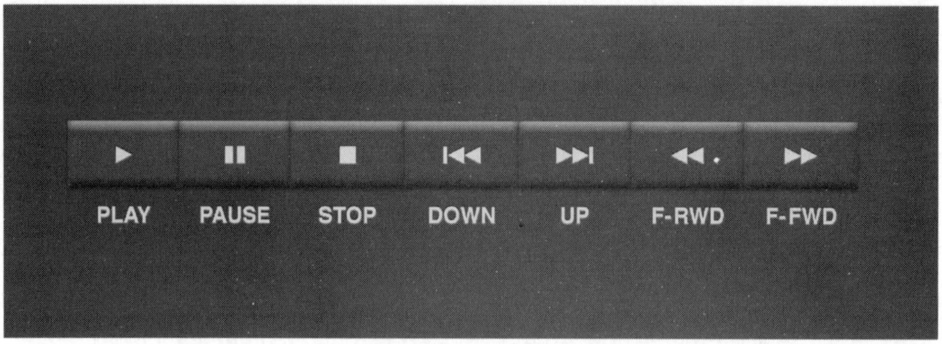


**数字驱动系统** 这些系统采用高密度的活动计算机读写（播放 / 录音）磁盘。数字驱动系统的操作原则与家用 CD 机非常相似，你可以选择某个特定的声音段落，以此作为起始点马上开始播放（见图 8.34）。

## ◎合成声

也可以用计算机从普通声音中抓取一小段，如电话铃声，将它转换成数字形式储存起来，以备其他形式处理。通过一种名叫采样器的装置，或在采样软件的帮助下，你想重复多少次电话铃声就可以重复多少次，还可以把它转变成尖锐的打击声，加速、减速、倒放、重叠，或以其他方式把声音变形，使其面目全非。

既然我们能将声音转换成数字信息并能对其进行处理，那么，我们是否可以让计算机生成能转换成真实声音的数字信息？可以，声音合成器（通常称为键盘）能生成各种复杂的频率，使它们听上去像由各种乐器发出的声音。一个键能发出钢琴、电子或原声吉他、风琴或小号的声，而一台能用胳膊一夹就走的合成器却比一支大型摇滚乐队和交响乐团合起来发出的声音还要多（见图 8.35）。

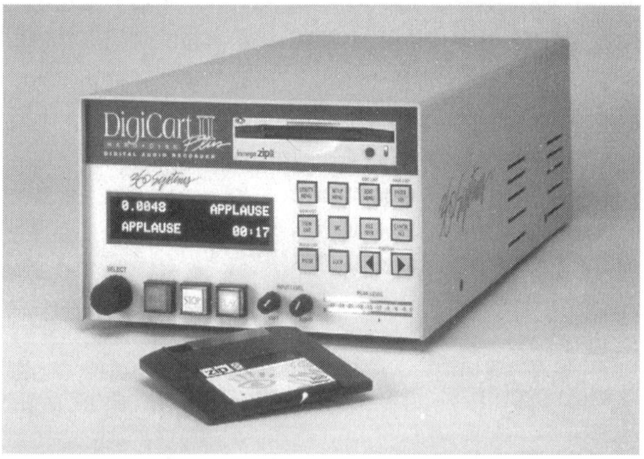


图 8.34 数字驱动系统

这种数字驱动录放机采用高密度的活动计算机读 / 写光盘（如 100 兆压缩磁盘），允许随机、即时地插入和遥控回放。

图 8.35 电子键盘

电子键盘是一种声音合成器，能模拟各种乐器和鼓的声音。

**要点 8 计算机完全能生成声音和各种混音。**

## ◎声音美学

如果你不能用好自己的耳朵，那么即使世上最复杂的数字声音设备也毫无用处——也就是说，应该通过训练培养自己的美学判断力。声音能在某种程度上让我们感受到画面，你可以只靠在画面中添加快乐或悲伤的声音，就将同一个画面变成或快乐或悲伤的画面。

有五个基本的美学因素能帮你达到很好的声画效果：（1）环境；（2）主体—背景关系；（3）透视；（4）连贯性和（5）能量。

### 环境

在大多数演播馆录制中，我们都会尽量去除背景声（环境声）。但在现场，环境声通常和主声源一样重要：它们有助于确定事件的整体环境。如果是在市中心交通繁忙的十字路口拍摄，那么汽车声、汽车喇叭声、有轨电车和公共汽车声、人的讲话声、笑声和来回走动的声音、看门人叫出租车的口哨声以及偶尔出现的警笛声，这些都是你判断事件发生地点的重要线索，即使你没在图像部分呈现所有这些活动。

假设我们要为一场小型交响音乐会录音。如果是在演播馆内录制，那么摄制组或音乐家中某个人的咳嗽声就会导致重新录制，尤其是在声音比较弱的段落，情况更是如此。但在现场音乐会中，情形就不是这样了。我们已经学会了将偶尔出现的咳嗽声和其他类似环境声理解成事件的一种现场感。

正像我们前面指出的那样，在常规的现场录音中，应当尽量单独用一支话筒和一个声道来录主声源的声音，如站在街角的那个记者的声音；然后用另一支话筒（通常为附加在摄像机上的话筒）和第二声道录制环境声。之所以将声音分别录在录像带的不同声道上，是为了在后期编辑中更方便地按适当的比例混合这两路声音。

### 主体—背景关系

**主体—背景关系（figure-ground）**原理是一个重要的感知因素，也就是说，我们倾向于把环境分成相对活动的主体（人、汽车）和相对稳定的背景（墙、房子、山）。如果我们把这个原理稍微扩展一下，我敢说，那我们就可以把一个对我们而言较重要的事挑出来，将它默认为这个画面的主体，而将所有其他事都降级为背景或我们所说的环境。

比如，如果你在等朋友，最后在人群中看到了她，那么她马上就会成为你注意的焦点——前景，余下的人自然就变成了背景。声音也是如此。我们能在一定范围内把我们想听或必须听到的声音默认为主体，把所有其他声音都推到背景当中。如果要用声音来重新建立这种主体—背景关系，我们通常会将“主角”的声音稍微放大一点，或让他的声音从背景中凸现出来。同样道理，我们自然可以将背景声的音量提高，让它成为主体并把其他声音降级为背景。

如你所知，在录音时将主声源（主体）与环境声（背景）分开，你在后期制作时便更易于灵活地掌握主体—背景关系。

**要点 9 声音的主体—背景原理指使某个声音或一组声音（主体）比环境声（背景）更大、更清晰。**

### 透视

声音的透视指特写应该配相对较近的声音，远景应该配听上去较远的声音。近的声音比远的声音更有表现力——这种声音给人的感觉很近。远的声音听上去给人的感觉很远。

但如果使用项挂式话筒，声音的这种变化就基本上不复存在了。这是因为，不管主持人是出现在特写镜头中还是在远景中，话筒离嘴的距离始终没变，声音完全相同。因此，如果改变声音的远近感非常重要，那就用吊杆话筒。吊杆话筒可以在特写时接近演员或表演者，而在拍摄远景时加大距离。这是解决潜在声音问题的一种简单方法。

## 要点 10 特写镜头需要的声音比远景镜头的更近。

### 连贯性

声音的连贯性在后期制作中特别重要。你也许已经注意到了，记者音质的变化取决于他是否在画面内说话。因此，记者会在出镜时用一种型号的话筒，在画外音时用另一种型号的话筒。此外，记者这时所处的环境恐怕也已经从户外换到了演播馆内，而这种话筒和地点的变化会导致音质上的差异。尽管你在实际录音时不太会注意到这种差别，但在对声音进行最后编辑时，这种差别肯定会特别明显。

怎样才能避免在连贯性上发生问题呢？首先，无论是出镜还是画外音，都用同一种话筒；其次，如果必要的话，将画外音与一些单独录制的环境声混录在一起。你可以在记者做画外陈述的同时通过耳机将环境声传输过去，帮助记者再现当时身处现场的那种能量。

声音还是建立视觉连贯性的一个主要因素。节奏清楚的音乐片段有助于将一系列画面很好地连接起来，但如果不加音乐，可能这些画面编在一起就不是很一致。在突然改变镜头和转场的时候，音乐和声音往往发挥着重要的连接作用。

## 要点 11 声音在保持镜头连贯性上发挥着重要作用。

### 能量

声音是否出色，这在很大程度上取决于你是否具备感知图像整体能量和相应调整声音音量和表现力的能力。世上没有能替代你的美学判断力而自行其事的音量表。如果你不想通过对比来达到某种特别效果，则应当使用与画面整体能量相似的声音来配合画面。**能量（energy）**指画面中在某种程度上表现美学力量的所有因素。显然，比起能量小的场面，如情侣在花间漫步，能量大的场面，如正在表演的摇滚乐队的系列特写镜头，更能承受能量大的声音。而且，正如你刚刚学会的那样，特写比远景在声音上更有表现力，能量更大。

## 要点 12 能量大的画面应当配能量大的声音；能量小的画面应该配能量小的声音。

尽管你现在还无法为摇滚音乐会的复杂拍摄设置话筒，操作大型调音台，但肯定能做一些简单的音频工作了，比如给采访或小组讨论设置话筒，在节目进行期间监听声音。不管怎样，对你理解的电视节目制作中声音的重要性，对你在各种音频设备和声音美学方面掌握的知识，Triple-I 的制作人员肯定会很满意。

### 再次重申，请记住：

**◎声音拾取原则**

话筒将我们听到的声音转换成电能——音频信号。

**◎话筒**

话筒按拾取声音的方式（即它们的指向性拾取特征）以及制造方法和使用方法来分类。

**◎指向特征**

全向话筒从各个方向拾取的声音质量相同；单向或心型话筒从正前方拾取的声音最好；锐心型话筒能消除来自侧面的声音，使远处的声音听上去显得更近。

**◎机械原理**

若按机械原理分类，话筒可以分为三大类：动圈式话筒（最结实）、电容式话筒（质量高但敏感）以及带式话筒（质量高、极其敏感）。

**◎使用方法**

若按使用方法划分，话筒可以分为四类：小型项挂式话筒，夹在主持人的衣服上；手持话筒，由主持人用手拿着；吊杆话筒，架在小型鱼杆式吊杆或演播馆吊臂组上；台式或落地式话筒，架在小型台式支架或笨重的可调节落地支架上。

◎**混音器与调音台**

混音器将输入的声音信号放大，控制各路声音的音量，然后通过指定的声道将它们混合（结合并平衡）在一起。外景混音器比较小巧，通常最多只有四路输入。调音台大得多，输入端口更多，每一路输入都有一个音量控制器和各种音质和声音选择控制器。

◎**模拟录音与回放**

质量高的一对一磁带录音机（ATR）使用的磁带因声道数量不同而具有不同的宽度。24 声道的磁带录音机一般采用2英寸带。模拟盒式录音机目前在电视制作中仍然很常见。

◎**数字录音与回放**

数字录音与回放设备包括数字音带（DAT）录音机、调制数字多轨（MDM）录音机、计算机光盘与工作站、压缩盘（包括读/写 CD）、数字通用光盘（DVD）与迷你光盘，以及数字驱动系统。

◎**合成声**

一旦声音被转换成数字形式，计算机便可以对其进行处理。生成计算机声音的设备，如键盘等，可以创造——即合成——自己的声音。

◎**声音美学**

声音美学的五大基本元素有助于你建立有效的音频—视频关系，它们是环境、主体—背景关系、连贯性、透视以及能量。

## 要点

☞话筒将声波转换成电能——音频信号。

☞（声音）拾取范围表明话筒能听清声音的这个范围，即话筒的指向能力。

☞对待所有的话筒都应该轻柔，即使话筒处于关闭状态也应该如此。

☞实录前一定要测试自己打算使用的那支手持话筒。

☞无线话筒（又叫电波话筒）容易受干扰。

☞牢记检查电缆上的连接器是否与另一端（诸如摄录一体机、混音器或其他录制设备）上的话筒输出/输入相匹配。

☞尽量将使用的电缆连接器和配适器数量降到最低，因为它们中的每一个都有可能给你带来麻烦。

☞声音和声音的混合全都可以靠计算机来生成。

☞声音的主体—背景关系原理指让某一个或某一组声音（主角）大于或有别于其他的声音（背景）。

☞特写比远景需要的声音表现力更多。

☞声音是创建镜头连贯性的一个重要元素。

☞能量高的画面应该与能量高的声音匹配；能量低的画面应该与能量低的声音匹配。

第 9 章

# 视频特技

## 重要术语

**C.G. 字幕机** （character generator 的缩写形式）一种专门用来生成各种字体和数字的小型计算机，其输出结果能直接与视频整合在一起。

**chroma key 色度键** 一种特殊的色度效果，它用一种颜色（通常为蓝色）作为主背景。在色键过程中，用背景画替换整个蓝色区域。

**digital video effects 数字视频特技** （缩写 DVE）计算机用大容量硬盘和特殊图形软件生成的视频特技。这种用于数字视频特技的计算机系统叫做图形生成器。

**ESS system 电子静止帧存储系统** （electronic still store system 的缩写形式）指为便于调取画面而将若干静止画面以数字形式存储起来的系统。

**key 嵌入** 一种电子特技，被处理的画面（图形——通常为文字）遮住部分背景画面，使之显出叠在背景画面上的效果。

**matte key 遮挡嵌入** 这种嵌入（通常为文字）用灰色或某种特定的颜色填充。

**morphing 变形** （metamorphosis 的简写形式）指用计算机将一幅画面逐渐转换成另一个画面（如男孩变形成男人，猫变形成狮子）。

**super 叠画** 指在同一屏幕上将两个画面叠加在一起。

**wipe 划像** 指一个画面好像从屏幕上将另一个画面抹掉（替代）而产生的效果。

你不仅已经知道摄像机是如何工作的，而且还知道怎样给镜头生成的画面构图。现在，你可以进而用自己的创造力来制作合成图像了，即合成电子处理画面或完全由计算机生成的画面。这些合成画面也许很简单，就像出现在背景画面上电子生成的标题，也许像计算机生成的、能随你视点的改变而变化的风景。虽然大部分图像仍然由像摄像机来提供，但合成图像在电视节目制作中的作用正变得日益重要。

**要点1 视频图像由镜头生成的图像与计算机生成的图像组合而成。**

参观Triple-I的“像素室”（原艺术部）似乎能验证这一个要点。在这里，你看不到通常所见的绘图板和被绘图本、油彩和装着各种画笔和铅笔的罐子霸占的乱糟糟的桌子，你能看见的是各种各样的计算机、大型显示器、大容量硬盘、电子绘图板、打印机、传真机、调制解调器和众多电缆电线。这里的艺术指导会告诉你，视频图形如今“已经由铅笔变成了像素”，整个电视节目制作已经变成了“一场新的球赛”。你当然能感觉到计算机处理或生成的图像在电视节目制作的每一个阶段都已经成了一种重要的元素。

本章将讲解模拟和数字图像处理以及合成图像制作的主要方面。

◎**标准电子视频特技**

叠画；抠像；色度键；划像

◎**数字特技**

数字图像处理设备；普通数字视频特技；合成图像创作与动画制作

## ◎标准电子视频特技

标准电子特技是通过一个电子切换台（见第11章）和一台特技效果生成器（SEG）来实现的，特技效果生成器通常内置于或连接在切换台上。许多特技现在已经变得非常常用，以至于已经不再“特别”了，而是成了标准电视用语的一部分，如（1）叠画；（2）嵌入；（3）色度键和（4）划像。

### 叠画

**叠画**（super）同时显示两个画面，其视觉效果如同双重曝光。在叠画的时候，你可以同时看到两个完整的画面（见图9.1）。（第11章将进一步解释如何利用切换台实现叠功能）叠只在中心点附近渐隐，在中心点前一点停止渐隐，显示叠出画面；在中点稍后一点停止渐隐，显示已经叠入的画面。

叠主要用来显示心理活动——如思想和梦——或让画面更复杂。你一定对这个（用滥了的）例子很熟悉，一张脸的特写上叠着各种梦的片段，例如，把两个芭蕾舞演员略有不同的画面叠加在一起，由此揭示动作的复杂和优雅。现在，这种合成图像本身有了意义。如你所见，你不再只是单纯地拍摄舞蹈，而是在参与舞蹈的创作。

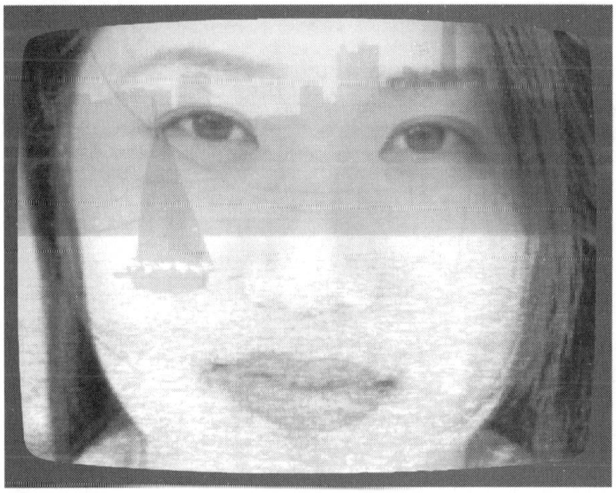

**图9.1 叠画**

叠画像二次曝光一样，同时显示两个画面。

## 要点2 叠画指同时在画面上叠放两个图像。

### 嵌入

**嵌入（key）**是用电子手段将两个图像连接起来的另一种方法。但和叠不同的是，叠的时候你能透过覆盖在上面的画面看到被覆盖的画面，而嵌入的图像（俗称抠像——译者注）却是将背景画面的一部分彻底遮盖，使之看上去好像完全叠在上面。不过，也有矛盾的时候：有时为了显露背景画面，有些嵌入是部分透明的。

若想理解嵌入是如何工作的，不妨想象一下将名字用白色字母放在一幅风景画上面的情形。**字幕机（character generator）**在黑背景上生成白字的文字；演播馆摄像机提供风景画面。字幕机生成的文字叫做**嵌入源（key source）**，摄像机生成的风景画面构成背景画。背景画面将文字周围的黑区全部替换掉，但不会覆盖文字本身。这种特技效果看上去是文字叠在风景上（见图9.2）。如果不用字幕机，你也可以将白色文字画在黑卡片上，用另一台摄像机拍下来。现在，将镜头对准文字卡的摄像机而非字幕机变成了嵌入源。

如果不嵌入文字，当然也可以将其他电子图像嵌在背景画面上，如分割屏幕的线条、突出特定图像的边框等。

由于嵌入过程存在着一些技术上的变种，因此它有很多不同——且往往让人感到混乱——的名字。你可能会听到有人换着使用这样一些术语：嵌入、遮盖、遮挡嵌入、色度键。在此，我们按它们通常的使用方法来对它们分类：（1）正常嵌入；（2）遮挡嵌入；（3）色度键。

**图9.2 嵌入的文字**

嵌入的文字好像贴在背景图像上。

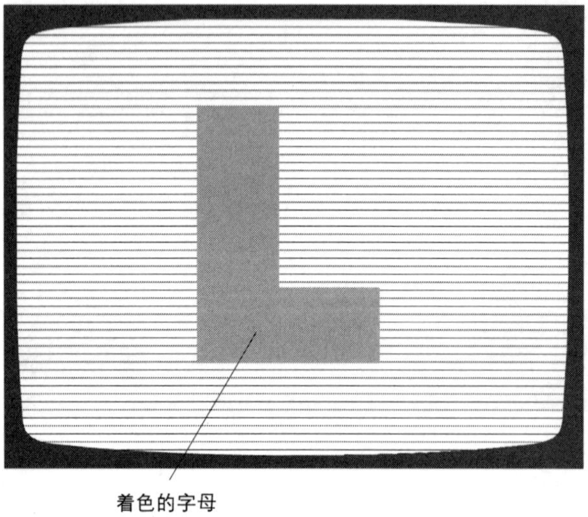


**图9.3 正常遮挡嵌入**

在正常遮挡嵌入中，用灰色或某种具体的颜色填充字母。

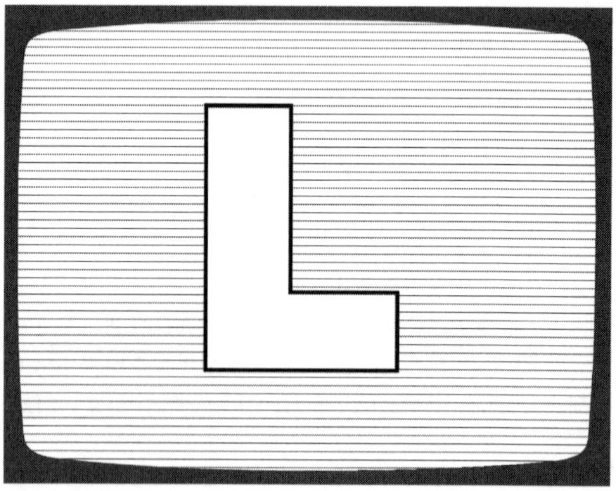

**图9.4 边线模式**

在勾边模式中，遮挡嵌入在文字周围做出黑边框，使得文字从背景中分离出来，更易于辨认。

**正常嵌入**　在正常嵌入模式下，只有两个视频源：背景画面和嵌入源。正常嵌入只替代文字周围的全部黑区，使文字显得叠在背景之上。

**遮挡嵌入**　在遮挡嵌入模式下，要加上第三个视频源，这个视频源要么由切换台生成，要么来自外部视频源。在大多数情况下，**遮挡嵌入**（matte key）指用各种颜色或灰色填充文字，或指让文字显出不同边框（见图9.3）。遮挡嵌入能在文字周围做出各种边框，这些边框可细分为边线模式、阴影模式和轮廓模式（见图9.4、图9.5、图9.6）。

**图9.5　阴影模式**

附加式阴影给文字增加了立体感，使其进一步从背景中分离出来。

**图9.6　轮廓模式**

在轮廓模式中，你只能看到文字的轮廓线。轮廓模式要求的背景比较简单。

**要点3　嵌入信号源切入背景画面，使嵌入的文字显得像叠加在背景画面之上。**

**色度键**　用**色度键**（chroma key）的时候，将键入的主体或客体放在单色背景前面，常用的颜色为蓝色或绿色，这主要是因为皮肤色调中明显没有这些颜色。色度嵌入比较典型的一个例子为天气播报员。看上去，天气预报员似乎站在一张大大的气象图前预报天气，但实际上他是站在一块纯蓝色的（一种均匀的、饱和的蓝色）背景前面的。气象图则通常由计算机生成。在嵌入的过程中，用气象图替换蓝色的背景，这样，天气播报员便好像站在气象图前面一样了。当他转过身，指着地图上不同地区的时候，他看到的实际上不过是一块纯蓝色的背景而已。为了使他的手势同气象图的"背景"协调一致，他必须看着显示整个嵌入效果的监视器（见彩插6）。

由于在这个例子中所有的蓝色都将被气象图替换，因此天气播报员不能穿戴任何蓝色的、与背景颜色相近的东西。比如，假设播报员穿了一件蓝色的毛衣，那么在色度嵌入时，我们看到的就只会是他的头和手——他的衣服会像背景一样被气象图给替换掉。实际上，通过这种方式，色度嵌入能达到特殊效果。例如，如果你用做色度嵌入的蓝色材料盖住一位舞蹈演员的上身和头部，让她在蓝色背景前跳舞，那么嵌入时就将只显示她的腿在跳舞。

你也可以用色度嵌入技术来模拟各种不同的背景。比如，你只要在做色度嵌入的背景前放一张桌子和一把椅子，就可以模拟透过办公室窗户看到的壮丽景色。这种嵌入特技的好处在于，你能避免让人在明亮的窗户衬映下形成剪影这种难以克服的布光问题（见第7章）。

色度嵌入，在电影制作中也叫蓝幕技术，在电影特技中应用非常广泛。在这种情况下，首先通过高质量的电子机器（用高清晰摄像机拍摄或计算机生成）将特技效果录在磁带上，随后再转到胶片上。

还可以用其他颜色来做色度嵌入，比如绿色。如前所述，之所以在色度嵌入中常用蓝色和绿色，其原因就在于它们是皮肤或头发中没有的颜色，但蓝色和绿色的眼睛怎么办？它们会不会在整个嵌入过程中让背景透过来呢？会的，如果它们恰好处于大特写镜头中，这种情况就可能发生。这时，应该让演员戴一副不同颜色的隐形眼镜。所幸的是，即使是蓝色或绿色的眼睛，通常也会反射很多其他颜色，不至于让背景信号透过来。

**要点 4　色键嵌入时，所有蓝色或绿色背景区都将被嵌入的背景图像所替代。**

## 划像

划像的时候，视频图像的一部分或全部逐渐被另一个图像所替代。划像有各种各样的图形配置，通常用图标（用图形来代表划像的外形特征）显示在切换按钮上，这些按钮能帮助你预先设特想要的划像模式（见图 9.7）。

最常用的划像模式为水平划像和垂直划像。在水平划像中，第二个图形从一边逐渐替换原来的图形（见图 9.8）。分屏只不过是一种在屏幕中间停止的水平划像。分屏大多通过数字特技生成，比起模拟划像，它更能控制图像分割的尺寸。在垂直划像中，第一个图像被第二个图像从上至下或从下至上逐渐替换（见图 9.9）。

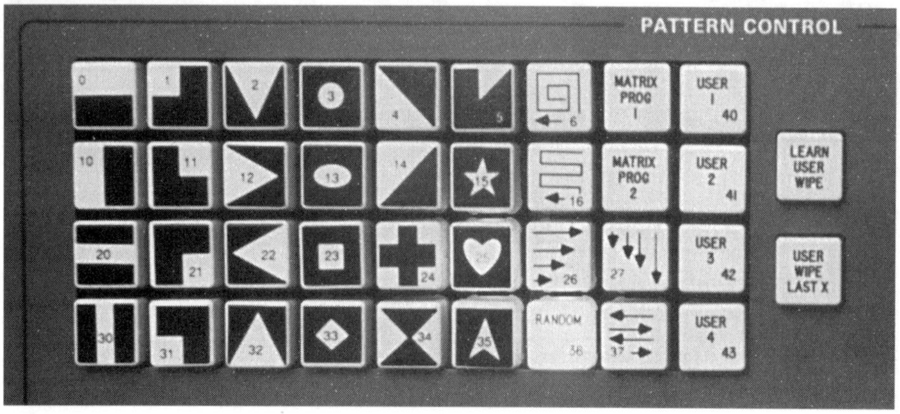


**图 9.7　划像模式**

切换台上有一组按钮显示默认的各种划像模式。高级制作系统提供的划像模式多达 100 种。

**图 9.8　水平划像**

在水平划像中，背景画面（A）逐渐被从一侧划入的画面（B）替代。

**图 9.9　垂直划像**

在垂直划像中，背景画面逐渐被从下向上或从上向下的另一个画面替代。

其他常见的划像模式有角划像，即第二个画面从第一个画面的一角切入开始划像；菱形划像，即第二个画面从第一个画面的中心切入，以空心菱形不断向四周扩展（见图9.10和图9.11）；软划像，两个画面之间的界限被有意模糊处理。

不要因为划像容易就毫无节制地使用。所有的划像都有清晰的过渡边界，因此必须与具体的视频材料特点和气氛相符。在新闻节目中用菱形划像来表现谋杀现场中的具体细节显然不合适；但若用在从一台新型计算机的中景向其大容量硬盘的特写过渡上，菱形划像却非常合适。在16 × 9高宽比的高清晰度电视上用划像尤其要小心。即使是在较小的屏幕上，划像走的距离看上去也显得很长，因此会变得非常醒目，有时甚至非常生硬。

**图9.10 角划像**

在角划像中，背景画面逐渐被从屏幕一角切入的另一个画面所替代。

**图9.11 菱形划像**

在菱形划像中，第一个画面逐渐被不断扩大的第二个菱形画面所替代。

**要点5 只在特技有助于简化或强化给定讯息时才用特技。**

## ◎数字特技

计算机极大地提高了我们处理镜头生成图像的能力，它所生成的静止或活动图像甚至可以在各个方面与高质量镜头生成的图像匹敌。**数字视频特技（digital video effect）**将普通的模拟视频信号转换成数字信号，创作出各种特技效果。数字视频特技设备基本上能抓取来自任何视频源（直播摄像机或磁带）的画面，将它转换成数字信息并存储起来，然后根据节目的现有条件加以处理，再根据需要对特技进行更改。为方便起见，我们只就数字图像处理和生成的四个主要方面进行简要的概述：（1）数字图像处理设备；（2）常用数字视频特技；（3）合成图像的创作；以及（4）动画。

### 数字图像处理设备

所有配置了大容量RAM（随机存取存储器）和储存能力的台式计算机都能处理视频图像，你所需的只是合适的软件。有三种系统能提高图形处理能力：（1）电子帧存储系统；（2）帧存储同步器和（3）台式计算机。

**电子帧存储系统（ESS）** 有了ESS系统，你便能抓取任何视频图像，将其数字化并存储到磁盘上。这些ESS系统能存储数千个画面，能像一台超快速幻灯机一样工作。你可以在一瞬间调用、显示并存储图像。如果图像是数字形式的，那么静止的画面还可以改变尺寸，缩放或与其他画面组接。

我们常在新闻播音员肩膀上方见到的框状物多半便是嵌入新闻布景背景中的数字画面。

**帧存储同步器** 即使用比较简单的数字视频特技设备，你所能做的特技也比出色的新闻报道所需的特技多。数字帧存储同步器的主要功能是稳定画面，并使两个不同的视频源保持同步，以免它们在从一个画面切换到另一个画面时卷起来。但有些数字帧存储同步器也可以用于简单的数字视频特技。有了帧存储同步器，你便可以使活动的画面定格，或将它改成马赛克，或让它以不同的速度一帧一帧地前进——即逐帧移动，或让它变成反转状态（将正片图像和负片图像混在一起）（见图 9.12 和图 9.13）。

**台式计算机** 前面提到，任何一台配置了充足内存和硬盘的台式计算机都可以进行令人惊奇的各种数字图像处理。你所需的就是配上合适的软件，而这种软件随手可得；那种通常被称为专业设备的**图形生成器**（**graphics generator**）只是存储空间更大，处理速度更快而已，但所用的软件其实与你在任何一家计算机商店里都能买到的完全相同（如 Adobe Photoshop 和 Aftereffects）。

## 常用数字视频特技

若想了解从模拟到数字的转换过程，可以想象一下照片是如何转换成马赛克的，如图 9.12 所示。图 9.12 中的视频帧（整个画面）代表模拟视频信号，显示出外形、颜色和亮度的连续变化。如果处理成马赛克，则这个画面可以被看成一系列的瓷砖，每一块瓷砖代表一个不连续的画面元素——像素。由于计算机能分别识别每一个像素，因此你现在可以告诉计算机拿掉哪一些、移动哪一些、用什么颜色来进行替换。一旦对处理的效果感到满意，便可以将画面存储到计算机里，以备来日之需。

**图 9.12 马赛克效果**

通过马赛克特技，画面变成了无数同样大小的方块，像马赛克瓷砖。在电子马赛克特技中，“瓷砖”的大小可以控制。

**图 9.13 反转特技**

反转特技是将同一主体的正片和负片图像组合到一起。黑线为两个图像交界点。

## 要点6 模拟图像在进行数字处理之前必须数字化。

更高级的数字视频特技设备则能改变图像的尺寸（文字或实景）、缩放、粘贴到立方体上、滚动、翻转、旋转、弹跳或从屏幕中飞过（见图9.14—图9.17）。

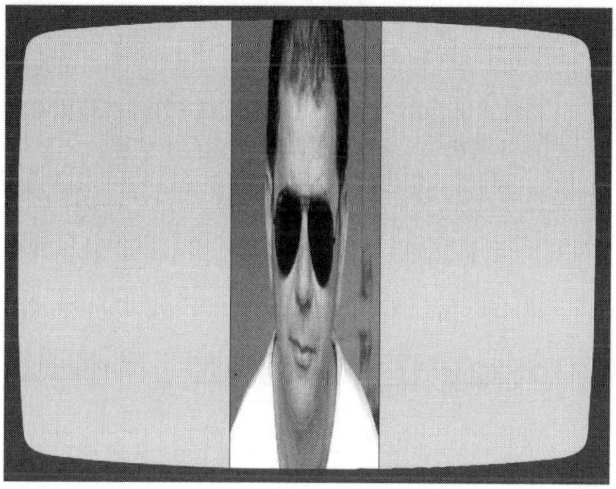

**图9.14 伸展**

伸展改变了画面的格式和画面内的图像。

**图9.15 立方体旋转**

在立方体特技中，画面好像被粘在了一个旋转的立方体的一侧。

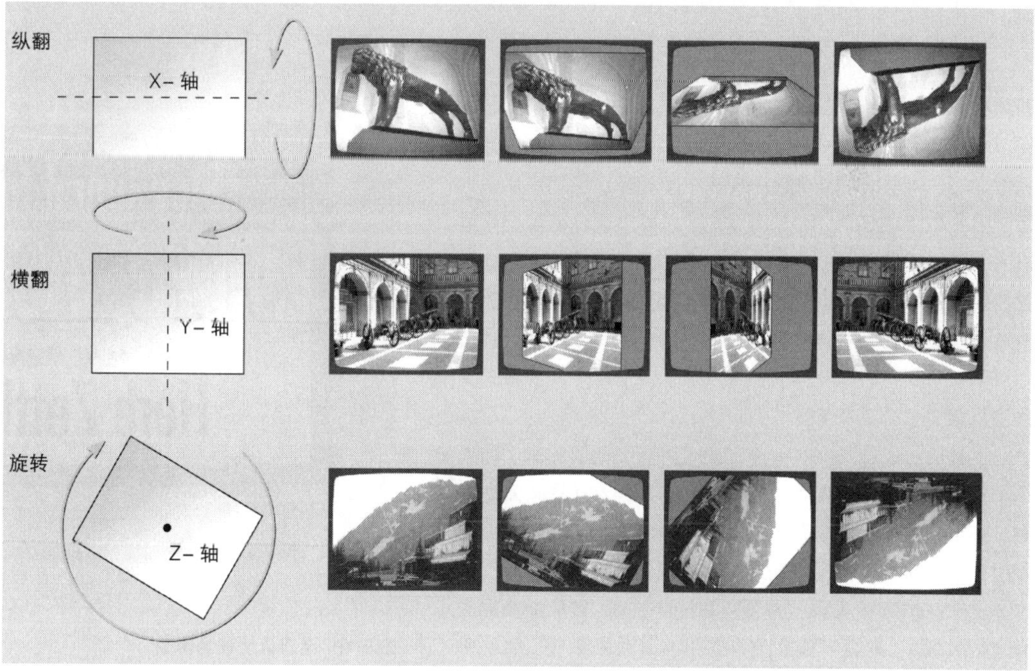


**图9.16 旋转特技**

画面可以纵翻、横翻或旋转。根据三维空间的正常X轴、Y轴和Z轴，绕X轴（水平轴）旋转的为纵翻特技；绕Y轴（垂直轴）旋转的为横翻特技；绕Z轴（纵深轴）旋转的为旋转特技。

图 9.17 飞行

在飞行特技中，画面从某个点放大直至扩展成整个画面，或收缩到屏幕上的另一个位置上。

## 合成图像的创作

除了能处理镜头生成的图像外，计算机还能在不使用摄像机的情况下自行生成大量形式各异的合成图像。这种合成图像既有简单的文字，也有复杂的动画片断，应有尽有，足以同精心拍摄和编辑的磁带素材相媲美。众多的软件程序能帮助生成各种各样的静止或活动图像。你应该还记得，Triple-I 的工作人员在像素间里有几台小型和大型计算机系统，专门用来生成合成图像。这些系统通常按其主要功能分为：（1）字幕机和（2）（较复杂的）图形生成器。

**要点 7　合成图像完全由计算机生成。**

**字幕机**　字幕机的作用是用来生成不同字体、字号（不同风格和大小）和色彩的文字和数字。无论是其外观还是操作方式，字幕机都像一台个人计算机，依靠简化的文字处理软件运行。典型的字幕机程序提供一个菜单，供用户从中选择文字和数字的字体、字号和颜色。你可以通过键盘把原稿输入、加上颜色、让它居中或将它移到显示屏的某个特定位置、插入或删除文字、上下滚动文字或向上慢慢移动文字，所有这些都只需几个简单的命令（见图 9.18）。通过切换台，你可以在节目进行过程中直接将文稿嵌入图像，或者将它保存到软盘上，以备修改。

字幕机可以提高文字创作的速度和灵活性。比如，如果你不喜欢某种字体或颜色，便可以在将其嵌入背景画面之前通过一个计算机指令将其改成其他字体或颜色。字幕机广泛运用于体育比赛的实况广播。在这种现场转播中，字幕机操作员一直在忙着输入队员的名字和统计数据（或从磁盘中调取这些数据）。高级字幕机还能创作小型图形演示，如块状图表或销售曲线。每一个完整计算机屏都由一个可以随机存取的页面构成。所谓的随机存取，指用户不必顺序通过第 1 页、第 2 页、第 3 页和第 4 页而直接调用第 5 页。

图 9.18 字幕机生成的图像

字幕机的作用是生成各种特定的文字。

录制标题：交通安全　　制片人 / 导演：Elan Frank

拍摄日期：4/15　　拍摄地点：Bonita 与 Crest 路十字路口

| 场次 | 镜头号 | 效果好坏 | 计时 # | 事件 |
|---|---|---|---|---|
| 1 | ① | OK | 0082 | 汽车驶过停车标志 |
|  | 2 | NG | 0094 | 录像机故障 |
|  | ③ | OK | 0251 | Z 轴镜头 |
|  | ④ | OK | 0463 | 摄像机摇过停车标志 |
| 2 | 1 | NG | 0513 | 行人离车太远 |
|  | ② | OK | 0766 | Z 轴镜头不错 |
| 6 | 1 | NG | 0992 | 球在街上滚得太快 |
|  | 2 | NG | 1332 | 球出现得太晚 |
|  | ③ | OK | 1371 | 球滚到车前 |

**图 10.13 场记**

现场场记由录像机操作员在制作期间进行记录。它通常会标明各个场景和镜头的编号、录像机计数器上的数字或时码、镜头的好坏以及拍摄的内容。这有助于在后期预览时找出各个磁带和镜头的位置。

**要点 6　给所有素材母带制作一份保护性备份。**

## ◎非线性存储系统

不管存储在录像带上的视频信息是模拟的还是数字的，你都只能按顺序读取：比如，在到达第 27 个镜头之前，你必须先经过前面的 26 个镜头。和线性录像系统不同，**非线性存储系统**（nonlinear storage system）可以随机读取。当这种数字信息存储到硬盘或某种可读写光盘上时，你便可以直接读取第 27 个镜头：不用等磁带卷到想要的那一帧。不管它存在磁盘的哪个位置，你都可以在一瞬间将它调出来。无论是第 27 个镜头还是第 327 个镜头，都可以像第一个镜头那么快速而轻松地读取。这种对每一帧数字化画面的随机读取使后期编辑得到了彻底的改观，我们将在第 11 章进一步探讨这方面的问题。

**要点 7　非线性数字存储装置允许随机和即时读取每一帧画面。**

使用非线性数字图像的问题是，这种高清晰度的全屏图像需要大量的存储空间，尤其是在处理活动画面的时候。不过，新的技术突破和设备已经能将越来越多的信息压缩到越来越小的存储装置上。目前，最流行的非线性数字存储装置有:（1）计算机磁盘;（2）电子静止帧存储系统;（3）可读写光盘以及（4）CD-ROM和DVD。

### 计算机磁盘

由于视频和音频信息可以数字化，因此可以把它存储在任何类型的计算机磁盘上。计算机并不知道自己所存储的磁脉冲代表的是蒙娜丽莎的复制品还是你的收支记账单。只要你想存储的画面处于静止而非活动状态，你就可以将大量视频画面存储到较小的磁盘上，如Iomega压缩磁盘。活动画面需要的存储空间非常大。你只要想想1秒种的图像由30帧画面构成，就能明白为什么尽管现在有大容量的硬盘，但为了高效存储和传送活动图像，还是要用某种方式压缩图像。

好在各种压缩方法能让我们将越来越多的信息塞进不断变小的磁盘里。请回忆第3章关于无损和有损压缩以及公文箱的例子。无损压缩只是在磁盘上找到闲置空间，然后将信息以尽可能合理的顺序加以排列；有损压缩则删除了所有不重要的或冗余的信息，通常从原来载有它的一两帧画面中借用一点被扔掉的信息，然后在必要的时候进行复制。

### 电子静止帧存储系统

正如第9章所讲，电子静止帧存储系统能存储大量静止画面，并能在几分之一秒内显示所存储画面中的任何一幅，即使最简单的系统也能在一张 $2 \times 2\frac{1}{4}$ 英寸的软盘上存储50多幅低清晰度和25幅高清晰度静止画面。大系统存储的静止画面甚至多达几千幅。实际上，非线性编辑系统基本上是大型电子静止帧存储系统。这种编辑系统无法存储活动画面，但能存储大量的单幅文件。

### 可读写光盘

这些光盘能让你“读”（回放）先前录制的素材和“写”（录制）新素材，如同用录像带录放。和音频CD或CD-ROM一样，可读写光盘用激光束读取信息。它们的尺寸和精度各不相同。即使是一张小的可读写光盘（约680兆），这种大小也能让你记录并回放约70分钟的数字音频和大量的活动图像。此外，这种光盘优于录像带的好处是，它能随机读取，便于存储，不会因为多次使用而损坏。

### CD-ROM和DVD

如你所知，光学CD-ROM是只读磁盘。和音频CD一样，它上面的数字音频和视频信息能永久记录在上面。与可读写光盘不同，CD-ROM上的信息不能删除，也不能再在上面记录新素材。它在尺寸上和音频CD一样（直径约 $4\frac{1}{2}$ 英寸），而且能容纳650兆字节的视频和音频信息，简直令人惊奇。这种CD-ROM主要用于台式计算机，可以存储大量信息，如一整套包括文本和插图在内的大百科全书，或配有地图的旅行见闻演讲。大多数台式计算机配有内置的CD-ROM驱动器；其他计算机也都可以外挂外置驱动器。

正如我们在第8章中讲解的那样，DVD是一种高密度的只读存储装置，能存储4.7G字节的内容——全都储存在普通CD-ROM一样大小的磁盘上。有了可读写的DVD磁盘，DVD就会成为存储和备份视频和音频素材的理想装置。

## ◎视频录制的用途

录像的最初目的是为了临时存储现场无法中断的电视节目，以便重复播放或参考研究。但现在，我们则利用录像通过后期编辑小心地组织各种视频节目和计算机生成的图像。

作为一个领域，录像已经远远超出了生产广播或有线电视节目的范围，变成了一种重要的人际交流媒介。摄像机的普及程度已经赶上了照相机，而且，用录像机在不方便时录节目，以及在家播放电影和各种事先录制好的节目也已经成了司空见惯的事。台式视频通常指在后期制作中对普通台式计算机和简单编辑软件的应用，现在已经变成了一种重要的视频制作工具（关于台式视频，我们将在第11章进一步加以讨论）。计算机与视频的结合导致了另一些重大新生事物的产生：活动视频和多媒体。尽管活动视频和多媒体还在很大程度上依靠基础的视频制作，但它们自身的能力已经使它们变成了重要的交流媒介。下面的概览列出了它们的主要特性。

### 互动视频

**互动视频**（interactive video）是一种观众可以在某种程度上控制收看内容和收看方式的媒介。在互动模式下，观众不再是被动的，而是变成了交流过程中的积极参与者。

即使在最简单的互动视频形式中，这种互动性也能让用户从现有清单中选择节目。假如作者愿意写两三个不同的结尾，那么用户还可以在某种程度上决定这个故事怎样结尾。家庭购物和视频游戏是众所周知的另一些互动视频形式。

若是充当培训装置，互动视频则可以显示复杂的交通状况。而你，作为驾驶员，则有可能被（出镜或旁白）问及如何避免车祸；然后，精心制作的互动程序会向你演示你的回答会带来什么结果。如果程序比较简单，你马上就会知道自己的回答是对还是错。又或者，在看过显示百货商场中不同购物者的若干场景之后，要求你认出其中的偷窃者，计算机随后会给你显示真正的罪犯是谁。

在互动视频中，最重要的进步是电视与互联网的结合。现在，你可以不再分别用不同的设备——用电视机看电视，用配有调制解调器的台式计算机读取信息。一台电视即有计算机的很多功能，而计算机也可以当成小电视来看。这种结合最突出的优点是，可以利用现有的电缆系统来传输数字信号。即使与过去最好的电话线相比，同轴电缆和光纤电缆系统传输大量数字数据的速度也快得多。这种大容量、高速传输系统的好处是，互联网不再局限于显示静止或粗糙的活动图像，而是能将其数据库扩展成真正的活动图像。

**要点8 互动视频让观众体验选择的即时反馈，兼具电视功能与台式计算机的互动性。**

## 多媒体

**多媒体（multimedia）**指对文本、静止或活动图像与声音的显示。多媒体节目录制在CD-ROM和DVD上，必须通过个人计算机用适当的驱动器或DVD机来播放。这些节目广泛应用于信息、教育和培训节目以及各种演讲中，当然还有娱乐。许多电影都可以通过DVD来看。和普通的VHS磁带相比，DVD录制的好处不仅在于它出众的视频质量，还在于它出色的音频质量。DVD记录特别适合大屏幕观看。

## 再次重申，请记住：

◎**基于磁带和磁盘的录制系统**

基于磁带的系统可以记录和回放模拟与数字视频/音频信息；基于磁盘的系统只能记录和回放数字信息。

◎**录像带磁迹**

所有的磁带录像机（VTR）都采用分离的磁迹来记录图像与声音，其基本磁迹中的视频磁迹记录图像信息；音频磁迹记录声音信息，控制磁迹记录同步脉冲。有些磁带录像机还用另一条磁迹来记录地址码。很多数字式VTR可以在每一条磁迹上记录视频、音频、控制和密码信息。

◎**合成系统与分量系统**

NTSC标准是一种合成系统，将图像信息的色彩信号（C）与亮度信号（黑白，即Y）混合成一个合成信号；而色度/亮度分量系统则将色度信号与亮度信号分离，有时又叫做Y/C系统。RGB分量系统在整个记录过程中一直使色度信道与亮度信道处于分离状态。RGB系统的一个变种是Y/色差系统，这种系统在传输和记录信号时采用更窄的带宽。

◎**录像机的种类**

录像机主要分为两大类：模拟录像机和数字录像机。虽然这两种录像机以磁带作为自己的记录媒介，但它们之间彼此并不兼容。这就意味着数字录像机无法回放模拟录像带，反之亦然。每一种类型的录像机制式在质量和磁带格式上都有很大的差别。

◎**时基校正器**

若想保证回放、复制和编辑的电子平稳，必须使用时基校正器。与帧储存同步器一样，时基校正器能在录像和回放过程中使本不同步的扫描循环达到同步。大多数高端录像机具有内置时基校正器。

◎**磁带格式**

磁带格式（过去指磁带的宽度）并不能说明录制质量的好坏。有些数字记录系统使用小1/4英寸磁带，但其记录质量却超过使用1/2英寸带、甚至更宽带宽的模拟录像机。并非所有的磁带录像机都使用相同的盒式磁带，而且，相同的带宽也并不意味着这些磁带就一定可以在所有的系统中相互兼容。

◎**磁带记录过程**

在录制的前期、中期和后期，都有一些必须遵守的重要程序。

◎**非线性存储系统**

与磁带系统（模拟或数字）不同，非线性系统可以随机读取已记录的内容。若是存储在硬盘、可读/写光盘、CD-ROM或DVD上，则可以任意即时读取其中的某一帧。电子静止帧储存系统（ESS）可以存储数千幅静止图像，并可以在现场直播或录播时实现快速读取。

◎**互动视频与多媒体**

互动指观众对屏幕上播出什么内容拥有一定的控制权。互动教学节目给学习者提供多种选择，然后，要么肯定其选择，要么指出其错误所在。互动电视使在家收看节目的观众得以对节目选择实施一定的控制，有时甚至能对节目内容实施一定的控制。电视有线服务的投入使用以及电视与计算机的结合，给观众提供了一种新的、更广阔的互动体验。

多媒体指计算机上同时显示文本、静止和活动画面以及声音。这些互动节目以CD-ROM和DVD的形式发行，现在已广泛应用于信息、教学和娱乐领域。

## 要点

☞ 录像磁带既可以记录模拟与数字视频信号，也可以记录音频信号以及其他为使磁带正常工作而必需的信息。

☞ 以Y/C分量、RGB分量或Y/色差分量信号格式录制的录像带无法在合成格式（NTSC）的设备上播放。

☞ 一定要检查盒带格式是否与录像机的格式相符，检查盒带保护片是否处于录制位置。

☞ 磁带片头必须由制作时实际使用的设备来生成。

☞ 在录制过程中一定要做好准确的场记，并给所有的磁带贴上标签。

☞ 一定要给所有的原始素材带制作保护性备份。

☞ 非线性数字存储装置可以随机读取，而且几乎可以做到即时读取任意一个视频帧。

☞ 互动视频使观众得以实现多种选择并能立即得到反馈。互动视频兼具了电视的功能和台式计算机的互动性。

第 *11* 章

# 切换与后期编辑

## 重要术语

**assembly editing 组合编辑** 将镜头连续录在录像带上而非事先录制编辑母带上的控制磁迹的做法。

**downstream keyer（DSK） 下游键** 能在画面（输出信号）离开切换台时将文字切入画面上的控制键。

**edit controller 编辑控制器** 辅助执行各种编辑功能（如标记编辑入点和出点、卷动源录像机和编辑录像机以及特技整合等）的机器。通常为一台装有特殊软件程序的台式计算机。也叫编辑控制单元。

**EDL 编辑决策列表** 说明以时间码来显示的编辑入点、出点和镜头之间衔接方式的清单。

**effects bus 特技总线** 可以为视频源选择某种特技的一排键钮。一般与切换到特技功能的合成台相同。

**fader bar 叠化推拉杆** 切换台上启动预置装置，产生不同速度的淡入淡出、叠画、渐隐渐现、嵌入和划像的控制杆。

**insert editing 插入编辑** 产生高度平稳的编辑。要求事先在编辑母带上预先录制黑场并铺上连续控制磁迹。

**key bus 嵌入总线** 用于选择插入背景画面的视频源总线（键钮组）。

**linear editing system 线性编辑系统** 使用录像带作为编辑介质，不能对镜头进行随机读取。

**M/E bus 合成/特技总线** 执行合成或特技功能的一组键钮。

**mix bus 合成总线** 能让视频源在淡入淡出或叠画时执行合成功能，在播出中进行切换的主要几组键钮总线。

**nonlinear editing system 非线性编辑系统** 能随机读取镜头的系统。视频和音频信息以数字形式存储在计算机磁盘上。

**off-line editing 脱机编辑** 不生成编辑母带的编辑过程。设备用于生成粗剪或编辑决策列表。

**on-line editing 联机编辑** 生成最终的高质量编辑母带。联机编辑采用高品质的录像机。

**preview bus 预览总线** 能在另一台监视器播出的同时将输入信号传到预览监视器的键钮组。

**program bus 节目总线** 切换台上将输入直接切换到线路输出的总线（键钮组）。

**pulse-count system 脉冲计数系统** 一种计数控制磁迹的脉冲并将这种计数转换成时间和帧数的地址码。也叫控制磁迹系统（control track system）。

**SMPTE time code SMPTE 时间码** 特别生成的、用特定数字（时、分、秒和帧）标记每一帧图像的地址码。这种时间码的正式名称为 SMPTE/EBU（欧广联）。

**window dub 窗口拷贝** 把素材带复制到低档磁带格式上，每帧上嵌有地址码。

你刚刚掌握了视频录制方面的一些重要术语，现在又要面对切换与后期编辑方面术语的轰炸，诸如：下游键、线性与非线性、联机和脱机、编辑决策列表（EDL）、一对一编辑、窗口拷贝、组合编辑与插入编辑等。

不过别害怕，一旦你具备了一点实践经验，亲手做了一些切换或后期编辑工作，这些词语便会很快成为你日常制作语言中一部分。记住，所有这些术语和让人眼花缭乱的各式编辑设备不是为了使你的生活变得更复杂而存在的，它们存在的目的是为了帮助你实现第12章中将要谈及的美学和有效的连续画面。本章将对一些基本的编辑技巧进行讲解。

**◎切换或即时编辑**

基本切换台的布局；多功能切换台与切换操作

**◎后期编辑**

线性编辑系统；组合编辑与插入编辑；非线性编辑系统与编辑步骤；编辑准备；脱机与联机编辑步骤

## ◎切换或即时编辑

切换指在拍摄制作的同时用不同的转接方式（切、淡入淡出和划像）选择和连接不同的视频源（如由两三台摄像机提供的画面）。现场切换台主要用于多机演播馆制作或大型现场制作，这无疑给即时编辑提供了可能性。此外还有主要用于后期制作的切换台，其功能与其说是镜头的选择器，不如说是两个镜头之间的转换器。

**要点1 切换即从多个现有视频源上进行同步即时的编辑。**

本部分将对以下内容展开详细的讨论：（1）基本切换台的布局；（2）多功能切换台以及（3）切换操作。

### 基本切换台的布局

在演播馆和大型转播车里，你都会看到现场切换台，这是一种专门用于即时编辑的切换台。乍一看，现场切换台看上去就像一台大型调音台一样纷繁复杂，但其基本的设计原理却与普通调音台相似，相对来说比较简单。

Triple-I的技术指导认为，理解切换台功能的最佳途径就是自己亲手组装一台切换台，至少在理论上组装一台。于是，他坐下来和你一起开始画实现普通切换台功能所必须的那些键和推杆。

**节目总线** 若要选择并组接某些镜头，你需要几路视频输入。如果你只有两台摄像机，且只想从一台机器切换到另一台机器（即时切换），那么两个切换键即可实现这些功能：一个切入1号摄像机，一个切入2号摄像机。按下C-1（1号摄像机）键，1号摄像机即切到播出状态——它被送到播出线，随后录在磁带录像机上，同时/直接发射出去。

但你也许希望从另一些视频源上选择信号，这些视频源在切换台上标示为VTR、CG和rem（遥控），这样，你在切换台的键钮组中便有了五个键，即**总线（bus）**。若想快速将图像隐掉或切换到黑场，则还需要一个键，即**黑场键（blk button）**。现在，切换台上的一路总线中已经有了六个彼此独立的键。按下黑场键之外的任何一个键，指定的视频源就会播出；而黑场键则使信号停止播出（实际是黑场键选择了黑色视频信号）。这条将选定视频源直接送到播出线的总线叫做**节目总线（program bus）**（见图11.1）。

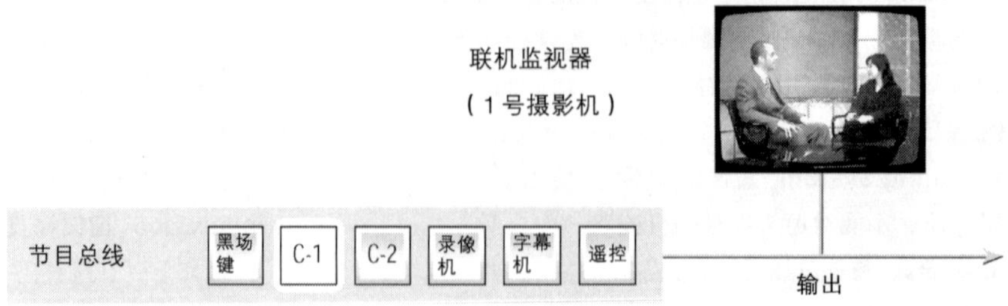


**图11.1 节目总线**
被推到节目总线上任意一路的信号都会直接送到播出线上。

**合成总线** 如果现在想把两路视频源合在一起（如淡入淡出），那是否还要再加两条总线和一个逐渐将甲画面转变成乙画面的推杆？是的。这些即是**合成总线（mix bus）**。将一条总线切换到另一条总线的推杆是**操纵杆（fader bar）**。你看，这个"简单"的切换台正在一点点地变大，一点点地变复杂。现在，你有了一台带三条总线的切换台，有了节目总线和两条合成总线。请注意，节目总线现在还需要一个键，合成键。有了这个键，你便能将节目总线转换成合成总线（见图11.2）。

**预览总线** 在播出选定的镜头之前，你肯定想看看镜头剪切得是否合适——组接是否满足了美学上的连贯性或复杂性编辑要求（下一章将对此加以讨论）。你或许还想看看叠画合成的两幅画面是否恰倒好处。预览需要更多的切换键和监视器，以便查看自己选择了哪些视频，最终将播出什么图像。要想预览这些信号源，只需在附加总线上加入节目总线的键即可，贴切地说是**预览总线（preview bus）**（见图11.3）。你看，键和总线的数量大大增加了。但由于你现在知道了这些键的用处，因此你再也不会像刚刚看到真正的切换台时那么不知所措了。

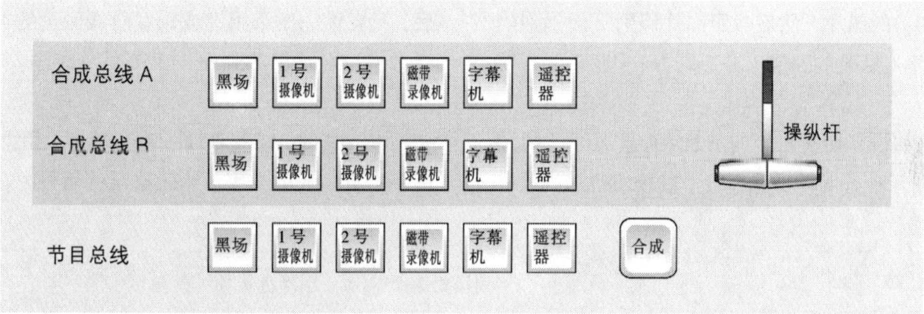


**图11.2 带合成总线与操纵杆的节目总线**

合成总线（A和B）能合成两个视频源，如同在淡入淡出和叠画时做的那样。操纵杆在从一端滑向另一端时逐渐启动总线A或总线B。节目总线上有一个附加键（合成键）将切换总线转换成合成总线。

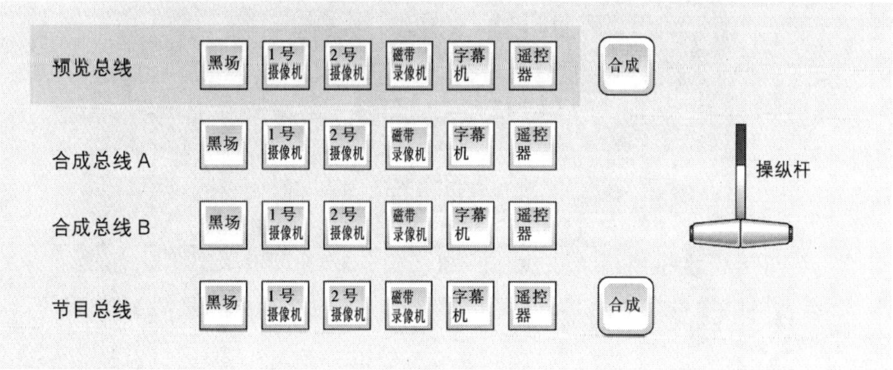


**图11.3 预览总线**

预览总线能让你在信号源和特技播出之前进行预览。预览总线和节目总线一样，只是它输出到预览监视器，而不是播出线。

## 多功能切换台

为了使切换台不致变得太大，同时将总线和操纵杆的数量维持在便于操作的最低范围内，总线和操纵杆在制作时往往即被赋予几种功能。节目总线和预览总线（这里称之为预置总线）不是做成各自独立的合成总线，而是组合成合成/特技总线，或M/E总线，用来完成两种功能。节目总线还可以充当背景总线，为嵌入总线给出的嵌入特技提供背景。例如，如果你想把自己的名字嵌入某个镜头的话，就要在节目总线上输入该镜头，并在嵌入总线上输入特技文字（你的名字）。预置（预览）总线和节目总线也可以充当效果转换的输入源，如划像。请看图11.4给出的简单多功能切换台（Grass Valley 100）的图片，然后参照图片识别下面提到的各种总线和控制键（见图11.4）。

**节目总线** 比如说，切换台上的节目/背景总线（如图11.4中央的总线所示）有四种功能：（1）直接切换总线，即无论你在节目总线上输入什么，它都会输出到输出线上并播出；（2）充当临时合成总线A，其下面的预置总线充当临时合成总线B。在这种“合成”模式中，你可以在节目总线和预置总线之间将操纵杆从一端推拉向另一端，以此来完成淡入淡出、溶入溶出和叠画；（3）充当临时**特技总线A（effects bus A）**，用预置总线代表临时特技总线B；（4）为节目总线上嵌入总线选定的嵌入源（如文字）提供背景。在特技模式中，你可以在节目总线（A）和预览总线（B）所提供的视频源之间实现若干划变完成过渡。

**预置总线** 预览总线即现在所说的预置总线。因为无论你在这条总线上输入什么，它都会显现在预览监视器上，然后，只要你一按采用键或预置总线旁边的自动切换键，它就会替换正在播出的画面（由节目总线输入）。

**嵌入总线** 嵌入总线（key bus）用来选择嵌入源，如由字幕机生成的文字。然后选定的信号源在背景画面上（节

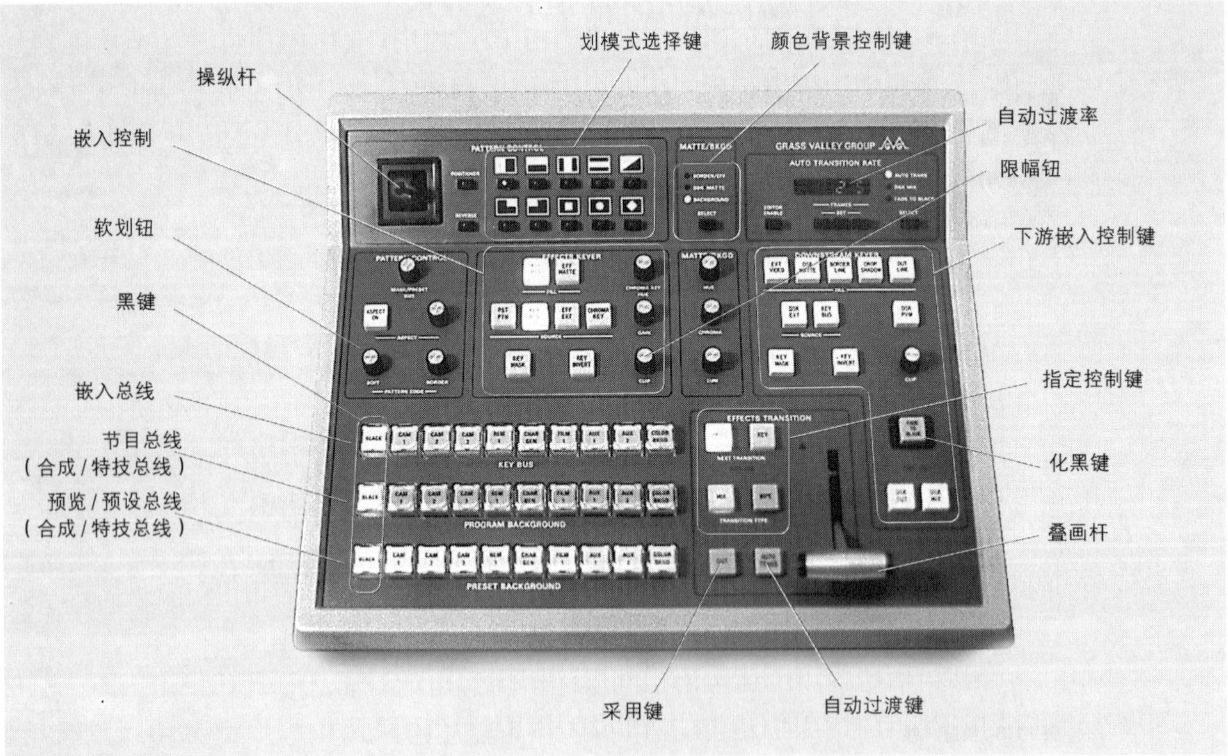


**图11.4 多功能切换台**

这个多功能切换台（Grass Valley 100）只有三条总线：一条预览/预设总线、一条节目总线和一条嵌入总线。但你可以指派节目总线和预览/预设总线承担M/E（合成/特技）功能。

目总线输入的 1 号摄像机拍摄的舞蹈者画面）通过电子手段切一个孔，然后再用填孔的画面（由字幕机提供的白色或彩色文字 L）或其他信号源（如摄像机提供的粗麻质地画面）填充这个孔（见图 11.5）。

**指定控制键**　节目和预置总线的各种 M/E 功能通过切换台上特技 / 过渡区的指定键来实现。比如，按操纵杆旁边的合成键，意味着给两条 M/E 总线（节目和预置）指定了一个合成功能，现在，你可以从节目总线（M/E 总线 A）输入的画面溶出到预置总线（M/E 总线 B）输入的画面上；按合成键旁边的划变键，可以从节目总线的信号划到预置总线输入的信号。这两条总线现在变成了特技（划变）总线。

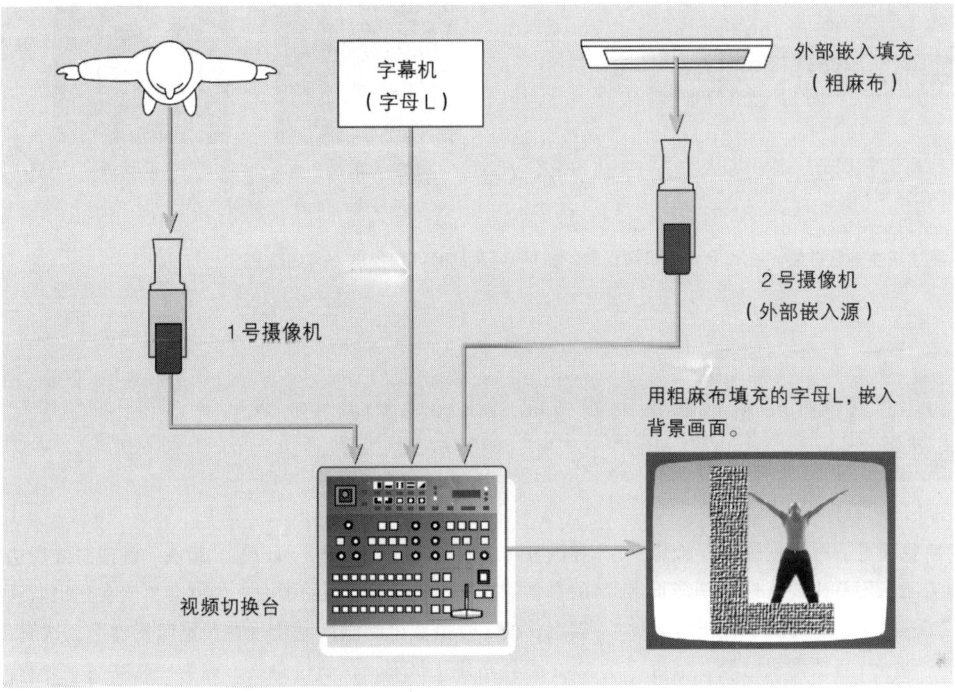


**图 11.5　嵌入图像**

在这个例子中，字母 L 由字幕机生成并嵌入 1 号摄像机提供的图像上（舞蹈者的背景画面）；
2 号摄像机聚焦在粗麻布上，提供填充在剪切出的字母上的信号。

## 要点 2　切换台可以选择若干视频输入，即时生成各种过渡和特技。

### 切换台操作

现在，轮到你来按几个键，了解如何进行切换了——选择不同的视频输入，完成不同的过渡和特技。

**使用节目总线：只切换**　略为回忆即可发现，节目总线基本上是一个为播出选择视频源的切换选择装置，只要打开切换台的电源即可实现其功能。如果选择向从同一个视频源进行切换，比方说从 1 号摄像机 C-1 切换到 2 号摄像机 C-2，如果 C-1 已经在播出（C1 已经按下），则只需按下 C-2 键即可。遗憾的是，在输出监视器上，你只能看到正在播出的图像：即按下 C-2 之前 C-1 的画面和之后 C-2 的画面。不管你将图像切到哪儿，预置 / 预览监视器始终都是黑场（见图 11.6）。

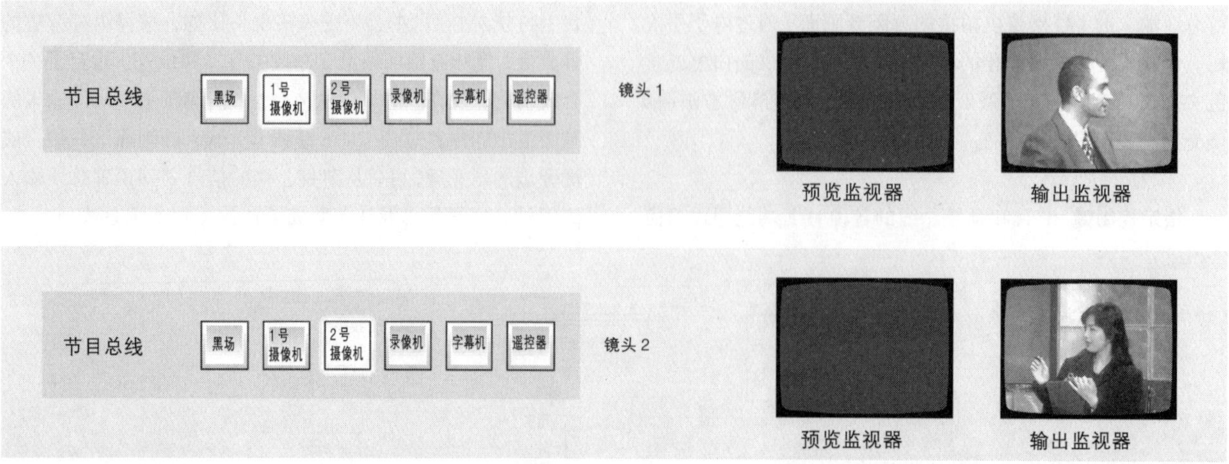


**图 11.6 在节目总线上切换**

若在节目总线上进行切换，只能通过切换进行过渡。在 1 号摄像机播出时，按下 C-2 键即可切换到 2 号摄像机。

**要点 3 节目总线将所选的视频输入直接送到输出线上。它是一个只具备切换功能的装置。**

**使用合成总线：切换** 如果想预览下一个视频源，或想溶到 C-2（合成）而不是切到 C-2，则首先要将合成功能指定给两条总线。在切换台上（Grass Valley 100）按下背景键和合成键即可完成这一操作。假设 1 号摄像机已经在节目总线上，现在若想从 1 号摄像机切到 2 号摄像机，在导演喊"2 号准备"时，将 2 号摄像机切到预置总线（现在是 M/E 总线 B）。这样，2 号摄像机的图像就会送到预览监视器上，而 1 号摄像机仍然在输出监视器上（告诉你 C-1 正在播出）。在导演发出 2 号镜头的命令时，可以按"镜头"键或总线旁边的自动切换键，2 号摄像机的画面立刻就会出现在输出监视器上，而 1 号摄像机的画面则出现在预览监视器上。这时，C-2 键会充分亮起来，在节目总线上称为"高亮"；而预置总线上的 C-1 按钮则会"低亮"（只亮一半）。如果此时你又按下"镜头"键，1 号摄像机的画面播出，2 号摄像机的画面则出现在预览监视器上（见图 11.7A 和 11.7B）。

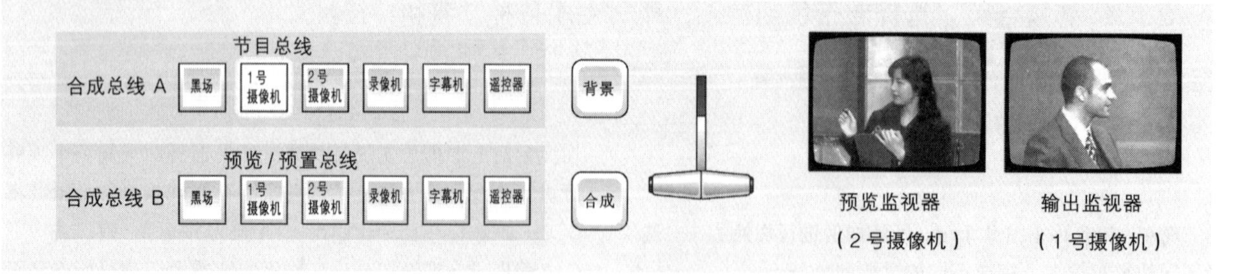


**图 11.7 A 在合成方式下切换**

在承担了背景和合成功能后，节目总线变成了 M/E 总线 A，而预览 / 预置总线则变成了 M/E 总线 B。此时，1 号摄像机的信号被送到总线 A 并播出；只要按下"切换"键，2 号摄像机就会按预先的设定替换 1 号摄像机。

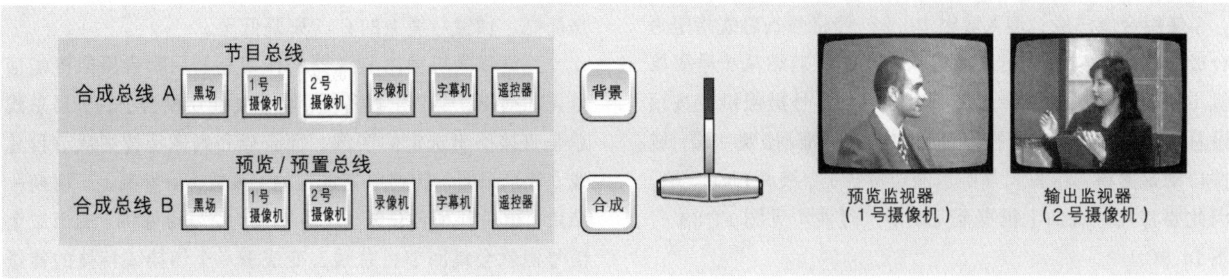


**图 11.7B　切换后的画面变化**

切换完成之后，节目总线上显示正在播出的 2 号摄像机的画面，同时预览 / 预置总线自动切换到 1 号摄像机的画面。

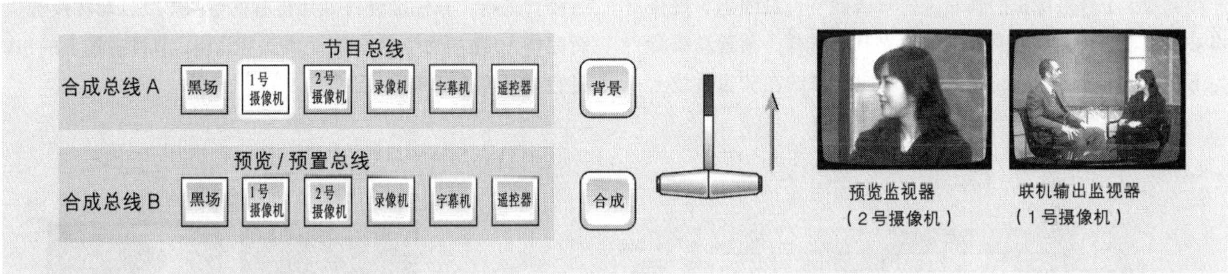


A 假定 1 号摄像机正在总线 A 上播出，而你要在总线 B 上预置 2 号摄像机。

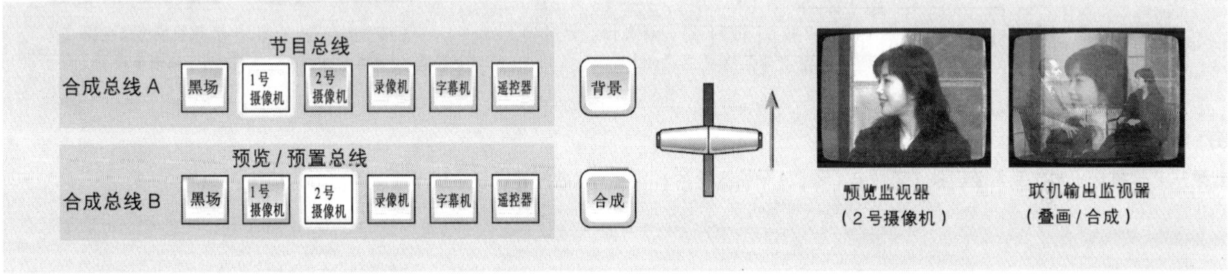


B 当操纵杆停在半路时，得到一个叠画的画面。

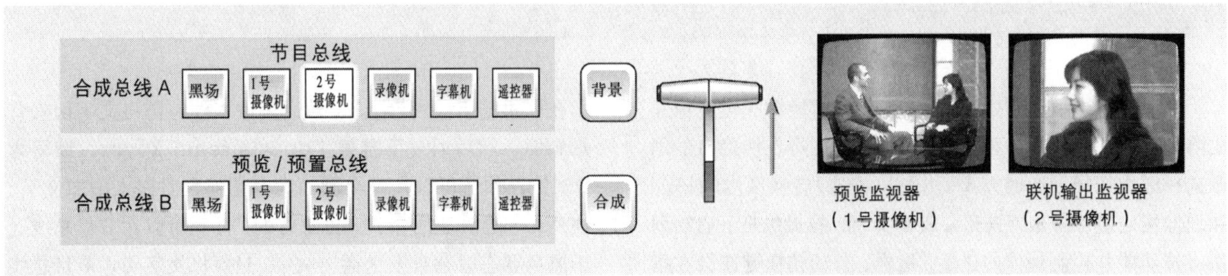


C 将操纵杆推至极限，即完成从 1 号摄像机到 2 号摄像机的叠画。叠画一完成，2 号摄像机将替换节目总线上的 1 号摄像机。

**图 11.8　溶入溶出（叠画）**

一旦通过合成指定控制键承担了合成功能，1 号摄像机便可以溶到 2 号摄像机。

**使用合成总线：溶入溶出** 由于已经将两条总线指定为合成模式，所以现在可以做溶入溶出了。若想从 1 号摄像机（输入到节目总线并正在播出）溶到 2 号摄像机，按预设总线上的 C–2 键，将操纵杆想向上或下推/拉到一端，或按自动过渡键。在图 11.7 所示的切换台上，操纵杆在下端，因此要将它一直向上推直至完成溶入过渡（见图 11.8A—图 11.8C）。

请注意，在溶之前将 C–2 输入预置总线时，C–2 键为低亮，表明它还没有启动。当操纵杆运动到一半时，两台摄像机都启动了（输出监视器上显示出两个画面的临时叠加）。操纵杆推到了另一端时（这里是向上），从 C–1 溶到 C–2 的过程完成，1 号摄像机的画面（曾被送到节目总线上）现在将被节目总线上 2 号摄像机的画面替代。这样，预置总线就为下一个信号源空出来了。注意，此时 C–2 键在节目总线上是高亮，预置总线上的 C–1 则是低亮。

预览和联机输出监视器的作用是显示哪台摄像机的信号正在播出，哪个正在备播。在多功能切换台上，节目总线总是直接播出选定的图像，而合成和划像特技则从节目总线（背景画面）转到预先选定的（预置）信号源上。切换一结束，被送到预置总线上（本例中为 2 号摄像机）的第二个信号源就会跳回节目总线，变成下一个切换或特技的背景画面。

在 2 号摄像机播出的时候，如何从渐弱过渡到黑场呢？只需按下预置总线上的黑场键 blk，将操纵杆推/拉向相反的方向（不管是离开还是接近节目总线）即可，或者，按下自动转换键。只要操纵杆到达推程的尽头（或自动转换键执行完毕），黑场命令就会恢复到节目总线，节目总线上的 blk 键自动替换 C–2 键（见图 11.9）。

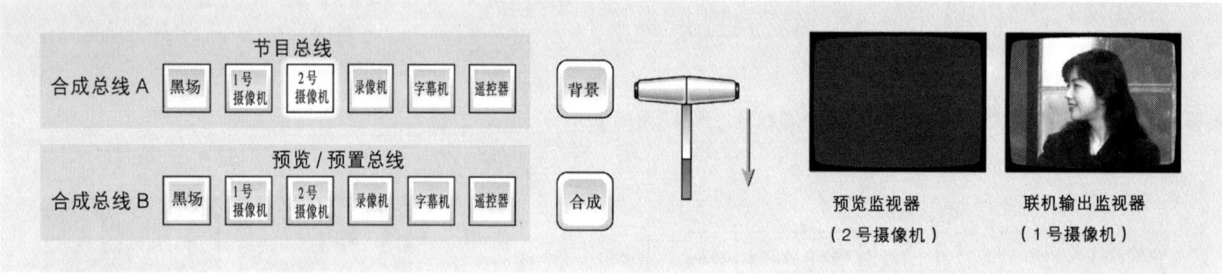


**图 11.9 溶入溶出**

若想从 2 号摄像机溶出到黑场，按下总线 B（预置/预览）上的 blk 键，然后把操纵杆拉到尽头，即可溶入黑场。

**要点 4 合成总线（或处于合成模式中的总线）能实现切换、溶入溶出、叠画和溶入溶出功能。**

**使用特技总线：划像和嵌入** 多功能切换台完全能像完成溶入溶出一样完成各种划像，只不过现在得在切换台的划像选择区内选择划像的方式，并按下特技/转换区内的 bkgd 和划像指定键（而非背景和合成键）。推/拉操纵杆，启动划像特技功能并控制划像的速度，这样，自动转换键便会在指定的时间内完成划像。一旦划像完成，即将划到的第二个视频源（在预置总线上选定的）便会马上转到节目总线。

嵌入多少有点麻烦。其基本做法是：选定嵌入源，如字幕机生成的某个文字或该文字将要嵌入的背景画面（通常显示在联机输出监视器上）；然后用嵌入控制键将文字切入背景画面。然后通过**下游键（downstream keyer，缩写为 DSK）**，你还可以在整个画面离开切换台时嵌入附加文字。注意，下游键是独立于节目总线的，甚至可以在节目总线处于黑场状态时独自发送播出文字，只要将文字切入节目总线的黑场即可。如果已经用过下游键，那么切到节目总线上的黑场便不会消除下游键嵌入的文字，必须用下游键的黑场键才能消除这种嵌入特技效果。

**要点 5　特技总线和嵌入总线能完成各种划像、嵌入和特技。**

几乎所有的现场切换台，包括数字切换台和用于台式电脑的特技 / 切换软件，都是以这种多功能原理运行的。与那些能让你即时存储和调用的大容量计算机存储器一样，大型现场切换台上的特技功能更多，在生成复杂的数字特技时特别有用。

## ◎后期编辑

后期编辑是制作过程中的第三个，也是最后一个环节。假设你的前期准备和制作阶段都是按计划进行的，那么，现在便可以选择各种视 / 音频段落并将它们组接到一起，创作节目的最后面貌了。

有些编辑认为，后期编辑是节目制作中最富有创造性的一个环节，是一项要求严格而又辛苦的活动。我们现在侧重于这一重要的后期制作阶段的几个主要操作问题：（1）线性编辑系统；（2）非线性编辑系统；（3）编辑准备以及（4）脱机与联机编辑。

### 线性编辑系统

只要你在编辑过程中使用录像机，就会用到**线性编辑系统**（linear editing system），不管磁带上的信号是模拟的还是数字的，也不管录像机只是用简单编辑控制器来控制的，还是用复杂的计算机程序来控制的。你应该还记得，所有的磁带记录系统（模拟的或数字的）都是线性的，你无法随意读取源素材：你不可能不先经过 1 号镜头和 2 号镜头而直接调用 3 号镜头。比如，如果你想把镜头 14 编到镜头 3 上面，那么必须先经过连续的 11 个镜头。线性磁带编辑的基本原理是将源磁带上的内容按预定顺序复制到编辑母带上。

**要点 6　磁带录像机的性质决定了它只能采用线性编辑，无论记录的信号是模拟的还是数字的。**

**要点 7　线性编辑的基本原理是将源磁带上的内容按预定顺序复制到编辑母带上。**

**单信号源线性系统**　最基本的线性编辑系统由一台信号源录像机（即放像机——译者注）和一台录制录像机组成。我们用放像机来选择各种镜头，用录制录像机来复制这些选定的镜头并通过切换将它们组接到一起。录制录像机进行实际的视频和音频编辑。放像机和录制录像机都有各自的监视器。放像机监视器显示用来编辑的源素材；录制录像机监视器显示经过编辑的视频和音频内容（见图 11.10）。由于你只有一台放像机，因此单信号源的录像机编辑系统通常只能完成切的转换方式。有些系统，即我们称之为“预读系统”的，能让你只凭一台单信号源录像机就完成溶入溶出、叠画和划像。在预读系统中，当有新的视频源加入时，录像机不会自动抹掉其前的素材，而是根据你的指令对其进行合成。

**编辑控制器　编辑控制器**（edit controller）也叫编辑控制单元，其功能是标识并记忆母带和复制带上帧画面的位置，预卷磁带，使各录像机同步。除此之外，它还能让你决定音频是应该同视频一起处理，还是分别处理，告诉录像机什么时候转换到录制模式——以便进行编辑。高级编辑控制器还能启动切换台和调音台来完成各种视 / 音频特技。通常，编辑控制器分别对放像机、录像机以及各种常用编辑功能进行控制（播放、快进、回卷和以不同的速度搜索，见图 11.11）。

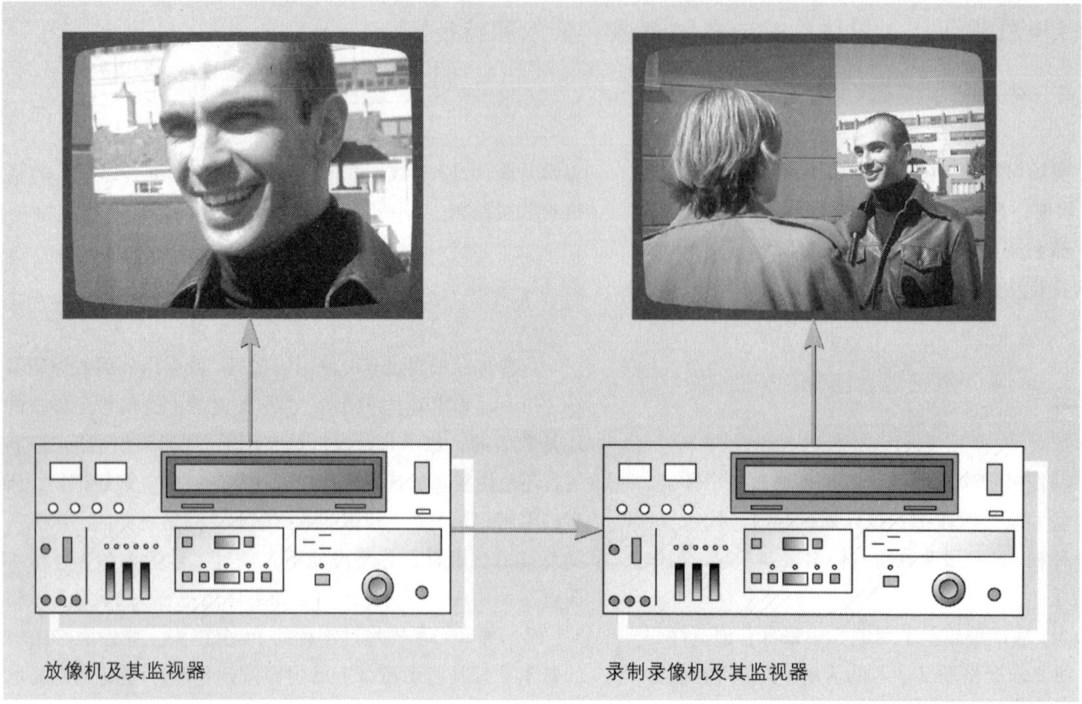


**图 11.10 基本的单信号源系统**

放像机提供原始录像中的选定部分，把它提供给录制录像机。录制录像机复制选定的部分并通过切将它们按预定顺序组接到一起。放像机监视器显示放像机的图像，录制录像机监视器显示录制录像机的图像。在本例中，特写镜头将接到双人镜头的后面。

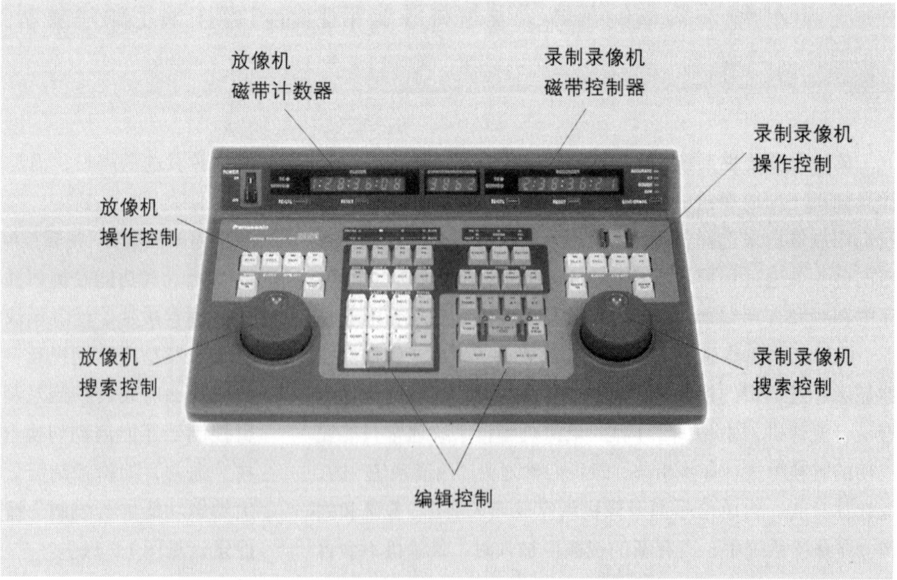


**图 11.11 编辑控制器**

编辑控制器对放像机和录制录像机分别进行控制，如搜索和变速控制。位于中央的控制键能启动预卷和编辑功能。

大多数编辑控制器能完成以下任务：

★分别控制源录像机和录制录像机的录像搜索模式（各种前进和反转速度），确定镜头的位置。
★读取并显示从录像机脉冲计数器或地址码系统上经过的时间和帧数（地址码将在本章随后的章节中加以讨论）。
★标注并记忆精确的编辑入点和出点。
★将两台录像机后退到完全相同的预卷点。有些编辑控制器的切换功能具有几种预卷选择，如两秒或五秒的预卷。你也许还记得，录像机的预卷能保证磁带达到合适的速度并保持同步。
★同时启动两台机器并保持它们之间的同步运行。
★试编，以便在你指令录像机进行实际编辑之前预览。这种预览编辑将会显示在录制（编辑）录像机的监视器上，但录制录像机不具备实际编辑功能。
★回卷录制录像机的磁带，以便查看编辑后的内容。这些编辑过的镜头再次出现在录制录像机的监视器上，但此时编辑已经完成。现在，你是在检查，而不是在预览。
★能让使用者给录制录像机下达编辑视频或音频，或二者合一的指令。实际的编辑工作将由录制录像机来完成。
★让录制录像机以组合或插入编辑的模式进行编辑（本章稍后将谈及）。
★允许接入更多的放像机和特技设备来扩展系统。

图 11.12 将向我们展示编辑控制器如何与单信号源编辑系统相配合。

**要点 8 通常，单信号源录像机编辑系统仅限于切转换。**

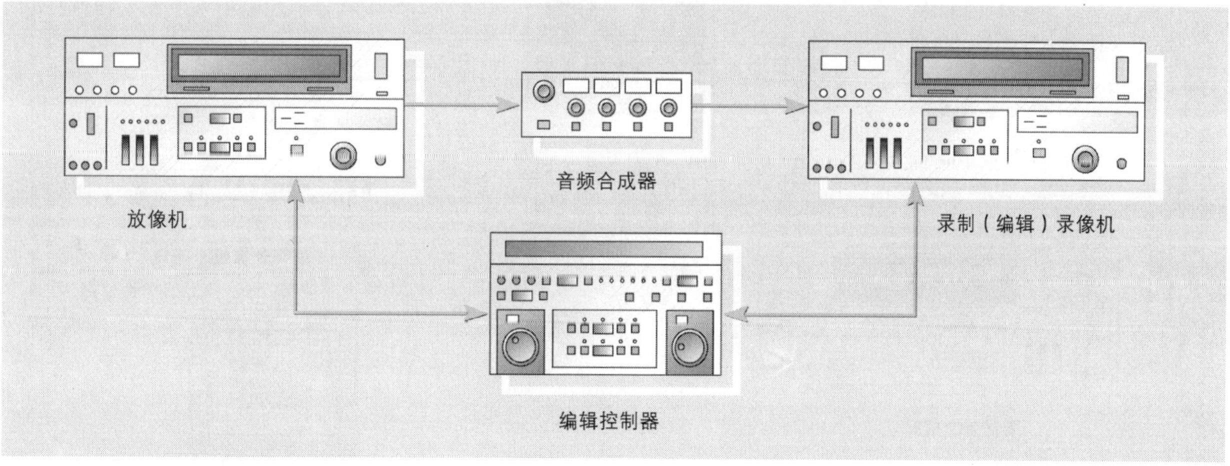


**图 11.12 单信号源系统中的编辑控制器**

单信号源系统中的编辑控制器能启动放像机和录制录像机，使它们同步，确定两台录像机上的入点和出点，并为混音启动音频合成器。

**多信号源线性系统** 该系统用两台以上录像机作为放像机，通常用字母标识（A 放像机、B 放像机），用一台录像机做记录。

有了多信号源录像机系统，你就能编辑来自 A 和 B（或 C）录像机的镜头而不用换带。该系统的最大好处是，你不用再受只能切换这样的局限，现在，你能在“A 带”（在放像机

A 中的素材）和“B 带”（在放像机 B 中的素材）之间进行不同的转换、溶入溶出和各种划像。若想在 A 带和 B 带之间实现这种转换，必须将录像素材输送给实际发挥切换功能的后期现场切换台，然后，它的输出信号再被录制到录制录像机上。当然，你也可以用切换台提供的特技来做各种转换。

这种多信号源系统的编辑控制器通常是基于计算机的。计算机不仅能记住你的各种命令，如从 A 带或 B 带上选择镜头、转换的种类和长度或特技，而且能让放像机、切换台以及**特技机**（special-effects generator，缩写 SEG）发挥各自的功能。如果再加上一台混音器——若是在大型节目制作中，则加上调音台，你便能控制不同音轨的音量并混入其他声音（见图 11.13）。

请注意，尽管计算机在编辑过程中发挥着重要作用，但编辑仍然是线性的：它用的是录像带而不是非线性存储装置，如大容量硬盘。如果你觉得我们在这里讨论的内容比起你原本期望从制作“基础”中得到的东西更为复杂，那就对了。后期编辑不仅是一个令人生畏的美学挑战，而且也是一个技术挑战。即便如此，后期编辑与操作台式电脑之间仍然存在着差距：一旦你掌握操作技巧，它的技术复杂性只会帮你而不是阻碍你完成诸多任务。

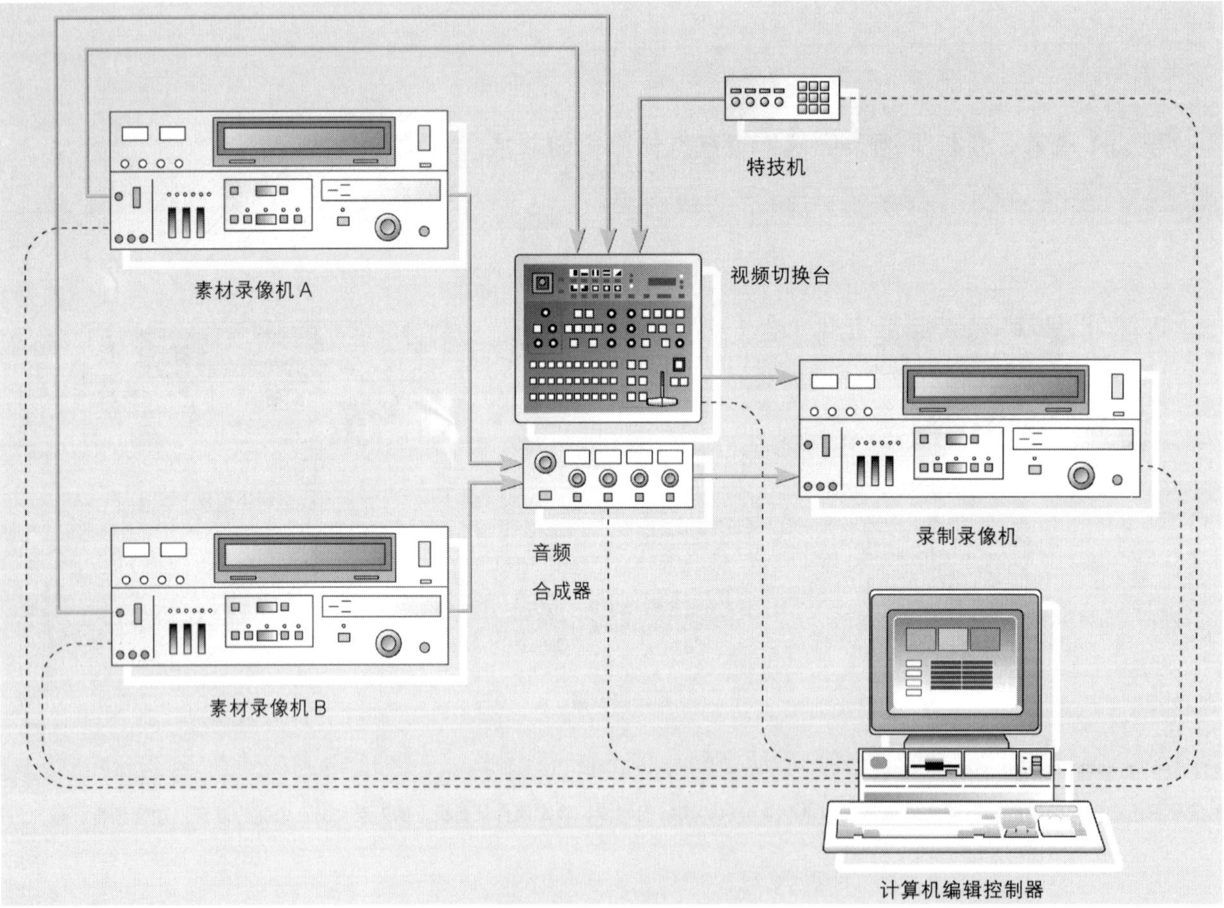


**图 11.13 多信号源编辑系统**

在多信号源编辑系统中，两台素材录像机（即放像机 A 和 B）给一台录制录像机提供源素材。两台放像机的视频输出通过切换台进行各种转换，如溶入溶出和各种划像特技；两台放像机的音频输出则经过混音器（或调音台）。多信号源系统通常由计算机驱动的编辑控制器加以控制。

## 要点9 溶入溶出、划像和其他特技转换可以在多信号源编辑系统中实现。

**脉冲计数和地址码** 如果观察一下编辑控制器，你会看到素材带和录制带的数字显示面板。这些面板显示着时、分、秒和帧（见图11.14）。它们的作用与录像机或录音机上的磁带计数器一样，只是更加精确。要想精确地进行编辑，必须确定给定的画面在磁带上的位置。有两个系统能在这个方面助你一臂之力：脉冲计数系统，也叫控制磁迹系统；和时间码系统，也叫地址码系统。

**图11.14 脉冲计数和地址码显示面板**

脉冲计数和地址码显示面板显示磁带经过的时、分、秒和帧的计数。帧转到29之后为一圈（计1秒），秒到分、分到时是在59之后进位，小时数转到24之后归0。

**脉冲计数系统**（pulse-count system）采用控制磁迹脉冲来计算不同画面的数。回想一下，控制磁迹上的每一个脉冲对应一帧画面，因此，我们可以通过计算控制磁迹上的脉冲数来搜索录像带上特定镜头的位置。在显示面板上，30帧构成1秒，因此，每29帧之后相当于卷了1秒磁带。每1分钟为60秒，同样，60分钟进位为1小时（见图11.15）。

你会发现，脉冲计数系统并没有精确到帧。这就意味着，即使每次磁带走到同一个特定的脉冲计数码，你也不会得到同一帧画面。其原因就在于，在磁带的高速运行过程中，有些脉冲被漏掉了或错过了。比如，如果有人要你在一条街上找第10间房子，你不会有什么麻烦；但如果要你找第3600间房子，可能就会费很大的周折才能找到。如果你能想到3600个脉冲只能录2分钟的磁带，也许你就能理解为什么计数器会在查找20分钟或更长时间之后的某个镜头时会丢掉几帧了。由于系统可以从你指定的任何一个点上开始计数，因此，在记录或编辑之前一定要让磁带绝对回卷到头，并将计数器设为0。

脉冲计数系统的优势在于其速度，它无需任何装置来生成和显示地址码。因此，脉冲计数系统还被广泛应用于模拟新闻编辑当中。

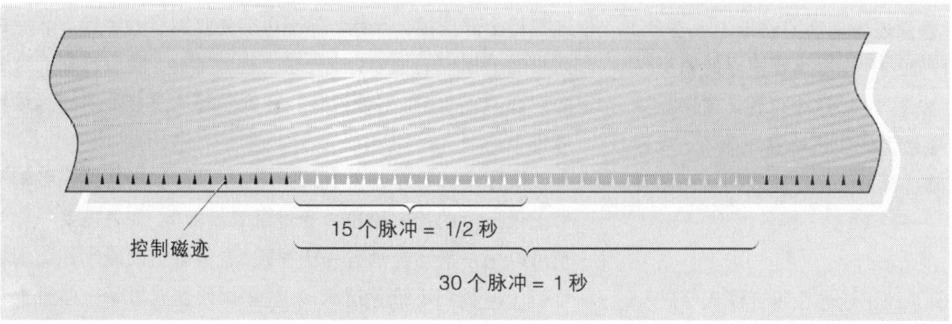


**图11.15 脉冲计数系统**

脉冲计数或控制磁迹系统通过计算控制磁迹的脉冲数查找录像带上的特定镜头。30个脉冲构成1秒磁带时间。

**图11.16 时间码地址系统**

时间码系统给每一帧画面分配了一个独一无二的地址。

若想进行更为精确的编辑，则必须利用时间码或地址码系统。该系统利用不同的数字和特定的地址来标注每一帧画面，编辑控制器可以通过时间码将你精确地带到第10或第3600间房子那里。而要到达第10间房子，编辑控制器不必从1数到10，只要找编号10即可；而要找到第3600间房子，也只需看看房子的编号即可。

应用最广的地址系统是**SMPTE时间码**（**SMPTE time code**，读作“sempty time code”），其全称为SMPTE/EBU时间码（即电影电视工程师协会/欧洲广播联合会，Society of Motion Picture and Television Engineers/European Broad-casting Union时间码）。它给每一帧画面分配了一个特定的地址，然后你便能照着编辑控制器或计算机显示屏上的读数来使用这个地址（见图11.16）。尽管市面上有相似的时间码系统，但它们却无法与SMPTE时间码兼容。因此，你必须在整个编辑过程中选择同一个时间码系统。而且，如果用不同的时间码系统来标注音频和视频上的帧，也无法让不同的视频和音频做到同步。

**要点10 时间码给录制好的每一帧图像分配了一个独一无二的地址。**

无论从录像带的哪个点开始，时间码都会精确地找到你想要的画面。你可以将同一个时间码用于录音带，通过计算机使视频与音频逐帧匹配。时间码地址系统的缺点是，必须要一个时间码发生器在录像带上的提示处或编码磁迹上记录时间码，或用整个一条磁迹来记录时间码，而后还要一个时间码读取器来显示它。但为了编辑的精确，你又不能没有它。

你可以一边录像，一边记录时间码，或（像小型制作和电子现场制作中常用的那样）过后在录像带的某条提示磁迹或音频磁迹中加上时间码。由于录像带上的节目很少超过一小时，因此表示小时的数字通常还用来表明磁带（或卷盘）的编号。比如，时间码04:17:22:18表示你要搜寻的镜头在4号带（或卷）的第17分钟22秒18帧这个位置。这种标签无疑是一种附加保护，即使磁带上的实物标签脱落了，或者——更常见的是——从来没贴过标签，你也能找到自己想要的那卷磁带。

**组合编辑** 所有线性编辑系统都让你在组合模式与插入模式之间进行选择。一般说来，组合编辑比插入编辑的速度快，但编辑点上的电子不够稳定。其主要的缺点是，**组合编辑**（**assemble editing**）无法独立地对视频和音频进行编辑。在组合编辑中，录制录像机在复制素材带上的视/音频素材之前会将编辑母带上的所有东西（视频、音频、控制磁迹和时间码磁迹）都抹掉，将磁带变成空白带备用。在转录的过程中，录在素材带上的所有选定信息都会复制到编辑母带上，录制录像机给复制到编辑母带上的素材片段分配一个新的控制磁迹。为了使编辑稳定，录制录像机会校正和排列各种素材片段的同步脉冲，以便它们形成连贯的控制磁迹（见图11.17）。遗憾的是，即使是质量相当高的录像机，也不可能永远都成功地完成这个任务。比如，如果录制录像机将2号镜头第一帧的控制磁迹加到1号镜头的最后一帧上时将该编辑点上的同步脉冲分开了一点或紧贴在一起，那么，这个轻微的偏差也会导致画面的“撕裂”，也就是说，在回放过程中，这段画面会在这个编辑点出现断裂或瞬间卷动的现象。

由于在从素材带上复制新镜头之前编辑母带上的所有磁迹都将全部抹掉，因此，你不可能先复制音频磁迹，然后再回头加上相应的视频；或先录下视频部分，随后再配上合适的声音。你只能将整段视频和音频一起从素材带上加到编辑母带上。

组合编辑的好处在于，你不用在实际编辑之前在编辑母带上录连续的控制磁迹（通过录制黑场）。如果需要，你甚至可以用一盘已经录有一些视频/音频素材的磁带作为编辑母带（但我们不推荐这么做）。家用便携式摄录一体机上飞速旋转的消磁头会准确地在编辑点上消除现有视频磁迹，从而，至少在大多数时候，使你得以轻松地做到“无撕裂”组合编辑。

**插入编辑** 尽管**插入编辑**（**insert editing**）要求保留先前录在编辑母带上的连续控制磁迹，但这种编辑模式做出来的编辑高度稳定。正如此前指出的那样，你可以在磁带上录制黑场，以此来铺控制磁迹。黑场的录制在实际录制时

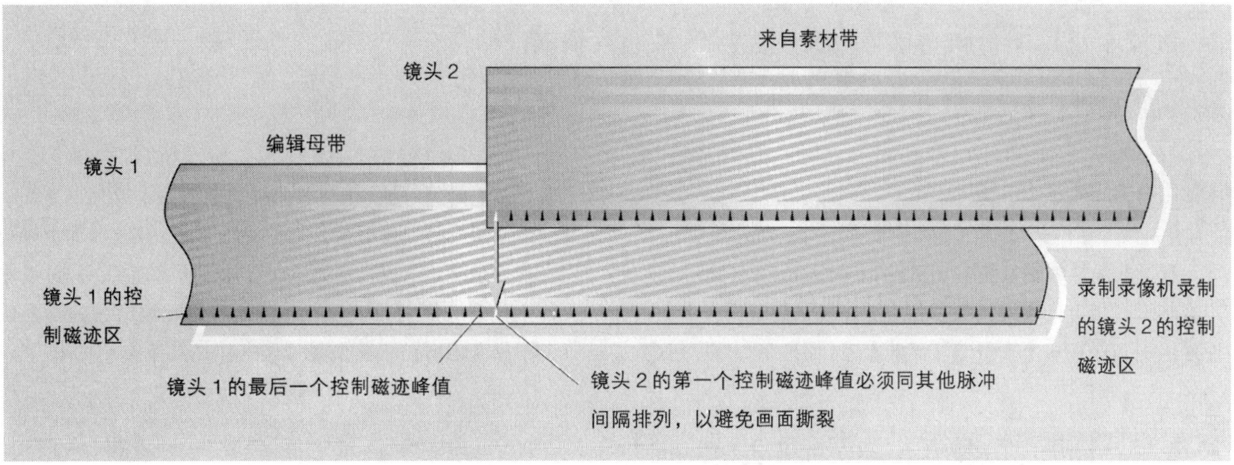


**图 11.17 组合编辑**

在组合编辑模式中，录制录像机根据每个编辑后的镜头的同步信息设置一个新的控制磁迹区。在本例中，镜头 2 的第一个同步脉冲和编辑母带上镜头 1 的最后一个同步脉冲被精确地间隔开了。来自两个区的同步脉冲形成了一个连续的磁迹。在该编辑点上，任何其他间隔都会造成画面的撕裂。

做，也就是说，若要铺 30 分钟的控制磁迹，就必须让空白编辑母带走 30 分钟。只有这样，才能给编辑点提供真正的连续引导（见图 11.18）。

在插入编辑过程中，录制录像机不加入新的控制磁迹，但会在编辑母带上加上新的镜头来配合现有的控制磁迹，因此所有的编辑内容都会以相同的间距隔开。这就意味着即使在编辑母带的中间插入一个新镜头，编辑也高度流畅，不会撕裂。

插入编辑的另一大优势是，你可以分离音频和视频磁迹。比如，很多新闻节目和纪录片编辑喜欢先录音频磁迹，然后再配上与音频磁迹上说到或听到的内容相配的图像。为了加快编辑速度，他们往往会在手边备几盘已经录有控制磁迹的“黑场”磁带，让它们充当插入编辑的编辑母带。不过，在正常情况下，编辑母带的“黑场”只是编辑准备工作的一部分。

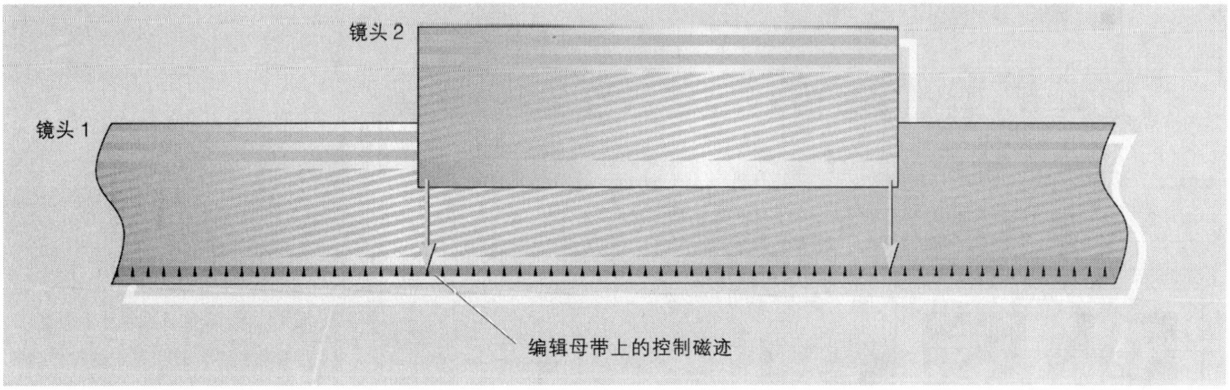


**图 11.18 插入编辑**

在插入编辑模式中，素材在转录到母带上时会去掉自身的控制磁迹，然后根据编辑母带上事先录制的控制磁迹放在编辑母带上。

**要点 11 编辑母带必须事先录上黑场以备插入编辑。**

## 非线性编辑系统

有了**非线性编辑系统**（nonlinear editing system），就不必将素材带上的不同镜头按特定顺序转录到编辑母带上，而是组织和保存一个大型幻灯库的磁迹，而这个幻灯库包含了素材带上的每一帧画面。非线性编辑的基本原理不是从一盘磁带复制到另一盘磁带，而是文件管理。现在，你也许会明白这一系统之所以被叫做“非线性”的道理了：你可以在文件中任意选择，而不用考虑该信息位于素材带的哪个位置，不用考虑自己手头上是否还有什么其他文件可用。

**要点 12 非线性编辑的基本原理是文件管理。**

非线性编辑系统由高端台式计算机组成，计算机把数字视频／音频信息存储在大容量硬盘或其他存储介质上。为了便于对视频／音频的排序进行选择，必须要有一台计算机和一张大容量的硬盘。最好再有一个高质量的大显示器，而不是标准计算机屏幕。大一点的画面不仅可以防止眼睛疲劳，而且还可以让你更好地了解画面在电视屏幕上的实际效果（见图 11.19）。你会发现，如果将编好的片段输送给第二台监视器，不仅可以减少混淆，而且还可以将素材与编辑好的段落清楚地区分开。

非线性系统的界面利用标准计算机键盘和鼠标工作。实际上，有了编辑软件和合适的视频／音频硬件，台式计算机就可以变成一个强大的非线性编辑系统（见图 11.20）。

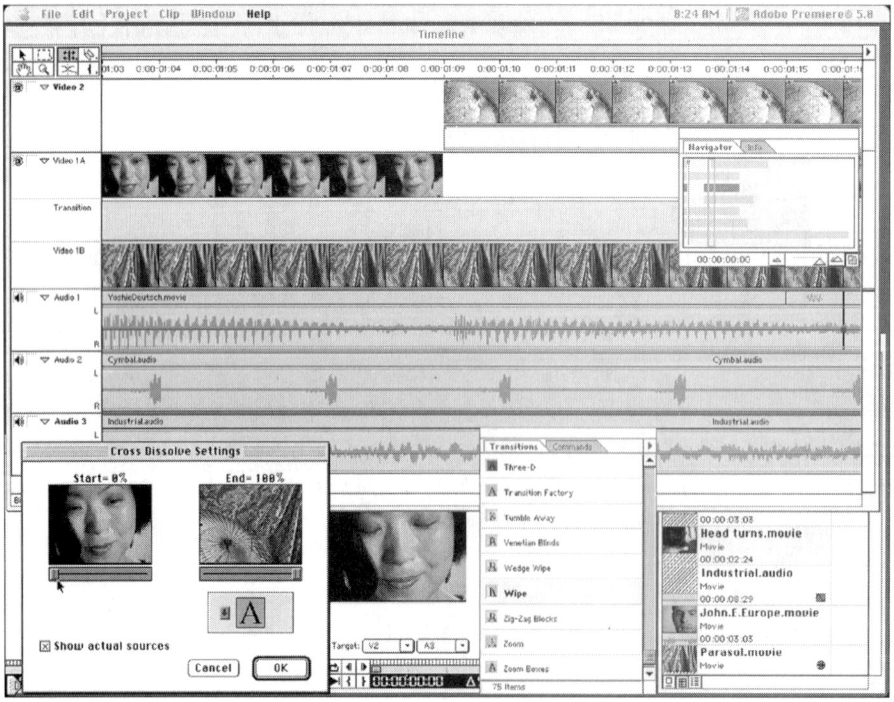


**图 11.19 非线性视频显示面板**

尽管非线性计算机系统的花样繁多，但大多数最少要显示每个镜头的入出点、上一个镜头的最后一帧和下一个镜头的第一帧、镜头的记录文字和音频磁迹的视觉表现。

**图11.20 基本的非线性编辑系统**
基本的非线性编辑系统包括一台配置有大容量存储装置和编辑/特技软件的计算机。该系统输出的是编辑决策列表（EDL）和播出级的视频/音频材料。

**非线性编辑步骤** 非线性编辑完全由计算机完成。由于视频/音频信息不再存储在磁带上，而是被压缩到大容量的硬盘上，所以，你可以直接通过时间码地址或文件名来调用它，而不用将录像带倒来倒去地查找某个镜头的位置。大多数系统能显示各种画面，连续播放，因此你能预览编辑，检查镜头是否恰如其分地剪接到了一起。除此之外，计算机还能显示入点和出点的数字及镜头长度，你可以在播放编辑段落的同时听到声音，看到声音磁迹在计算机屏幕上的直观表现，如图11.19所示。

一旦找到了想要的镜头的确切位置，无需再将它录一遍，只需在节目中给它安排一个具体的位置，将它放回硬盘上的文件里即可。如你所见，在这里，硬盘代替了放像机和录制录像机。由于所有的镜头都能用于编辑，因此，你无需再用两台放像机来做溶入溶出、划像或其他类似的转换：只需告诉计算机你想在两个镜头间采用哪种转换方式，计算机便会记住你的命令并完成转换。

**质量** 必须指出，很多台式计算机系统生成的质量达不到编辑母带所要求的水平。实际上，它们根本不能生成真正的视频段落，只是给选定的镜头和转换发出具体的命令。这些系统产生的最终结果不是一盘编好的录像带，而是一个精确的编辑决策列表（EDL）。你将在本章的稍后章节了解到有关编辑决策列表的重要性和用途的更多内容。所有的顶级编辑系统都有充足的存储空间来生成高质量的视频/音频图像，这些图像和高端模拟录像带编辑系统的编辑母带质量一样，甚或超过它。它们的产品可以直接转录到数字录像带或转回模拟NTSC编辑母带。

**预览和灵活性** 非线性编辑的好处是，你可以以极其快的速度随机调用存储在硬盘上的任何一帧画面，可以逐个显示所要编辑的镜头的不同入点和出点，可以播放很短的段落以检查其是否符合自己的审美和叙事要求。和文字处理一样，你可以非常方便地删掉一些帧，加上一些帧，或将整个段落从一处调换到另一处。

**效率** 令人遗憾的是，非线性编辑也有一些不足，其中之一就是必须学习如何使用编辑软件。有些软件非常复杂，需要付出相当的努力和实践才能运用自如。另一个不足是速度。你也许会以为，既然非线性编辑可以对视频/音频进行随机读取，那非线性编辑岂不是比线性编辑快得多？但实际上，尽管镜头的选取和编辑确实快得多，但要将素材带数字化并转录到硬盘上却非常耗费时间，除非素材带本身是用数字摄像机拍摄的，且能将信息直接转录到非线性系统上。即使如此，备份压缩视频文件（强烈推荐）也是一个非常麻烦的缓慢过程。即使技术娴熟的编辑，他也会告诉你，总的来说，非线性编辑不一定比线性编辑快——但它确实更加灵活。

## 编辑准备

和所有其他制作活动一样，编辑也必须细致认真进行准备。对准备工作要求最低的是新闻的编辑，因为你根本无法预测每天到底会编辑多少新闻事件，都是些什么性质的新闻事件，也没有多少时间来制定周密的编辑决策。你所能做的就是尽力选择最有力的镜头，将它们编辑成可信的报道。

尽管其他制作活动可以为后期制作提供更多的时间，但你还是希望自己能得到更多的编辑时间。若想充分利用现有的时间，必须注意以下这些编辑准备工作：（1）脑海中要有一组连贯镜头；（2）制作保护性备份；（3）给素材带加上时间码；（4）进行窗口拷贝；（5）回看并标注素材带；（6）转录音频文本；（7）在编辑母带上铺控制磁迹；（8）将素材带数字化以及（9）制作备份文件。

**连贯镜头** 听起来似乎很奇怪，但后期制作过程确实始于拍摄阶段。好的导演和好的摄像师不仅能从视觉上构想每个镜头，将其组织起来并赋予意义，还能事先想到那些镜头编辑好的模样，想到如何进行剪辑。在复杂的制作活动中，如电视剧或精心设计的电视小品和广告，编辑顺序是由**情节串联板**（**storyboard**）来决定的。情节串联板不仅是主要场景的视觉呈现，还有主要镜头序列的表示（见图 11.21）。

**图 11.21 情节串联板**

带着图片下的画面与声音信息，情节串联板显示主要场景的视觉呈现和重要串联点。它既可以手绘在事先印好的情节串联单上，也可以由计算机生成。

即使你没有时间或奢侈条件去准备情节串联板，也能利用下面所列的制作技巧来为后期编辑提供便利条件。

## 使后期制作更容易的制作秘诀

☑ **给每个镜头标上号**　给每个镜头确定一个视觉上的，或至少声音上的标号。正如第 10 章所指出的那样，这种标号通常由字幕机来完成，如图 10.12 所示。在拍摄现场，你应该有一张手持镜头号码牌，上面至少应该标上拍摄日期、磁带号、场景号和镜头号。如果没有直观的镜头号码牌可用，也可以用声音给不同的镜头标号。打开摄像机或演员用的话筒，让人读出这些信息，并把声音录在录像带上。读完镜头号之后，从 5 开始倒数到 0。这种倒数有助于确定标号之后镜头开始的大概位置。这些信息会大大加快编辑的过程，尤其是在镜头号同时还被记在场记单上的时候。

☑ **给编辑留出空间**　录制的时候，不要镜头一结束就马上停止录制——应该在停止之前多录几秒。比如，如果公司总裁刚刚描述完最新的非线性视频系统，在停止拍摄和录制之前让她在原地不出声地待几秒钟。在开始拍下一段的时候，在喊“开拍”之前先让摄像机走一小段；拍完之后，在停止录制之前，让所有人都待在原地几秒钟。这种铺垫可以使你在决定确切的入出点时多一点灵活性。

☑ **录下背景声**　在换场或完成录制之前，一定要录几分钟背景声（如房间的基调、汽车的声音、群山静寂的声音）。这种背景声有助于在编辑过程中或在不太为人注意的镜头里制造静寂的段落。

☑ **做好场记**　给自己录制的东西做好精确的记录，这种记录便叫做场记。场记至少应该显示节目的标题、磁带号、场景号和每个镜头的标号与主题。给所有磁带和磁带盒标上磁带号和节目名称。场记将会在你第一次放映时帮助你确定所录素材的位置。

☑ **录制切出镜头**　给每个场景录一些切出镜头。切出镜头指一小段能改进或建立两个镜头间视觉连贯性的镜头。切出镜头通常和时间相关，如看热闹的人，审判期间记者的摄像机等。切出镜头一定要拍得足够长——至少 15 — 20 秒。如果切出镜头太短，对于编辑来说就如同没有切出镜头一样让人沮丧。此外，如果切出镜头太短，看上去更像是拍错的镜头而不是连贯的镜头。在拍摄切出镜头时，一定要让摄像机运转的时间略微超过你认为的必要时间长度——这样，切出镜头才会刚好够长。

☑ **制作保护性备份**　如果将素材带弄丢了，或弄坏了，那你为制作节目而付出的努力就都白费了。正如前文指出的那样，经验丰富的制作人员在录制完毕后都会尽可能地给所有素材带制作保护性备份。如果在拍摄时用的是那种在后期编辑中若复制量大就会损失信号的录像带制式，如 Hi8 或 S-VHS，那就应该给自己的源素材“升级”（即将它复制到质量更高的录像带上）。这种复制可以满足双重目的：为原始素材带提供保护性备份；新的高质量素材带不会在大量后期编辑中损失太多的信号。

## 要点 13　一定要给原始素材带制作保护性备份。

**加时间码**　除非在录制过程中录上了时间码，否则一定要在所有素材带上加上时间码。有两种方法：一是将时间码发生器产生的时间码“铺在”录像带的地址磁迹上；二是将时间码“铺在”某一条音频磁迹上。这样便可以设置时间码中的小时数，让它们同每盘磁带上标注的编号相吻合。

**窗口拷贝**　在制作复本或单纯制作保护性备份时，应该同时做另外一种备份，即**窗口拷贝（window dub）**。这是一种质量较低、级别降低（通常为 VHS）的复制，它有“刻入”的时间码——嵌入每帧画面上的时间码。每帧画面都显示一个方框，叫窗口，窗口上显示画面的时间码地址（见图 11.22）。即使你知道哪些镜头无法接受，但采用窗口复制所有图像的做法通常更省事，不管这些镜头好坏与否。偶尔，有些起初不太好的镜头却会在实际编辑过程中成为宝贵的切出镜头或替代镜头。

窗口拷贝还能充当录制镜头的精确场记；能准备编辑

**图 11.22 时间码**
时间码可以直接嵌入源素材带的复本，以便进行脱机编辑，每一帧显示各自的时间码。

决策列表，列出每次编辑的入点和出点；甚至还能进行粗编（编辑母带的预备版本）。

**回放素材带并做场记** 现在，该给录在素材带上的所有内容列出清单了，不管这些镜头是否曾在现场做过镜头标号，也不管这些镜头可用与否。这个场记——叫做录像机场记——有助于你查找具体镜头的位置，而不用一遍又一遍地预览素材带。场记初看起来好像是在浪费时间，但精确的、周密的录像机场记会在实际编辑过程中替你节省大量的时间、金钱和精力。除了常用的数据，诸如节目名称、导演名字和节目号与日期，录像机场记还应该包括如下信息：

★磁带号
★场景号
★镜头号
★每个镜头的起点（入点号）和终点（出点号）
★镜头是 OK（好的），还是 NG（不好的）（如果没有指定的 OK/NG 栏，则在第三栏圈上好镜头）
★重要的声音
★备注（场景或事件的简短描述）
★向量类型和方向

虽然你不可能在买来的录像机场记或计算机显示面板上找到向量栏，但它却能提供极其重要的记录信息。正如第 5 章所讨论的那样，向量显示了某种指向或正向某个特定方向运动的线条和类似东西（我们将在第 12 章对向量进行更加详细的阐述）。向量指向的好处是，你可以不看素材带就轻松地找到含朝上一镜头反方向运动的物体的镜头，而你要做的就是看一眼向量栏，找到其 m 标志（表明运动向量）的箭头指向相反方向的镜头。如图 11.23 所示，向量符号用箭头来表示 g（图形 graphic）、i（指向 index）和 m（运动 motion）向量的主要方向。圆圈点⊙表示有人朝镜头看或靠近摄像机；单独的点 · 表示有人与摄像机同方向朝远处看或离开摄像机。现在不用太担心向量栏。但在学过第 12 章后，应该回头再看一下图 11.23，再研究一下向量栏，看看它是否能帮你将录像机场记中的镜头序列用视觉形式表现出来。

**要点 14 录像机场记上的向量符号便于查找那些含有指向或移向某个特定方向的人或物体的镜头。**

很多计算机程序能用来给素材带做场记。这样就不必再用手填写场记单，只需将所有重要信息输入计算机表格即可。有些软件还允许你输入每个镜头的第一帧和最后一帧画面，这大大有助于你确定镜头的具体位置。在这种情况下，

节目名称：交通　　节目号：114　　脱机时间：07/15

制作人：Hamid Khani　　导演：Elan　　播出时间：07/21

| 磁带号 | 场景/镜头 | 镜头号 | 入点 | 出点 | OK/NG | 声音 | 备注 | 向量 |
|---|---|---|---|---|---|---|---|---|
| 4 | 2 | 1 | 01 44 21 14 | 01 44 23 12 | NG | | 麦克问题 | m ← |
| | | ② | 01 44 42 06 | 01 47 41 29 | OK | 汽车声 | 汽车A穿过停车标志 | m ← |
| | | ③ | 01 48 01 29 | 01 50 49 17 | OK | 刹车 | 汽车B开始刹车（朝向摄像机） | ⊙m |
| | | ④ | 01 51 02 13 | 01 51 42 08 | OK | 反应 | 行人反应 | → |
| | 5 | 1 | 02 03 49 18 | 02 04 02 07 | NG | 汽车刹车，行人，惊叫 | 球没在汽车前面 | ⊙m ←m 球 |
| | | 2 | 02 05 02 29 | 02 06 51 11 | NG | | 又是球的问题 | ⊙m ←m 球 |
| | | ③ | 02 08 40 02 | 02 11 17 03 | OK | 汽车刹车，行人，惊叫 | 汽车突然转向躲避球 | ⊙←m ←m 球 |
| | 6 | ① | 02 13 01 29 | 02 14 58 10 | OK | 行人，惊叫 | 跑到街上的孩子 | →i ←m 孩子 |
| | | ② | 02 20 22 01 | 02 28 37 19 | OK | 汽车 | 切出镜头，汽车移动 | ⊙•m ↘↙ |
| | | 3 | 02 30 05 29 | 02 34 35 15 | NG | 街道 | 人行道的线 | ⌒ g |
| | | | | | | | | |
| | | | | | | | | |

**图 11.23 录像机场记**

录像机场记包含了涉及素材带所录视频/音频的所有必要信息。注意向量栏中的符号：g，i 和 m 分别指图形、指向和运动向量。箭头显示指向和运动的主要方向；Z 轴的指向和运动向量用⊙（朝向摄像机）或·（离开摄像机）加以表示。

你可以略过向量栏，因为现在你能清楚地看到不同镜头的起始帧和结束帧的主要向量。

计算机场记的优势在于，你只需输入场景的名称或时间码数字就能很快找到想要的那个场景。然后，你还能让它自动输入最终的剪辑决策列表，由它来指导编辑母带上的最终编辑顺序。在进行预编时，可以将场记单复制下来，按你想要的顺序调整各个条目。有些计算机场记单根据主题而非时间码来确定某些镜头的位置。比如，如果你输入摩托车，计算机便会显示所有含摩托车的镜头。

**记录对话** 用书写纸将所有对话记下来，这是编辑之前另一件耗费时间但又非常重要的琐事。但一旦记录完成，它就可以加快编辑的进度。比如，假设你要编辑一个比较长的采访，或编辑一段对话以使它与给定的时间段配合，那么，打印稿便能让你快速浏览一遍而不用去听录像带。比起磁带来说，打印稿不是那么线性，能使你在文本中快速往前或往后跳着看。当然，在新闻报道中，你是不可能有时间来做这种记录的，你能做的就是放磁带，然后记下哪一部分是自己想保留的，哪个地方要做剪切。

**铺控制磁迹** 正如本章此前解释的那样，在插入编辑模式下进行编辑的时候，必须在用作编辑母带的磁带上录上黑场信号。而在录黑场的同时，也录下了连续的控制磁迹，其同步脉冲会为精确的插入编辑提供重要的参考。

**使素材带数字化** 正如前文讨论过的，所有用模拟摄像机拍摄的素材带在进行非线性编辑之前都必须先数字化。也就是说，必须先将素材带上的模拟信息转换成非线性系统硬盘能存储的数字信息。编辑之前这个先导环节之长、之麻烦，让许多新编辑感到非常惊奇。即使对一些经验丰富的编辑来说，数字化的过程也是编辑中的一个主要瓶颈。如果素材带是用数字摄像机拍摄的，如果编辑系统中有FireWire（苹果公司产品）或i-link（索尼公司产品）数字转换（其正式名称为IEEE1394），那么这个瓶颈就会大大缩短，你就能将数字录像机连接到非线性编辑系统上，这种连接可以将所有数字信号从素材带上直接转到计算机硬盘上，无需再数字化。

**制作备份文件** 这是另一项烦人的、缓慢的——然而非常重要的——编辑前准备工作。如同给素材带做保护性备份一样，你要在硬盘上拷贝数字视频/音频信息，以防计算机崩溃。如果几个人在为不同的编辑任务而使用同一套非线性编辑系统，就很可能会出现新的问题：他们可能会在无意中删掉你的数字化信息，而只给你留下一个空磁盘。此时，备份文件就成了无价之宝。而且，你将发现，与重新将素材带数字化所花费的时间相比，在备份文件上花的时间是多么的微不足道。

### 脱机编辑与联机编辑

从技术上讲，脱机编辑是编辑准备工作的一部分，因为它不能生成代表完成品的编辑母带。但在脱机编辑时，你会比在准备阶段更加认真地进行编辑选择。编辑母带在随后的联机编辑中产生。

由于联机系统通常使用更加复杂的设备，因而“联机”一词也常常与所用编辑设备的质量相混淆；再加上高质量的设备通常都标着“联机”，而低质量的系统则标着“脱机”。但是，实际上真正区分联机编辑和脱机编辑的并不是设备，而是编辑目的。如果你的编辑目的只是为了看看最终成品是什么摸样（类似于电影的“粗剪”），那么你是在做脱机编辑；如果你的编辑目的从一开始就是为了生成最终的编辑母带，那么你是在做联机编辑。

**要点15 如果编辑目的是生成剪辑决策列表或粗编片，则编辑是脱机的；如果编辑目的是为了生成编辑母带，则是联机的。联机设备要求的质量通常高于脱机设备。**

**脱机编辑步骤** 所有的脱机编辑（off-line editing）都是为了创建剪辑决策列表，但偶尔也会生成预备带（即粗编带）给联机编辑母带充当一个模型。虽然线性和非线性编辑都在相同的美学原则之下实施，但这两种方法在编辑设备和运用方式上却截然不同。

**线性脱机步骤** 线性脱机编辑的第一步是编辑一个可行的编辑决策列表，然后由编辑决策列表指导母带的联机编辑。创建编辑决策列表的一种简单但不见得非常精确的方式是纸笔编辑，具体如下：

★再想一下自己想告诉观众什么。这意味着要回到最初写的传播信息上。实际录制的素材既可能会略微不同于原始传播信息，也可能是原始传播信息的忠实再现，但千万不要让花哨的镜头淹没了原始传播信息的初衷。否则，如果你连自己打算讲什么都不清楚，还怎么对事件的主旨进行选择和编辑呢？

★再看一遍所有的窗口拷贝素材带，看看哪些镜头在相关性和效果上特别能打动自己。这种回看不仅有助于你恢复对所拍镜头的记忆，而且还能提供（尽管不直接）一个临时编辑序列。

★更加认真地思考镜头序列。不妨一边回顾传播信息和可用的镜头，一边准备一个粗略的情节串联板。现在到了仔细查看录像机场记和查找各重要镜头的位置的时候了。列出每一个选定镜头的起始点（入点）和终止点（出点）的脉冲计数或时间码，如图11.23所示。

★确定镜头间的各种转换。如果用的是单信号源系统，你没有选择的余地：所有的转换都是切换；但如果用的是多信号源系统，则必须决定采用哪种转换效果最好。

★准备一份编辑决策列表。这张列表看上去类似于原始录像机场记，上面列出了磁带号、场景或镜头号、入点和出点（脉冲计数或时间码）、计划中的转换和声音。由于入点和出点决定了每个镜头的第一帧和最后一帧，因此无需对镜头的内容进行描述，也不需要向量栏，因为你不用再选择镜头，只是为了编辑而把它们列出来，可以只通过反复看窗口拷贝即准备出编辑决策列表并将信息列在表上。实际上，编辑决策列表在实际联机编辑过程中无异于一张线路图（见图 11.24）。

有些计算机程序会向你提出重要信息的要求（与图 11.24 所列的相似）。计算机生成的编辑决策列表的好处是，你可以像改换一个镜头那样快速做出足以影响整个编辑段落的改变。所有非线性编辑系统都能生成编辑决策列表（见图 11.25）。

节目名称：交通　节目号：114　脱机时间：07/15

出品人：Hamid Khani　导演：Elan　联机日期：07/15

| 磁带号 | 场景/镜头 | 镜头号 | 入点 | 出点 | 转换 | 声音 |
|---|---|---|---|---|---|---|
| 1 | 2 | 2 | 01 46 13 14 | 01 46 15 02 | 切 | 汽车 |
| | | 4 | 01 56 10 29 | 01 56 11 21 | 切 | 汽车 |
| | 5 | 3 | 02 05 55 17 | 02 05 57 20 | 切 | 行人，惊叫，刹车 |
| | 2 | 4 | 02 22 40 02 | 02 24 41 07 | 切 | 行人，惊叫，刹车 |
| | 6 | 1 | 02 26 43 17 | 02 28 46 01 | 切 | 刹车 |
| | | | | | | |
| | | | | | | |

**图 11.24 手写的编辑决策列表**
编辑决策列表是联机编辑的线路图，上面列出了磁带号、场景号、镜头号、每个镜头的出入点计数、转换以及重要的声音信息。这种编辑决策列表包含了最终编辑所需的必要信息。

名称：交通安全 —— 标题

```
001  003   V  C         00:00:03:12 00:00:05:14 01:00:20:01 01:00:22:03
001  004   V  W001 204  00:00:06:24 00:00:12:23 01:00:08:12 01:00:14:11
特技 名字飘入

002  004   V  C         01:16:22:03 01:16:29:02 01:00:06:24 01:00:13:25
002  001   V  W003 204  01:18:27:15 01:18:34:09 01:00:00:24 01:00:13:18
特技 名字飘入

003  004   V  C         01:18:33:15 01:00:25:14 01:00:13:18 01:00:20:12
003  001   V  W000 204  01:18:38:02 01:18:44:26 01:00:13:18 01:00:20:12
特技 名字飘入

004  004   V  C         01:19:10:02 01:19:15:03 01:19:20:12 01:19:25:12
004  001   V  W002 204  01:19:23:19 01:19:30:13 01:00:20:12 01:00:27:06
特技 名字飘入

005  004   V  C         01:34:12:02 01:34:16:04 01:00:22:05 01:00:26:06
005  001   V  W011 203  01:50:15:29 01:50:22:22 01:00:27:06 01:00:33:29
特技 名字放大

006  003   V  C         01:52:14:25 01:52:16:05 01:00:33:29 01:00:35:15

007  001   V  C         01:39:08:00 01:39:14:24 01:00:58:15 01.01.05:09
```

事件号　素材盘标识　编辑模式　转换类型　素材入点　素材出点　录制入点　录制出点

**图 11.25 计算机生成的编辑决策列表**
与手写编辑决策列表一样，计算机生成的编辑决策列表也列出了事件（场景）号、素材带标识（素材带）号、编辑模式、转换类型和每个镜头的出入点计数。所有非线性系统都能生成编辑决策列表。

## 要点 16 编辑决策列表是指导联机编辑的线路图。

**联机编辑步骤** 不管采用的是线性编辑系统还是非线性编辑系统，**联机编辑**（on-line editing）都能生成最终的编辑母带。在某种程度上，联机编辑比特技编辑要容易些，因为编辑决策在脱机阶段已经做出并列在了编辑决策列表上。从这一刻开始，编辑决策列表便会指导大部分联机编辑过程。在线性编辑中，编辑控制器会读取入点和出点的数字，帮助你为最终编辑设定放像机和录制录像机；在非线性编辑中，计算机则会运用所谓的联机编辑决策，最终将视频/音频信息转录到编辑母带上。

不过，仍然有两点必须记住：（1）编辑所花费的时间总是比预想和预算的多；（2）尽管有编辑控制器和非线性计算功能的大力协助，最终还是必须由你来决定将哪个镜头放在哪里。而如何做出正确的艺术选择将是第 12 章的主题。

### 再次重申，请记住

◎**切换**

切换是即时编辑的一种形式。它意味着在制作过程中，你能选择并利用各种转换方式（切、溶入溶出、划像和淡入淡出）将不同的视频源——如直接来自摄像机、磁带录像机或电子静止帧存储（ESS）系统的画面——组合在一起。这一过程由于有了切换台而得以实现。切换台还可以用于后期编辑。

◎**现场切换台**

现场切换台用于演播馆的现场制作和大型转播车，它配备有具有各种切换功能的总线（节目、预览、合成/特技、嵌入特技），有些总线能承担多重切换功能。

◎**线性编辑**

线性编辑系统用录像机作为放像机和录制录像机，其视频信号既可以是模拟的，也可以是数字的。最终的产品是编辑好的录像带——编辑母带。

◎**编辑控制器**

编辑控制器也叫编辑控制单元，在线性编辑中用于辅助各种功能，如标注编辑点，同步卷动放像机和录制录像机的磁带以及合成特技等。

◎**地址码**

地址码，如 SMPTE 时间码，用特定的地址代码标注每一帧画面。脉冲计数系统并不是真正的地址码，因为它只计数脉冲，并不给每一帧画面分配一个独一无二的地址。

◎**组合编辑**

在组合编辑中，素材带上选定部分所记录的所有信息都被转录到编辑母带上。组合编辑的好处是速度快，因为它不要求事先在编辑母带上铺连续的控制磁迹；其不足之处是无法单独编辑音频和视频，且会在编辑点出现撕裂现象。

◎**插入编辑**

插入编辑要求事先在编辑母带上（通过录黑场）铺上控制磁迹。连续的控制磁迹使得编辑高度稳定，不会出现撕裂现象。插入模式可以分别在编辑音频磁迹的同时在编辑片段中间加入或删除镜头；其不足之处是速度比组合编辑慢。

◎**非线性编辑**

非线性编辑系统完全采用数字视频/音频信息，利用大容量硬盘存储并检索视频/音频素材。非线性系统允许随机读取任意一帧视频画面及其伴音，其最终产品既可能是一份编辑决策列表，也可能是（用高质量的设备）能直接转录到编辑母带上的编辑好的视频片段。

◎**脱机编辑与联机编辑**

脱机编辑产生粗编带和编辑决策列表；联机编辑产生最终的编辑母带。

## 要点

☞ 切换指同时从若干个素材视频上进行即时编辑。

☞ 切换台能选择多重视频输入并立即做出各种转换和特技。

☞ 节目总线将选定的视频输入直接送到播出线。节目总线是一种只能进行切换的机器。

☞ 合成总线（或处于合成模式的总线）能执行切、淡入淡出、叠以及溶入溶出功能。

☞ 特技总线和嵌入总线可以完成各种划像、嵌入以及特技。

☞ 录像机可以承担线性编辑的任务，无论录制的信号是模拟的还是数字的。

☞ 线性编辑的基本原理是将素材带上的内容按预定序列复制到编辑母带上。

☞ 一般说来，单信号源录像机编辑系统只限于切换式转换。

☞ 多素材源编辑系统可以实现淡入淡出、划像以及其他特技转换。

☞ 时间码给已经录制的每一帧画面分配一个独一无二的地址。

☞ 插入编辑的编辑母带必须事先录上黑场信号。
基本的非线性编辑原则其实是文件管理。

☞ 一定要给原始素材带制作保护性备份。

☞ 录像机场记上的向量说明有助于加快查找含有指向或移向某一方向的人物或物体的镜头的速度。

☞ 如果编辑目的只是生成一份编辑决策列表或粗编片，则编辑是脱机的；如果编辑日的是生成编辑母带，则编辑是联机的。联机设备的质量通常高于脱机设备。

☞ 编辑决策列表是联机编辑的路线图。

第 *12* 章

# 编辑原则

## 重要术语

**complexity editing 复杂编辑** 通过精心挑选和形成对比的镜头来突出屏幕事件，常常有意不遵循连贯编辑原则。

**continuing vector 连续向量** 彼此向对方延伸的图形向量，或向同一方向指向和运动的指示向量和运动向量。

**continuity editing 连贯编辑** 以保证让上一个镜头的向量延续到下一个镜头的方式组接镜头的编辑手法。

**converging vectors 会聚向量** 指向对方的指向和运动向量。

**cutaway 切换镜头** 与整个事件之间不存在内在直接联系，在屏幕方向上处于中间位置的某个物体或事件的镜头。用在屏幕内方向相反的镜头之间的过渡镜头。

**diverging vectors 背向向量** 双方指向相背的指示和运动向量。

**jogging 慢进** 磁带一帧一帧地向前走，其结果是画面出现停顿式前进。

**jump cut 跳切** 指画面在切的过程中从一帧过渡到另一帧时出现轻微跳动的现象。

**mental map 构想图** 告知我们物体在什么位置以及应该在什么地方入画和出画。

**vector line 轴线** 想象中通过延伸会聚指向轴线或运动轴线的方向而形成的一条线。

现在，你已经了解了一定的线性和非线性编辑系统基础知识，掌握了它们在后期编辑中的用途，Triple–I后期编辑组的头头会告诉你，编辑的真正挑战不在于是否熟练地掌握了设备，而在于如何以一种有效的方式来呈现故事，尤其在于如何挑选出能最终产生良好镜头段落的镜头。在她看来，优秀的编辑必须懂得美学，而不仅仅是机器。但这是什么意思呢？本章将阐明一些基本的编辑美学原则。

◎**编辑目的**

为什么要编辑

◎**编辑功能**

组合；删节；修改和建构

◎**连贯编辑的美学原则**

构想图；向量以及出入画位置

◎**复杂编辑的美学原则**

突出事件与赋予意义

## ◎编辑目的

编辑指从一个或几个事件中选择一定的部分，将它们组合成有意义的序列。至于这种排列是什么性质，则取决于具体的编辑目的：是将一个20分钟的重要新闻报道剪辑成20秒，以适应编排的需要呢？还是将一系列特写细节镜头组接起来，使其具有一定的意义，并保持视觉上的流畅？抑或将一些镜头放在一起进行对比，使其产生附加意义？

大体上讲，我们之所以要进行编辑，是想简洁而又效地呈现故事。所有编辑设备的设计都是为了使镜头的选择以及借助各种过渡手段而进行的组接变得更加简单和有效。但是，无论使用的是简单的只切磁带编辑设备，还是高度复杂的非线性计算机编辑系统，它们的编辑功能和基本美学原则都一样。

**要点1　编辑指选择重要的事件细节并将它们排成具体的序列，以便简洁而有效地讲述故事。**

## ◎编辑功能

编辑功能具体分为：（1）组合；（2）删节；（3）修改以及（4）建构。尽管这些功能常常有彼此重叠的现象，但往往会有一种主导性功能决定编辑的方式和风格、镜头的选择、镜头的长度和顺序以及它们之间的过渡方式。

### 组合

最简单的编辑方式是将几个节目段落组合在一起。比如，你可以对自己在假期拍摄的片段进行组合编辑，使它们按照时间顺序排列在同一盘磁带上。如果你在拍摄时做了详细的场记，那么，当你在众多素材带和各种镜头中查找的时候，这些场记就会给你帮很大的忙。由于你只是将不同的录像片段简单地连接在一起，因此没有必要用过渡，只用“切”即可。在实际拍摄过程中，你对预定剪辑顺序的意识越强，在后期制作阶段组合这些镜头时就越容易。

### 删节

通常，我们在做编辑时只是简单地删减素材，缩短节目的长度，而删减幅度最大的编辑要数电视新闻。作为新闻素材的一名编辑，经常会有人要求你将一些不同寻常的新闻故事缩短成不合理的片段。对于新闻编辑而言，被迫将半小时的讲演缩成10秒钟，将20小时的营救行动缩到只剩20秒，将冒险拍到的50分钟生动的战争素材减少到不足5秒，这些都不是什么稀罕事。臭名昭著的“新闻摘要”就是这种大幅度删节的直接后果。官方发言被裁剪成若干简短、易记的警句，而非有见地的论述，真是深得广告口号的要领。

但是，即便在删减幅度不大的编辑中你也会发现，要舍弃某些素材，尤其是那些花了很大力气才拍摄到的素材，往往也很艰难。作为一名编辑，应该尽量让自己从前期制作和拍摄所付出的辛苦中跳出来，只专注于自己想展示和表达的内容而非自己手上有什么。如果只用一个镜头就能表达同样的讯息，那就不要用三个镜头。这种编辑要求你认识事件的本质，只用那些最能传达这一本质的镜头。

**要点 2 编辑的删节功能要求认识事件的本质，选择最能表达这一本质的镜头。**

### 修改

在编辑过程中修改错误是最困难、最耗时、成本最高的后期工作。即使是简单的错误，如公司总裁在月度报告中念错一个字，也会使旧镜头中的（出错前）身体位置、音量大小与新镜头中的（出错后）身体位置、音量大小在匹配上出现问题。成熟的导演不会在正好念错字的地方做修改，而会在讲演中引入新观点而切换镜头的地方开始修改，以使镜头中的变化有充足的理由。从不同的视角（推、拉或不同角度）开始“切”（新镜头），可以使切换和音量中的细微变化看上去像有意设计的，使真个片段衔接流畅。

更大的制作难点，如调节不均匀的色彩和声音，才是真正让编辑头疼的事。在每一个新的照明环境中调节白平衡，边观察音量表边仔细听声音的拾取状况，当然比“到后期再修补”更容易。

对那些看似表面上的疏忽，类似演员站着时衣服纽扣没扣好，坐下时却扣上了这样的疏忽，即便最有经验的编辑也无法在后期制作中进行补救，而只能通过耗资巨大的重拍来进行纠正。在此必须重申，小心对待前期制作的每个细节，密切监视制作过程的每个方面，能在很大程度上消除这些代价高昂的“后期补救”工作。

**要点 3 密切关注前期及制作中的细节可以减少补救性编辑工作。**

### 建构

如果能从大量精心拍摄的镜头中建构出一个节目，那么，这次编辑无疑非常令人满意。有些后期编辑人员认为，前期拍摄的素材带只是提供了砖和灰泥，而要建造房屋 赋予这些原材料以形状和意义——则必须靠编辑，这不无道理。不管编辑的目的是为了尽量清楚地呈现事件，还是为了揭示它的激烈程度和复杂性，抑或兼而有之，都必须遵循一两条重要的编辑美学原则：连贯性和复杂性。

## ◎连贯编辑的美学原则

**连贯编辑**（continuity editing）指天衣无缝地从一个事件细节过渡到下一个事件细节，从而使故事显得流畅，哪怕有大量的信息被有意省略掉。连贯性编辑的美学原则与故事的逻辑和叙述的流畅并没有太大的关系，但却与画面和声音的转换过渡方式紧密相关。与画家和静物摄影师不同，他们只关心某一画面的构图效果，作为一名电视编辑，你必须将两幅画面中的美学元素加以比较，看它们在连续观看的时候是否能从上一幅流畅地过渡到下一幅。电影制作经过多年的发展，一些实现视觉连贯的方法已经确立了自己的地位，已经从惯例发展成了原则，并被移植到了电视制作当中。

连贯编辑主要有以下原则：（1）构想图；（2）轴线关系；（3）出入画位置。

### 构想图

每次看电视或电影，我们都不由自主地想搞清物体到底处于什么位置，它们应该从什么方向出画和入画。在实际操作中，我们会在大脑中构思一幅画面——即**构想图**（mental map）——来告诉自己东西在什么位置，或应该在什么位置。比如，如果你发现某人在双人镜头中向画面的左侧看，那么他在特写中也应该向画面左侧看（见图 12.1）。

A　如果人物在中景中看向画面的左侧……

B……在特写中也必须大致看向同一方向。

**图 12.1　构想图**

为了在心理构想出东西在画外的位置，人物的视线方向必须保持一致。

如果在特写镜头中看到一个人在双向交谈中看着画面的右侧，那么你的构想图就会暗示另有一人应该位于右侧的画外空间（见图 12.2）。根据已经建立起来的构想图，下一个镜头必须是显示对方看向左侧的特写，同时，第一个人移至左侧的画外空间（见图 12.3）。若在连续镜头中表现出两个人都看向同一方向，则与构想图不符，让人感觉是两人在与第三者交谈（见图 12.4）。

A

B

**图 12.2　右侧画外位置的构想图**

如果特写镜头中的人物 A 看着画面的右侧说话，我们就会假定人物 B 位于右侧的画外空间，并在向左看。

A

B

**图 12.3 左侧画外位置的构想图**

如果特写中的人物 B 看着画面的左侧说话，我们就会假定人物 A 在左侧的画外空间里。

镜头 1–A

镜头 2–B

**图 12.4 另一种画外位置构想图**

如果在连续的特写镜头中人物 A 和人物 B 都看着同一个方向，说明两个人都在与第三者谈话。

如果在一个三方交谈中，你在特写中看到一人先是朝画面的右侧看，然后又朝画面的左侧看，那你就会以为他的两侧都坐着人（见图 12.5）；但如果你在特写镜头中看到一名男子在三方谈话中一直朝画面的右侧看，那你就会觉得其他两个人都坐在他的右侧，虽然我们根本看不见他们（见图 12.6）。如果你的大脑有一个将谈话的三方都包含在内的三人镜头，说明你的构想图比较准确（见图 12.7）。

**图 12.5 朝画面左侧和右侧看的人**

如果特写中的人物在镜头 1 中朝画面的右侧看，然后在镜头 2 中朝画面的左侧看，我们就会认为其他人坐在他的两侧。

**图 12.6 谈话伙伴位于画面的右侧**

如果在三人交谈中某人一直朝画面的右侧看，我们会认为其他两人坐在右侧的画外空间里。

正如你所看到的，构想图不仅涉及到画内空间，也涉及到画外空间。构想图一经形成，就必须遵循它，除非你有意想动摇观众的预期。运用连贯原则能保持构想图的完整。

**图 12.7 实际画面位置**
在全景镜头中，画外空间的构想图与三人的实际位置相吻合。

**要点 4 连贯编辑意味着在一系列镜头中保持物体的位置和运动方向不变，以帮助观众想象物体所处的位置和运动方向并保持这种感觉。**

## 轴线关系

你应该还能想得起，轴线（即向量）指那些引着我们的视线由屏幕上的某一点移向另一点，甚至离开屏幕的具有方向性的力量。它们因暗示或移动的力度不同而表现出不同的强弱。若想保持构想图的完整，要求轴线具有适当的延续性。

**图形向量的连贯性** 如果拍摄的风景中有突出的图形向量作为水平线，如地平线、海洋、沙漠或山脉，那么必须保证这条水平线在随后的镜头中处于同一高度，不能时高时低（见图 12.8）。要想保持轴线的连贯性，只需在寻像器上用一条胶带标出第一个镜头的水平线位置，随后的所有镜头根据胶带调准即可。

镜头 1　　镜头 2　　镜头 3

**图 12.8 图形向量的连贯性**
若想防止水平线在后面的镜头中时高时低，必须保证镜头与镜头之间形成连续的图形向量。

**指示向量和运动向量的方向** 指示轴线与运动轴线既可以呈连续状，也可以呈会聚或发散状。

**连续向量**（continuing vector）在同一个方向上彼此相随或朝同一个方向运动或指向（见图12.9）。它们必须是“连续的”、指向屏幕的同一方向）——哪怕出现在不同的镜头中（见图12.10）。如果在特写镜头中让其中的一人朝相反的方向看，就意味着打破已经建立起来的连续性。此时，与两人朝同一方向看相反，构想图会告诉我们他们的位置一定是互相对视的（见图12.11）。

A B

**图12.9 单镜头中的连续向量**

连续向量指向或朝同一方向运动，这两个人的连续向量暗示他们在看着同一目标物体。

镜头 1–A

镜头 2–B

**图12.10 连续镜头中的连续向量**

在两个连续的特写镜头（镜头1和2）中，这些连续的指示向量暗示两人（A和B）在看着同一个的目标物体。

镜头 1–A

镜头 2–B

**图12.11 连续镜头中的背向向量**

将一个指示向量（镜头2）反转过来，我们就会觉得这两人（A和B）在相互对视而不是看着同一个目标物体。

**会聚向量**（converging vectors）彼此向对方靠近或指向彼此的向量（见图 12.12）。若想让大脑中的构想图保持下来，后面的单个镜头中就必须保持它们的方向性（见图 12.13）。

**背向向量**（diverging vectors）背离彼此而运动或指向相反方向的向量（见图 12.14）。同样，后面的特写镜头必须保持这种背向向量的方向（见图 12.15）。

A　　　　B

**图 12.12　单镜头中的会聚指示向量**

会聚轴线指向彼此或向对方靠近。互相对视的两个人（A和B）的指示轴线便是会聚的。

镜头 1–A

镜头 2–B

**图 12.13　连续镜头中的会聚指示向量**

在连续的特写镜头中（镜头 1 和 2），A 的指示向量肯定会与 B 的指示向量会合。

**图 12.14　单镜头中的背向指示向量**

如果两个人（A 和 B）在双人镜头中看着相反的方向，那么它们的指示向量便会给人背向的感觉。

镜头 1-A

镜头 2-B

**图 12.15　连续镜头中的背向指示向量**

若要在连续的特写镜头（镜头 1 和 2）中使指示向量呈背向状，A 的指示向量必须与 B 的指示向量朝向相反的方向。

当然，向量可以在单个镜头中改变方向。在这种情况下，接下来的镜头必须保持切换前的指示向量或运动向量。比如，如果镜头中表现某人先向画面的左侧跑，继而在画面中间掉头向画面右侧跑，那么下一个镜头也必须让此人继续向画面的右侧跑。

如果有人直视摄像机镜头，或靠近或离开摄像机，我们说这是 Z 轴指示向量或运动向量。你应该还记得，Z 轴指纵深的维度，或者说是从摄像机伸向地平线的一条假想的线。我们构想出来的 Z 轴上的一系列镜头到底属于连续的、会聚的还是背向的，取决于整个活动的背景。如果在一个交待两人彼此对视的双人镜头后连续接两个二人分别直视摄像机的特写镜头，那么，这两个连续的 Z 轴线便会给人会聚的感觉，两人仍然处于对视位置（见图 12.16）。

如果背景（双人镜头）交待两人看向不同的方向，那么同一 Z 轴特写镜头的指示向量便会给人背向的感觉（见图 12.17）。

A 镜头 1 B

镜头 2–A

镜头 2–B

**图 12.16 会聚的 Z 轴指示向量**

镜头 1 建立的 A 与 B 指示向量呈会聚状。如果建立了会聚的向量（镜头 1），后面镜头 2、镜头 3 中 A、B 两人的 Z 轴特写便会给人会聚的感觉。

A 镜头 1 B

镜头 2–A

镜头 2–B

**图 12.17 指示向量呈背向状的的双人镜头**

如果镜头 1 的背景关系确定了两个人（A 和 B）各自看向不同的方向，那么接下来的 Z 轴镜头（镜头 2 和 3）的向量仍然会给人背向的感觉。

## 要点5　在建立与保持镜头之间的连贯性上，图形、指示和运动向量发挥着重要作用。

### 画内画外位置

如图12.1—图12.7所示，我们多半会在大脑中形成一幅图画来帮助自己判断人物所处的位置，尽管我们看不见他们。这种画外图有助于保持视觉的连续性，并最终构成一幅完整的画面。按向量的术语来说，即画内向量指向哪里，画外人物便在哪里，画内位置也是如此。如果我们将人物A放在画面左侧，人物B放在画面右侧，我们的意图便是保持他们之间原有的位置关系，即使我们从不同的视点进行切换。这种位置连续性在过肩镜头和交叉镜头中尤为重要（见图12.18）。在镜头1和镜头2中，人物A一直在画面左侧，人物B一直在画面右侧。如果我们在接下来的镜头中看到A和B交换了位置，那么我们大脑中的构图就会遭到破坏，我们对这组镜头的感觉就会像图12.8中的镜头3所显示的那样，觉得他们是在玩抢座游戏。

如果切换时镜头间出现微小的位置变化，我们称之为跳切，因为物体或人物毫无道理地从一个地方跳到了另一个地方。这种情况多半是由于在拍后续镜头时试图将摄像机或被拍摄主体安排在绝对相同的位置上造成的。遗憾的是，无论是摄像机还是被拍摄主体，都不可能保持与前一个镜头绝对相同的位置，其位置会不可避免地会略有变化。当这样两个镜头剪接到一起时，这种轻微的变化看上去就会变成非常突兀而又引人注目的跳动。要想避免这种跳切，就应该经常改变拍摄角度或景别，改变构图。

尽管跳切在连贯编辑中不受欢迎，但在复杂编辑中却是一种卓有成效的创作方法，我们将在本章的稍后部分讲解这一内容。

**轴线**　帮助保持画内位置和运动连续性的导航图（你稍后将会看到）被称为**轴线**（vector line），即交谈和动作线、180度线或单纯的一条线。轴线是会聚指示向量的延伸，或运动方向上某个运动向量的延伸（见图12.19）。

若想在过肩拍摄中保持镜头中的画内位置（A在画面左侧，B在画面右侧），必须将摄像机架设在轴线的同一侧（见图12.20）。如果越过了轴线，则将导致抢座游戏那种结果，看上去A和B像是交换了位置（见图12.21）。即便你认为自己即使在屏幕位置关系发生了改变的情况下也不会混淆A与B的相对关系，但越线肯定会干扰观众大脑中的构图，导致构图的不连贯。这被视为一种严重的排序错误。

类似问题还会发生在沿Z轴从前面和后面拍摄双人并排镜头时。这种排序问题在拍摄婚礼的过程中非常普遍：你先拍了新郎、新娘的正面，然后再拍他们的背面，当这两个镜头剪接到一起时，新郎新娘却换了位置（见图12.22）。

为了避免出现这种位置交换问题，可以在这对夫妇走过时，和摄像机一起挪到一边，看着他们在镜头中交换位置。这样，在切后面拍的镜头时，他们就已经换好了位置。

在交叉拍摄时，如果越过轴线，则会使原本恰当的会聚指示向量变成不恰当的连续向量。这时，两人不是看着对方交谈，而是变成了像在同第三者交谈（见图12.23）。

**图12.18　保持画内位置**

当B在镜头1中先出现在画面右侧时，我们便会想象在下一个不同角度的过肩镜头（镜头2）中，她仍然会在原先的位置。假如B在过肩镜头（镜头3）中出现在了画面的左侧，我们大脑中的构想图就遭到破坏。

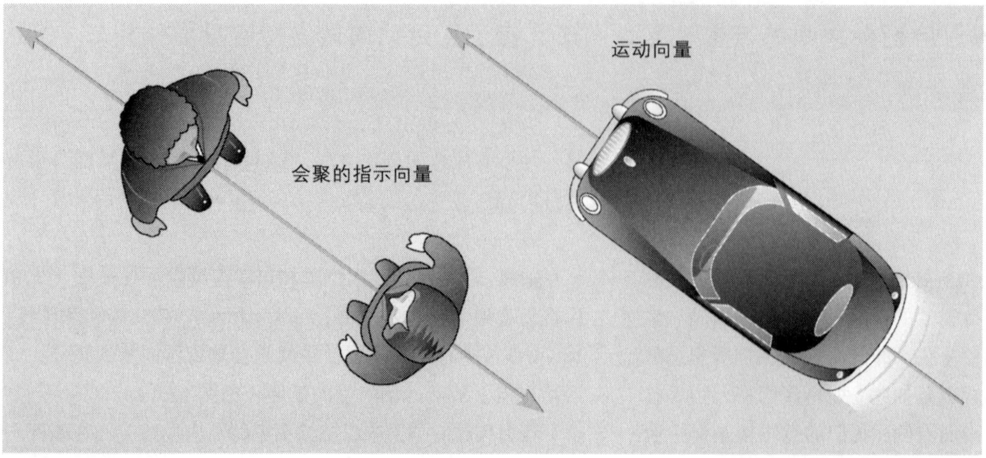


**图 12.19 轴线的形成**

轴线通过延伸会聚的指示向量或运动向量而形成。

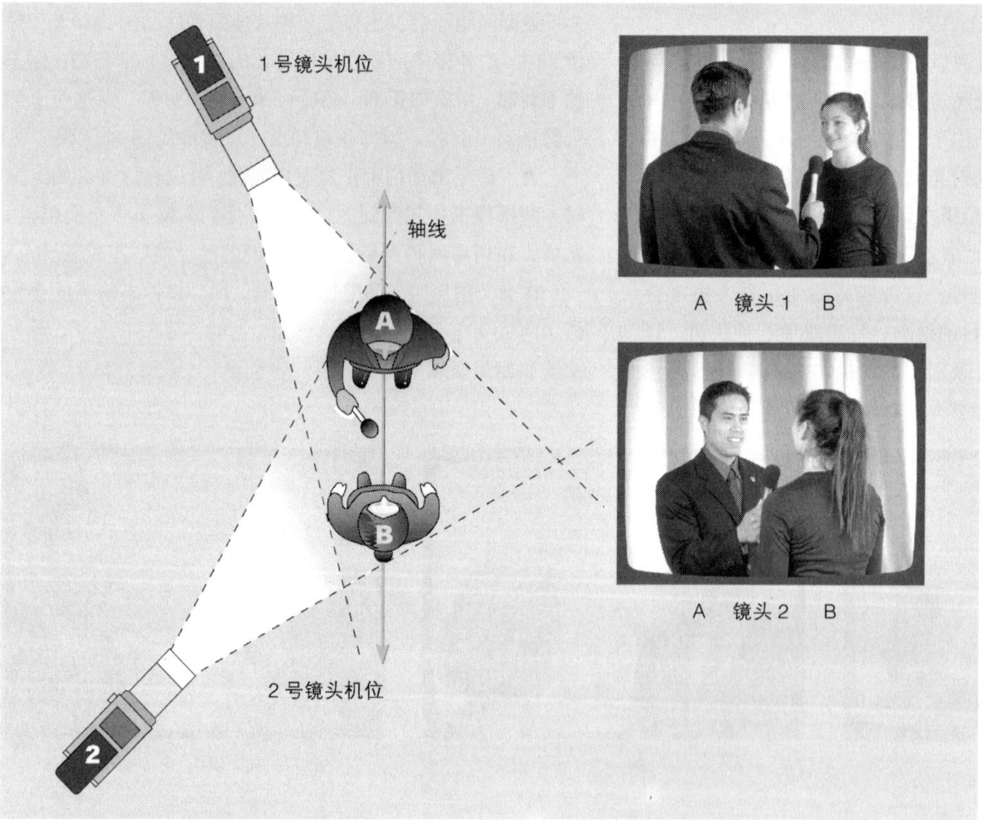


**图 12.20 轴线及正确机位**

若想在过肩镜头中保持 A 和 B 的相对位置关系，摄像机必须架设在轴线的同一侧。

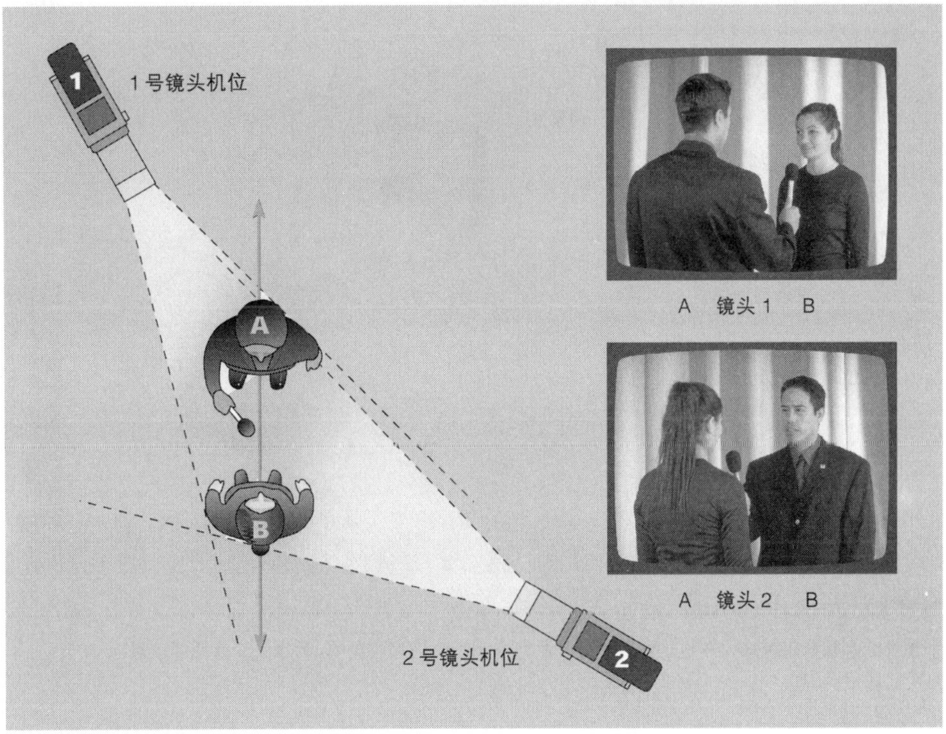


**图 12.21 越过轴线的后果**

如果两台摄像机中的一台越过了轴线，则人物 A 和人物 B 在两台摄像机之间的每次切换时都会对调位置，看上去就像在玩抢座游戏。

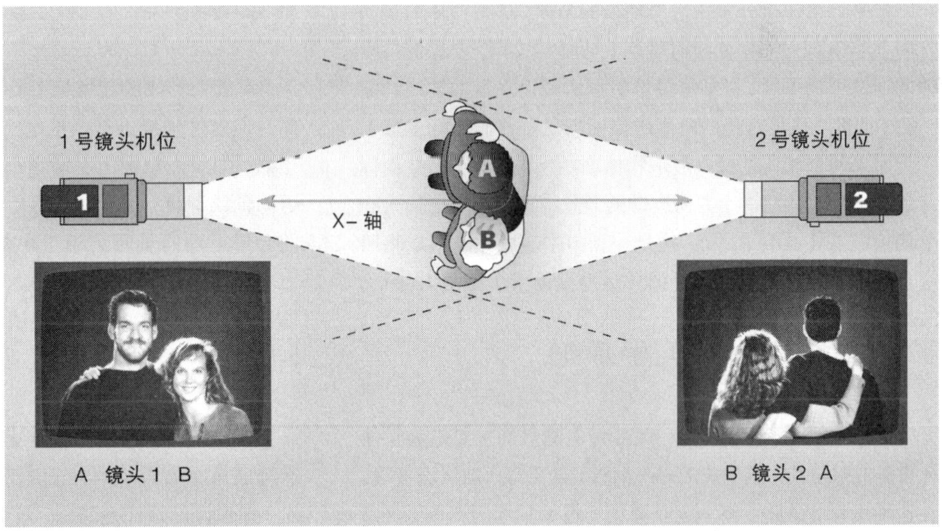


**图 12.22 Z 轴位置的变化**

如果沿着 Z 轴分别从正面和背面拍摄两人并排（A 和 B）的镜头，那么在将两个镜头剪辑到一起时，两人的位置会对调。

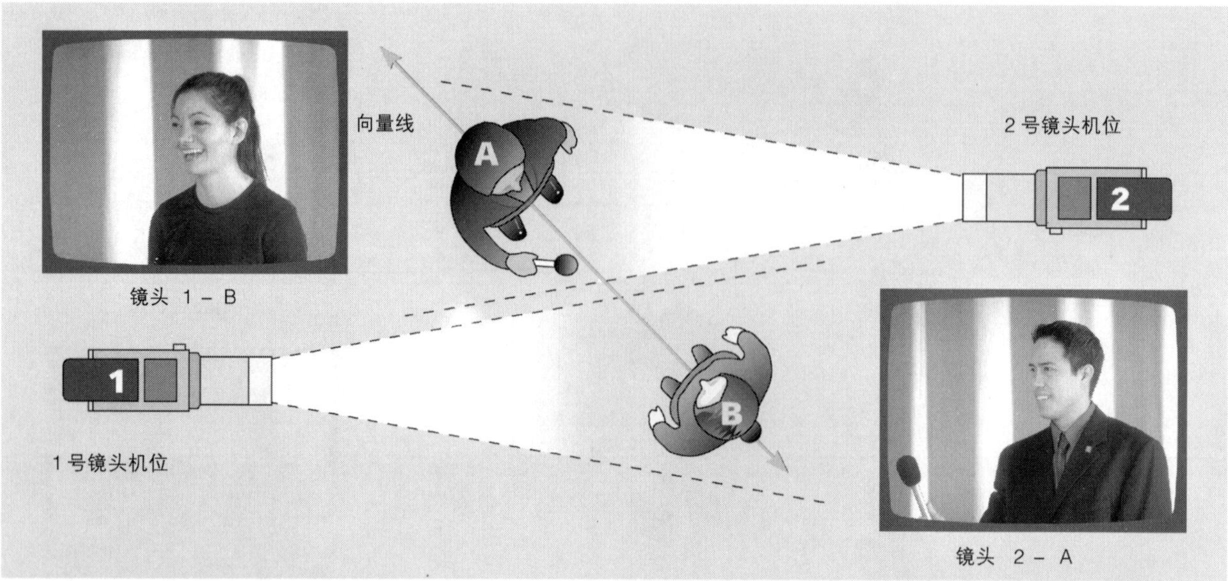


**图 12.23 在交叉拍摄中越线**
如果在交叉拍摄中越线，A 和 B 看上去就会看着同一方向，会聚指示向量便会变成连续向量。

**要点 6 要想保持画内位置和向量的连续性，两台摄像机必须架设在轴线的同一侧。**

如果将摄像机分置在运动轴线的两侧，那么物体的运动方向就会随着每一次切换而对调（见图 12.24）。要想保持物体的运动方向不变，必须将摄像机全部架设在运动轴线的同一侧（因此，从足球场的两侧拍摄一场比赛并非是好主意）。

如果两个相连的镜头显示物体朝相反的方向运动，而你却想制造出物体沿一个方向运动的假象，这时便可以插入一个**切换镜头（cutaway）**。这是一种与主题相关，可以将两个运动向量相反的镜头隔开的非运动性镜头（见图 12.25）。

## ◎复杂编辑中的美学原则

**复杂编辑（complexity editing）**的目的主要是为了强化事件或赋予其一定的意义——帮助观众更深入地认识事物。在这种编辑方式中，不一定非遵循连贯编辑原则不可，可以有选择地进行编辑，以加强情感冲击力，甚至不妨冒与观众的构想图相冲突的危险。

### 强化事件

尽管我们刚刚建议你不要同时从轴线的两侧拍摄运动物体，但越过轴线进行拍摄确实是一种比较常用的强化手段。比如，如果你想突出一辆赛车的马力，可以先从街道（代表运动轴线）的一侧拍摄，然后再从另一侧拍摄。这时，汽车的会聚运动向量便会相互冲突，从而增加镜头的美学表现力。因为这是这两个镜头中的惟一一辆车，因而我们不会觉得方向发生了转变，不会误认为有两辆车，而会觉得这是一辆沿着同一方向运动的车（见图 12.26）。

**越线** 许多 MTV 片断都呈现出画面方向的急速变换，如歌舞演员从看着或移向一个方向，然后快速转向相反的方向。你也许已经注意到了，这种效果是通过摄像机的有意越线来实现的。如果从轴线的两侧进行拍摄，每次切换镜头的时候歌手的指示向量和运动向量便会改变。越线的目的是为了加强镜头的表现力，转换越迅速，镜头序列的冲击力越大。

**图 12.24 越过运动轴线**

如果越过运动轴线，物体的运动方向将在每一次切换时发生对调。

**图 12.25 切换镜头**

即使在相连的镜头中物体朝相反的方向运动，但如果你希望展示物体一直在同一方向运动的话（镜头 1 和镜头 3），可以插入一个方向不确定的切换镜头（镜头 2），以此来建立连续的运动向量。

镜头 1　　镜头 2　　镜头 3

**图 12.26 通过会聚运动向量达到强化效果**

将涉及同一主要物体——如一辆马力强劲的赛车——的两条会聚轴线并置，可以既突出被拍摄主体的动态，同时又不破坏其向量的连续性。注意，此时画面中汽车生成的与其说是运动向量，不如说是指示向量。

镜头 1　　镜头 2

**跳切** 跳切（jump cut）已成为复杂编辑的一种惯用手法。这种手法通过新闻广播而流行起来。当时，编辑人员在编辑采访节目时没有时间插入合适的切换镜头，于是他们便设法在声轨上找几个有趣的片段，将它们拼接到一起，根本不考虑这些片段是否与图像吻合。因为大多数新闻采访采用单机拍摄，镜头始终对准采访对象，因而采访的最终编辑版本会出现大量跳切的画面。

虽然从传统意义上讲，跳切有违美学原则，但由于它们能显示出采访被修改的地方，因而最终还是为观众所接受。现在，甚至连广告和戏剧情境中都用到了跳切——不是出于压缩时间的目的，而是为了增强刺激。和越线的做法一样，跳切使我们的感知受到刺激，不再满足。

**慢进** 慢进（jogging）对视觉的连贯性产生类似的刺激，慢进指一帧接一帧地放画面，使之产生慢动作的感觉。采用这种手法通常是为了给剪辑确定具体帧的位置。如果在一组高强度的镜头中突然出现慢进镜头，慢进便会将人们的注意力集中到运动本身上，从而增强场景的戏剧效果。

**声轨** 声轨是最有效，也是应用最为广泛的一种强化手段。比如，除了刹车时轮胎发出的尖叫外，很少有汽车追逐场面不配能量高、节奏快的音乐。正如你自己在摇滚音乐会或其他音乐演出中体验到的一样，音乐的基本能量主要是靠音乐的节奏来实现的。而这种基本的声音能量则非常容易移植到电视节目中来。

## 赋予意义

我们不但可以通过场面本身的内容来产生意义，还可以通过具体的镜头组合来产生意义。比如，如果我们在第一个镜头中看到一名警察正在与另一个人搏斗，然后在第二个镜头中看到这人横穿街道跑过，我们便会推测疑犯已经逃跑；但如果我们看到的是这个人先跑，然后再是警察与之搏斗，我们便就会推测警察抓住了疑犯。

我们可以通过将主要事件与相关事件或对立事件并列的做法来产生额外的意义。例如，在表现无家可归者在城市广场上寻找栖身之地后，紧接着将镜头转到豪华轿车驶过身边，优雅的行人穿过街道，走进歌剧院。这样，不仅无家可归者的苦境得到了强化，同时还暗示了社会的不公。这样的并列被称为**对比蒙太奇（collision montage）**。蒙太奇指将两组或若干组非相关事件的图像经过精心编排后并置，当这些事件的图像组接到一起时，就形成一个更大、更强烈的整体①。也可以将音频或视频蒙太奇表现成声音与画面基本主题平行或对立的形式，如给慢动作战斗场面配交响乐，让它看上去就像一段编排优美的芭蕾舞。

有一点必须认识到：复杂编辑并不意味着没有编排规则。无视连贯编辑习惯和规则并不会使事件自然而然地得到强化，反而更容易给观众造成困扰。至于到底应该在什么时候为了复杂编辑的好效果而去打破连贯规则，如何打破这些原则，则必须首先对这些规则有彻底的了解，然后再辅之以审慎的判断。

只有扎实地掌握了轴线概念，你才会超越那些多少靠直觉进行剪辑的编辑。其实，只要一切进展顺利，依靠直觉也并没有什么错。但一旦出错，直觉就无法解决问题。在最好的状态下，编辑美学基础知识会在你第一次选择最佳镜头和最好编排顺序时给你信心。

## 再次重申，请记住：

◎**编辑功能**

基本的编辑功能即组合镜头，压缩素材，纠正拍摄错误并通过各种镜头制作出一个节目。

◎**连贯编辑**

连贯编辑指从一个事件细节（镜头）天衣无缝地过渡到下一个事件细节（镜头）。

◎**构想图**

剪辑必须帮助观众在大脑中形成事物目前处于什么位置、应该在什么位置以及在向什么方向运动的画面，哪怕出现在连续镜头中的只是整个场景的一部分。

◎**轴线关系**

指示向量和运动向量既可以是连续的（指向或移向同一方向），也可以是会聚的（指向或靠近对方）或背向的（指向或移向相反的方向）。

◎**轴线**

轴线通过延伸会聚指示向量或运动向量而形成。若想保持位置和方向的连续性，摄像机必须从轴线的同一侧拍摄；若是多机拍摄，所有的摄像机都必须在轴线的同一侧拍摄。

◎**复杂编辑**

复杂编辑经常违反连贯原则，比如越线，以强化画内事件；跳切和慢进则是一种增加表现力的手段。

---

① 见泽特尔所著《声音 图像 运动：实用媒体美学》第3版第300—304页，或参见Steven D.Katz：*Film Directing Shot by Shot*《电影导演入门》（Studio City,Calif: Michael Wise Productions, 1991）。

## 要点

☞ 编辑指选择有意义的事件细节，将它们组合成特定的序列，从而简洁、有力地呈现一个事件。

☞ 编辑的删节功能要求认清事件的本质，并选择最能表现这一本质的镜头。

☞ 注意前期准备及制作中的细节，可以避免大量的修改性编辑。

☞ 连贯编辑指在一组镜头中保持物体的位置和运动方向不变，以帮助观众在大脑中形成和保持物体应在什么位置和将朝什么方向运动的构图。

☞ 图形向量、指示向量和运动向量在建立和保持镜头之间的连续性上发挥着重要作用。

☞ 要想保持被拍摄物在画面中的位置和向量的连续性，两台摄像机必须一直待在向量线的同一侧。

# 第四部分

# 第四部分

第 13 章　出镜人、服装与化妆

第 14 章　制作环境：演播馆

第 15 章　实地制作与人造环境

# 出镜人与制作环境

在派你去协助一流导演之前，Triple-I的管理人员希望你能对在摄像机前工作的人——出镜人——有更多的了解，对他们为了传达明确的传播讯息而做的事有更深入的了解。

他们还希望你对演播馆及其相关控制区以及在节目制作过程中如何有效地使用现场环境有更多的了解。本书的最后三章将帮助你达到Triple-I的要求。

第13章

# 出镜人、服装与化妆

## 重要术语

**actor 演员** 以戏剧角色出现在镜头里的人，扮演别人。

**blocking 场面调度** 经过精心规划的出镜人以及场内各种移动录像设备的运动和动作。

**cue card 提词板** 一块写着台词的大板子，通常由演播室工作人员举在摄像机的上方。

**foundation 粉底** 化妆的底色，通常溶于水，装在一种扁平状的化妆盒里，用海棉扑在脸上，有时甚至扑在所有裸露的皮肤上。粉底可以减少不必要的反光。

**I.F.B. 可中断回馈系统** （interruptible foldback/feedback的缩写形式）一种能让导演或制片人在播出时与演员进行沟通的通讯系统。演员佩带的小型耳麦传送节目的声音（包括演员自己的声音）和制片人或导演的指令。

**moiré effect 波纹效应** 当构图的窄条纹对比较大而干扰电视系统的扫描行时产生的色彩颤动现象。

**performer 主持人** 指在非戏剧性节目中出现在摄像机前的人，主持人不装扮成别人，而是扮演自己。

**talent 出镜人** 固定出现在电视节目中的主持人和演员的总称。

**teleprompter 提词器** 一种能将运动中的台词投射到镜头前的玻璃上，从而让出镜人得以在看台词的同时仍能与观众进行眼神交流的提词工具。

即使是制作一个相对简单的节目，如某人在镜头前发布某企业的最新消息，其中所动用的设备和精力之大往往也令人难以置信。但观众并不理会这一切，他们判断节目的标准是出现在电视中的人是否可爱，他所发布的消息是否令人信服。同样，观众将脱口秀节目的成功主要归功于主持人，而不是照明或摄像机的运用如何。

电视**出镜人**（talent）指所有在摄像机镜头前出现的人（但这一概念不是非常精确）。我们将出镜人分成两种：主持人和演员。**主持人**（performer）主要出现在非戏剧性节目中，他们只扮演自己而非别人，在表演时心里想着观众，通常通过镜头直接与他们交流；与此相反，**演员**（actor）必须扮演别人，他们要扮演某个角色，即使这个角色与他本人个性很接近。他们在表演时心里不想观众，而是与其他演员互动。由于主持与表演在几个大的方面要求不一样，因此这里将对它们分别进行讨论。本章将特别侧重于镜头前的表现技巧和其他问题。

**◎主持技巧**

主持人与摄像机；声音与灯光；时间的把握与提示

**◎表演技巧**

环境与观众；电视与特写；重复表演

**◎试镜**

如何准备

**◎服装**

质地；细节与颜色

**◎化妆**

技巧要求；特写与材料

**要点1 出镜人指定期出现在电视中的主持人和演员：主持人只扮演自己；而演员则扮演别人。**

## ◎主持技巧

作为一名主持人，心里应该始终意识到观众的存在。你的目标就是尽量与他们建立良好的关系，让他们分享你所做的事，你所说的话。由于电视的观看方式大多是一个人或相互熟识的几个人一起观看，因此你的主持技巧必须与这种亲密的交流方式相吻合。主持时要想象自己是在和熟识的人聊天，想象他们很舒适地坐在离你很近的地方。有些主持人更愿意设想自己是在和一小群人或一个小家庭聊天。不管怎样，千万不要想象自己是在公众集会上对着“电视机以外的数百万观众”说话。如果观众是在家里看你，那么是你，而非他们，才是“外面的人”。不是他们在拜访你，而是你正在拜访他们。

若想帮助自己建立起与观众之间的亲密联系，使自己在摄像机前表现出色，必须熟悉制作过程中的以下几个方面：（1）主持人与摄像机；（2）声音与灯光以及（3）时间控制与提示。

### 主持人与摄像机

主持人必须有一位交流伙伴：摄像机。它代表着你与之交流的观众。刚一开始，你也许会觉得很难将摄像机看成一个交流伙伴。尤其是在你张嘴说话的时候，看见的却是摄像机、提示器屏幕、照到眼睛里的灯光以及对操作设备而非你要说的内容更感兴趣的制作人员。

**目光接触** 要想与观众进行目光接触，就必须看着镜头而不是摄像师或现场导演。实际上，成熟的主持人会与镜头不断地进行目光交流，而且看上去似乎目光是直视镜头而不仅仅是看着镜头而已。如果假装直视镜头，主持人更容易透过屏幕将自己的视线延伸向观众，但如果只看摄像机镜头，想达到这种效果就没那么容易了。同真正进行人际交流时的那种目光交流相比，此时必须与镜头保持更直接、更长久的目光接触。此时，你的眼睛哪怕只是极其短暂地离开镜头，也会严重分散观众的注意力。观众不会认为这是你视线的一种礼貌性调整，而会将它看作是注意力不集中或对交流对象失去兴趣的一种不礼貌的表现。

如果在录制过程中要同时使用两台或多台摄像机，那你必须找出它们之中哪一台拍你，哪一台拍产品特写，然后始终注视拍你自己的那台摄像机（甚至直视摄像机镜头），哪怕导演已经切换到了拍摄产品特写的那台摄像机，也要盯着拍你自己的这台摄像机。这样，一旦画面切回来，就不会出现你看错方向的情形。

如果两台摄像机都在拍你，并根据导演的指令进行切换，你就必须将自己的视线从一台摄像机转到另一台摄像机上，以保持目光的接触。在实施这项任务时，成熟的现场导演无疑能给你提供极大的帮助：他会在即将切换的时候提醒你——将导演的“准备”指令指向你即将面对的那台摄像机，然后在导演说“开拍”时引导你转向另一台摄像机。有了现场导演的提示，你便能迅速而顺畅地将视线转向新的方向。除非有人提前通知你，否则应该始终按现场导演的指令行事，（见图 13.1）而不要按显示哪台摄像机正在拍摄的指示灯的指示来行事。

如果发现自己看着的那台摄像机错了，可以假装整理自己的思绪低一下头，然后再抬头的时候调整自己的视线，将视线转向正在播出的那台摄像机。如果主持表演中包含提示或脚本这些元素，那么这种变换方式特别管用。你只需假装看一下提示便可以调整自己的视线，从错误的摄像机转向正确的摄像机。

**要点 2 与摄像机镜头的目光交流等于与观众的目光交流。**

**特写** 电视中，特写镜头多于中景和远景镜头，摄像机会将你的表情和动作放大，使它们毫发毕现。如果是在镜头外，你抓耳朵摸鼻子的动作并不会让人觉得不礼貌；但在镜头中，摄像机却会忠实地泄露你忘词时的紧张情绪或慌张的小动作。更为甚者，特写还将使你失去调整的余地，使你手中物品的轻微晃动看上去像地震。特写还会使你的动作加快。如果你以正常速度拿起一本书来展示其封面，那么特写镜头就会使它猛地跑到视野之外。以下是拍摄特写时应该遵守的几个重要原则：

★拍特写镜头时不要晃动，尽可能保持稳定。
★即使鼻子发痒、额头冒汗，也不要将手接触到脸。
★将所有动作放慢。
★如果要求展示小物件，尽量使它们在某一位置上保持稳定，最好将它们放在展台上。
★如果物件已在桌子上就位，不要拿起来。可以指着它们，或将它们稍微翘起来，以便给摄像机提供一个更好的角度。

对于摄像师、导演和（尤其是）观众而言，没有什么比主持人在拍特写时突然将物件一把拿走更令人恼火的了。只要瞥一眼演播馆监视器，就可以知道拿着或扶着的物体是否处于最佳位置。

另外，不要要求摄像机靠得更近以使演示效果显得更好。你应该很清楚，摄像师不是只有通过向前推摄像机才能拍特写，他们还可以通过更快速、更简便的推镜头来达到这个目的。在镜头已经播出，或有技术问题而让导演无法得到预想素材时，你却要求特别的镜头，就会让导演很不高兴。不管演员多么想自己在节目中显得好看一点，也不要试图去指挥导演。

**要点 3 在特写镜头中，动作要小而缓慢。**

## 声音与灯光

光有清晰洪亮的嗓音并不能使你成为一名优秀的主持人。除了有话可说和清楚而令人信服地表达之外，你还必须了解对声音的各种要求。

**话筒技巧** 关于这一点，你必须复习一下第 8 章中有关话筒应用的那一部分内容。这里再简要重述一下与主持人有关的话筒应用技巧：

★所有话筒都必须轻拿轻放。它们不是道具，而是将声音转换成电子信号的高度敏感的电子设备。

★如果用项挂式话筒，千万别忘了戴上它。将话筒线从西服或外套下穿过，然后在衣服外面将话筒固定好。除非用的是无线项挂式话筒，只要话筒是“有线”的，你的活动范围就非常会受限制。离开场地前千万别忘了摘下话筒，把它轻轻放在椅子上。

★如果用手持话筒，请先检查话筒线的长度能让你走多远。一般情况下，话筒的位置应该与胸持平，嘴唇稍稍高过话筒而不是直接冲着话筒；在嘈杂的环境下，话筒的位置应该更靠近嘴一些；在用手持话筒采访时，说话的时候将话筒靠近自己，在被采访对象回答时再将话筒指向他；如果要四处走动，则用另一只手轻轻拉话筒线；如果必须用两只手去拿东西，就将话筒夹在腋下。无线手持话筒可以使你的运动少受许多限制，但却会在话筒信号传送到接受器的过程中增加丢失信号的可能性。除非处在人工环境中，比如电视台或录音棚内，否则最好不要用无线手持话筒。

★一旦音频工程师将台式话筒放好，就不要再动它。如果你觉得话筒应该更靠近自己或更对准自己，一定要告诉音频工程师。讲话时脸应该始终面对话筒，而不是朝着别的地方。

★如果用落地式话筒，一定要调节支架的高度，让话筒稍低于下巴，对准嘴的方向。

★如果用吊杆式话筒，在你身体位置发生改变时一定要清楚话筒的位置，但不要去看它。慢慢地移动身体，不要突然改变方向。如果发现拿吊杆话筒的人无法让话筒跟上你，停下来，待问题解决后再继续移动。

**调试音量** 如果有人要求检测话筒或测试音量，不要向话筒里面吹气，应该用播出时的音量测试话筒。那种在播出前快速数十或讲话声音低沉，然后在播出时再一口气将开场白说完的主持人，对音频工程师调整音量毫无帮助。

不要因为摄像机离自己比较远就放大音量。虽然将摄像机假设成与自己交流的观众没有错，但摄像机与你之间的距离其实和声音在镜头中表现出来的实际距离毫无关系。更重要的是，摄像机的距离与话筒的远近也毫无关系。如果你戴的是项挂式话筒，那么，无论摄像机离你是两英尺远还是两百英尺远，你的声音大小听上去都一样。

**要点4　在调试音量时，用在实际演出时的音量讲话，且讲话的时间必须够长，以便调音台将声音调到最佳状态。**

**检查照明** 虽然主持人没有必要去关心灯光，但在播出前迅速检查一下照明绝对没有害处。如果是在室外，除非想得到剪影效果，否则不要背对着强光区；如果是在演播馆内，如果光没有照到你的眼睛里，说明你没在照明区域内。询问导演自己应站在什么位置才能处在合适的照明区域内。在戏剧表演时，如果碰巧走出了排演时划定的区域而进入了暗处，动一下，直到感到光的热度或看到光照到自己的眼睛为止。我们鼓励你对照明关心，但这并不等于鼓励你取代导演的职能。如果你在技术布局和自己在布景中的活动存有任何疑问，都应该和导演商量解决。

## 时间控制与提示

成熟的主持人无需看计时器或秒表就能准确判断出10秒或30秒的时间长度。这样的时间控制技巧并不是天生的，而是在实践中培养出来的。即使你认为自己的时间感很准，也必须留意现场导演的提示。

作为一名主持人，无论是否处于播出状态，都必须对时间极其敏感。即使非播出级的节目，也要按严格的时间段来制作。由于观众对你所受的时间限制毫无感觉，所以，即使只剩2秒或突然要再增加15秒，都必须显得轻松自如。出色的电台主持人在这方面可以教给你很多东西。他们即使在节目的最后一秒都显得完全放松，从来不着急。不要过于相信自己控制时间的直觉。为了精确计时，最好还是用时钟或秒表。在任何情况下都必须对现场导演的时间提示做出反应。

**可中断回馈系统** 主持人必须依靠（或容忍）各种台词提示设备。最直接的台词提示系统是I.F.B.——即可中断回馈系统。你也许见过主持人或受访嘉宾像调整自己的助听设备一样摸自己的一只耳朵的情形。这就是这套系统的工作方式。

如果使用可中断回馈系统，必须戴一只小小的耳塞，由它将节目进行中的所有声音传给你，包括你自己的声音，但制片人或导演（或与这种可中断回馈系统连在一起的其他制作人员）的具体指示可以打断节目。比如，当你采访一家新互联网公司的总裁时，制片人可能会插进来给你新的指令，如接下来问什么、放慢速度、加快速度或告诉嘉宾 15 秒钟供他回答问题以及解释最新的多平台软件。窍门在于别让观众看出你正在听他人而非嘉宾讲话。

如果打算对演播馆外的嘉宾进行采访，可以要求他戴 IFB 耳机，这样便可以把你的问题通过分离的 IFB 频道传送给嘉宾。你会发现，许多嘉宾会对 IFB 系统感到不适，尤其是当嘉宾处的环境比较嘈杂的时候。因此，最好事先测试一下系统，这样嘉宾在使用 IFB 时便会感到更舒服一些。

**现场导演的提示** 现场导演通常负责提供正常的时间、方向和声音提示。作为主持人，你很快就会发现在录制过程中，现场导演是你最好的朋友。好的现场导演会一直待在你的身边，提醒你是太慢了还是太快了，提醒你特写中你手持物品的位置是否正确，以及你是否做得很棒。与其他提示设备不同，现场导演能对你的需要和可能出现的问题迅速做出反应。通常，现场导演的提示是通过各种手势传达出来的（见图 13.1）。

主持人必须对现场导演的提示迅速做出反应，哪怕你认为他的指令不恰当。出色的主持人知道自己不可能靠个人单枪匹马就完成节目，因此会从容而迅速地对现场导演的指令做出反应。

如果觉得自己需要时间提示，千万不要四下环顾去寻找现场导演。他肯定会在不打断你与镜头之间的目光交流的情况下让你看见信号。你已经知道，即使是瞬间的走神都会打断你与观众之间建立起来的联系。一旦看见提示，不要表现出来，现场导演会根据你随后的动作来判断你是否接到了提示。

**图 13.1 现场导演的提示**

由于节目录制期间话筒一直处于工作状态，因此演员必须依靠现场导演发出的直观时间、方位和声音提示。

| 提示 | 手势 | 含意 | 手势表述 |
| --- | --- | --- | --- |
| 时间提示 | | | |
| 准备 |  | 即将开始 | 将手举过头顶 |
| 开始 |  | 节目开始录制 | 指向主持人或正在录像的摄像机 |
| 时间刚好 |  | 按计划进行 | 用食指触鼻子 |

**图 13.1 现场导演的提示（续）**

| 提示 | 手势 | 含意 | 手势表述 |
|---|---|---|---|
| 时间提示 | | | |
| 加快速度 |  | 加速，进行得太慢了 | 伸出食指顺时针方向划圈，划圈的快慢代表加快速度的快慢 |
| 拉长 |  | 放慢速度，剩下的时间太多了。 | 两手之间假装在拉长一根像皮筋要填内容，一直填到录制结束 |
| 结束 |  | 赶快结束正做的事，进入结尾。 | 与加速的动作相似，但通常将手高举过头，有时用高举的拳头、挥手再见或像包纸袋一样双手转圈的动作 |
| 停拍 |  | 立即停止讲话和表演 | 让双手食指像刀子一样划过自己脖子 |
| 5（4.3.2.1）分钟 |  | 距结束还有 5（4.3.2.1）分钟 | 竖起五（四、三、二、一）个手指或用写着数字的小卡片表示 |
| 半分钟 |  | 节目还剩下 30 秒 | 将双手食指或手臂交叉，或举起数字卡 |

图 13.1 现场导演的提示（续）

| 提示 | 手势 | 含意 | 手势表述 |
| --- | --- | --- | --- |
| 时间提示 | | | |
| 15 秒 |  | 节目还剩下 15 秒 | 举起拳头（这一手势也可用来表示结束），或举起数字卡片 |
| 录像机转动<br>2-1take VTR |  | 录像机转动，即将卷到磁带 | 在脸的前方举起左手，像曲柄一样转动右手，（倒计时）<br>伸出两个、一个手指；<br>握拳或做停机手势 |
| 靠近 |  | 主持人需靠近摄像机，或将被摄物体靠近摄像机。 | 掌心向内，将双手向胸前拉近 |
| 向后 |  | 主持人必须后退或让被摄物体远离摄像机 | 掌心向外，双手做向外推的动作 |
| 走 |  | 主持人需走到下一个表演区 | 用食指和中指朝走动方向做走动状 |
| 停 |  | 停在原地，不能再动了 | 掌心向外，伸出双手放在身体前 |

图 13.1 现场导演的提示（续）

| 提示 | 手势 | 含意 | 手势表述 |
|---|---|---|---|
| 时间提示 | | | |
| OK |  | 做得很好，就待在那儿。按现在的样子做下去。 | 用大姆指和食指圈成 O 型，其余三指伸开，动作朝向主持人 |
| 大声说 |  | 相对于目前的场合，主持人现在说话声音太小。 | 掌心向外，在耳后围成茶杯状，或手掌向上往上抬手 |
| 小声说 |  | 主持人这时说话声音过大，或过于热情 | 掌心向下，两手向下压，或将食指压在嘴唇上作“嘘”的手势 |
| 靠近话筒 |  | 主持人距离话筒过远，不利于拾音 | 手向脸的方向拉 |
| 继续说 |  | 说下去，直到得到进一步的指令 | 水平伸开拇指，做成鸟嘴的样子 |

**要点 5　立即对现场导演的提示做出反应。**

**台词提示器　台词提示器（teleprompter）**从一台小监视器上将台词投射到架设在镜头正前方的玻璃板上，使你的视线不必离开镜头即可看见台词（见图 13.2）。在你读玻璃板上的台词时，镜头可以透过玻璃板拍摄整个场景而不受台词的影响。所有新闻播音员和新闻类节目主持人都会用到台词提示器，在镜头前发表演说的人也一样。台词通常由桌面电脑的文字处理程序生成，然后通过电脑发给对准你的每一台摄像机上的提词监视器。电脑完全按你读稿的速度将台词从提示器屏幕的低部滚向顶部。如果你为了在给定的时间内读完稿件而改变读稿速度，稿件的滚动速度也会发生相应的调整。一些旧系统采用的是一种名叫稿件台的装置，打印好的稿件以不同速度沿着一张小桌子（稿件台）传送，然后用一台黑白摄像机拍摄下来，再将拍摄下来的图像直接发射到台词提示器屏幕上。

在用台词提示器时，摄像机与你之间的距离应该足够远，这样，在你读稿的时候观众便不会看到你眼睛的运动。但与此同时，摄像机又不能离你太远，否则便看不清台词提示器上的文字。经验丰富的主持人甚至可以一边看字幕，一边透过镜头与观众进行目光交流。

对于能在外景拍摄中使用的小型提示器，其台词由可控制台词翻卷速度的手提电脑生成。简单的提示器用卷筒纸将手写文稿投射到镜头前的玻璃板上；有些外景提示器将卷筒纸放在镜头下面或旁边。卷筒纸由电池驱动，可以调成各种速度。如果实在什么东西都找不到，不妨将文稿写在卡板纸上，将其放低到能让你看见同时摄像机又拍不到的高度。

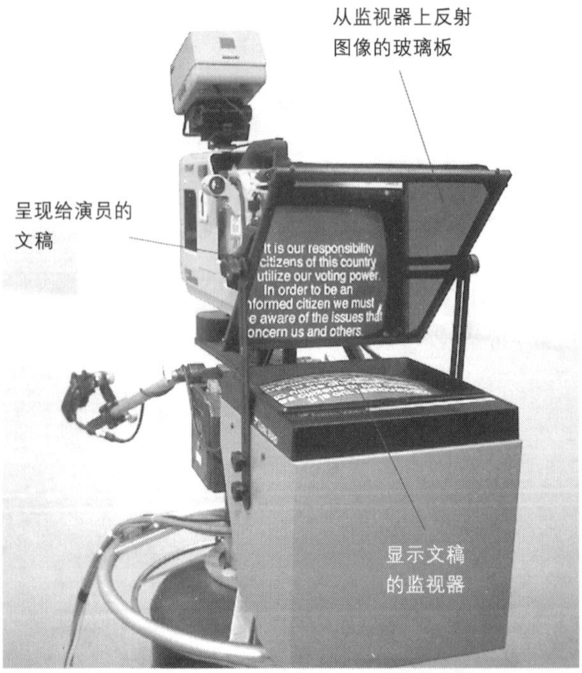


图 13.2 台词提示器

台词提示器包括一台小型监视器，它可以将文字反射到镜头前的玻璃板上。出镜人可以清楚地看见文字，而摄像机却不会拍到它。

**提词板** 最简单但效率也最高的提示设备是**提词板(cue card)**——即一块写着文稿的纸或卡板。提词板的大小取决于演员的视力以及读文稿时摄像机的距离。现场导演必须尽量将提词卡靠近镜头，以免出镜人的视线游离得太远，失去与观众的目光交流。你必须学会一边看镜头，一边用眼睛的余光看文稿。如果可能，可以让拿提词卡的现场导演和你进行这种余光阅读训练。在决定好理想的距离后，确定卡片的顺序，然后由现场导演在镜头旁边举卡片，但他们的身体不能挡住文稿（见图 13.3）。与现场导演一起练习如何换卡片，这种事必须在读到最后几个字时进行。现场导演切忌将用过的提词卡扔在地上，应该将它们又快又静地放在旁边的椅子上。

图 13.3 提词板的操作

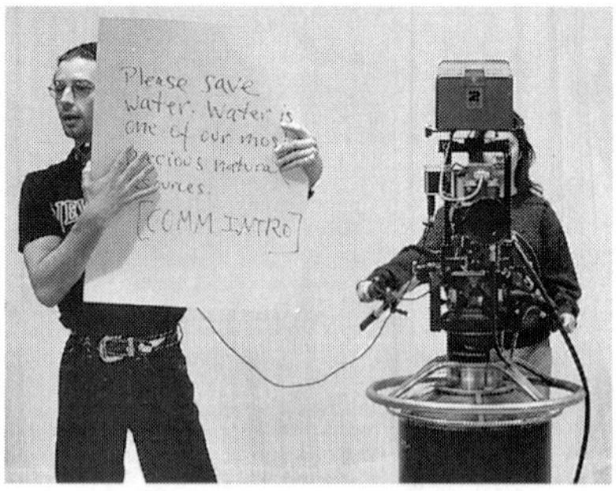


A 这种拿提词卡的方式是错误的，提词卡离镜头太远，而且现场导演的双手挡住了文字的一部分，也没和出镜人一起读提词板，结果无法在该换卡片的时候及时更换卡片。

B 这种拿提词卡的方式是正确的，提词卡在容许范围内尽量接近镜头，而且现场导演与演员一起读，从而使更换卡片的动作更加流畅。

## ◎表演技巧

要想成为一名优秀的影视演员，首先必须学习表演艺术。与主持人总是扮演他们自己相反，演员总是扮演他人。即使是最好的舞台或电影演员，也必须根据电视媒体的具体要求调整自己的表演方法。与前两者不同，电视演员要（1）在没有一个观众的技术环境中工作；（2）适应小屏幕和频繁的特写；以及（3）重复表演。

### 环境与观众

作为一名电视演员，你比舞台演员面对的技术设备更多，更糟糕的是，你既看不到也感觉不到观众的反应。除非是在演播馆内，你还有机会面对一群观众，否则，你所看到的只能是灯光、摄像机和对你注意不多的制作人员。实际上，你会经常感到连导演也在忽视你。但你必须明白，导演必须协调各个工种，协调庞大的制作队伍，而且相比起你而言，某些技术操作确实更需要导演的关注。

由于缺少现场观众，你甚至会产生被抛弃的感觉。与剧场不同，那里观众被局限在固定的座位上，会直接或间接地与你呼应，但摄像机却不会对你的表现做出任何呼应，只是冷眼看着你，安安静静地在你身边移动。它们可以拍摄你的眼睛、你的后背、你的脚、你的手，或导演决定让观众看的任何一个部位。这有点像在一个圆形剧场中进行表演。惟一的不同是，在录制过程中，观众被摄像机代替，它们待在你伸手可及的地方，甚至为了看得更清楚而与你一起走上舞台。

由于观众实际上离你如此之近，因此你没有必要，也不应该，想着将自己的动作和表情展示给最后的一排观众。摄像机将你的表演投射出去，使你的一个小动作在屏幕上变成一个大动作。在特写镜头中，完全没有必要将表演外化，而是应该去感受角色。表演的内化是电视表演的关键。

**要点 6　在针对电视媒体进行表演时，必须感受角色，而不只是将它夸张地表演出来。**

与电视的亲近也会影响到你说话的方式。你必须将传统的舞台朗诵和声音降低到清晰但正常的讲话状态。成熟的文稿作者可以帮助你完成这一任务。千万不要像俄底浦斯那样拿着戏剧腔提问："谁策划了犯罪，并实施了犯罪？"在电视上，只需简单地问"谁干的？"就可以了。去掉夸张的发声，这对于转行投身影视媒体的舞台演员来说是最难做到的事情之一。发音的准确往往比音量的大小和发声方法更为重要。

最重要的是，必须快速而准确地记住自己的台词。尽管你有多种可供使用的提示装置——主要是提词板，但如果你想在表演时感到自信，就不能过于依赖它们。由于你的许多台词发挥着重要的影像与声音提示功能，是所有制作活动的启动器。因此，绝不能随意即兴发挥。即兴发挥势必导致主控室的混乱，也许还会导致这场戏不得不立即重拍。

### 小屏幕与特写镜头

小屏幕与特写镜头的频繁运用使你的活动空间大大减少，有时你不得不站在离其他演员很近的地方，甚至近到不自然的地步；有时，为了保证自己待在拍摄范围之内，又不得不不露痕迹地放慢动作。特写使你的肢体语言受到限制。比如说，如果你在坐着的时候突然向后仰或向前倾，在镜头中你便会虚焦；而如果向旁边偏一点，则有可能跑出镜头。

特写镜头要求你必须极其严格地遵循排演中的**场面调度**（blocking）——即经过精心设计的与其他演员和摄像机的相对运动和动作。即使只比排练时的设计偏离几英寸，便可能超出镜头的摄取范围，或被其他演员挡住。为了帮助你记住主要的调度位置，现场导演通常会用粉笔或记号胶条在地上做记号。

在过肩镜头中，如果你或其他演员偏离了记号，就有可能被其他演员挡住，导致摄像机无法拍到你。只要找找镜头就可以判断摄像机是否拍到了自己：如果能看见镜头，说明摄像机能拍到自己；如果看不见镜头，说明自己没有被摄入镜头。如果看不见镜头，可以向一侧移动一点，但不要流露出找镜头的样子。尽管摄像机也可以调整，从而拍摄到合适的过肩镜头，但你动比摄像机动更方便。

如果想记住场面如何调度，可以在脑子里画一幅标有主要路标的路线图，如："第一站，桌子的左角；第二站，沙发，移向沙发，坐在它的右侧；第三站，电话，起身绕到电话桌后面，面对中央摄像机，用左手拿起电话"。

尽管优秀的导演会尽量给你设计好运动路线，以便让你的运动显得自然流畅，但偶尔也会遇到自己所处的位置好像完全不对劲的时候。不管怎样，在咨询导演之前不要纠正自己的位置，因为某些特殊镜头或效果也许就非常需要这样的调度。

**要点7　每次实拍都必须严格遵循彩排时的场面调度。如果看不见摄像机镜头，说明自己没被摄入镜头。**

### 重复表演

舞台表演具有连续性，按情节的发展而发展，但电视表演（类似于电影表演）却大不相同。电视表演经常是一段一段的，你也许不得不从欢快的开场戏直接转入极度悲伤的收尾戏，就因为它们的场景相同。准确地记住场面调度可以保持表演的连续性。例如，如果在中景镜头中是用右手拿着电话听筒，那么在特写中就不能改成左手。

如果是单机拍摄，那么一遍又一遍地重复同一场戏就很正常。之所以这样重复，是为了得到不同的角度，或换成特写，或纠正大大小小的技术错误。在重复表演时，你不但要在每次实拍中重复完全相同的台词和走位，同时还要从头至尾保持一致的热情，不能第一次拍摄时激情洋溢而在特写中却神情萎靡。

## ◎试镜

试镜是一项考察你是否具备成为一名主持人或演员的能力的测试，同时也是对你自信心的一次测试。没有得到这个角色并不说明你的表演低劣，只是也许其他人更适合这个角色。你必须认真对待所有的试镜，无论你准备尝试的是一档大型电视剧中的主要角色，还是产品展示中只有一句台词而又不出镜的小角色。

尽管你事先不可能知道会被问到哪些问题，但仍然可以做一些准备。穿上比较合适上镜的服装，打扮得体，准时到达试镜地点。不要被来试镜的人数和他们的才华吓倒，你拥有同样的机会，否则就不会叫你来试镜。准备一段可以充分展示自己能力的独白。即便在被叫去表演之前要等上半天时间，也要保持良好的精神状态。

如果事先得到了剧本，一定要仔细研读。如果剧本要求你评论或展示某件具体的产品，如一台新型电脑，那你事先必须对该产品有所了解。对产品了解得越多，陈述时就越会显得自信。询问一下负责试镜的人，实拍时将采用何种景别。如果以特写为主，就要将动作放慢，并避免多过地移动。记住，你并不是对着一大群观众表演，只是对着那些坐在不远处的个人或小家庭。

演员必须了解自己即将扮演的人物的性格。如果不确定自己将读剧本中的哪个段落，不知道自己要扮演哪个角色，不妨询问负责试镜的人（负责挑选演员的导演或制片人），但切忌问如何激发自己进入恰当的表演状态。作为一名职业演员，你应当知道如何激发自己。应该有创意，但不要过分。在电视表演中，一些有特点的小动作，如防止眼镜从鼻梁上滑落的某种方法、摆弄钥匙或在一场严肃的谈话中用一把有些生锈的指甲刀，这些都比单纯的感情高涨更能突出人物的个性。

## ◎服装

你的着装不仅取决于你自己的喜好和品位，还取决于你在镜头中适合穿什么。由于摄像机既可以从极其近的距离审视你，也可以从极其远的距离审视你，因此你不仅要考虑衣服的质地和细节，还要考虑衣服的整体线条。

摄像机通常会让人显得比在平时胖一点，因此轮廓纤细的服装比宽松肥大的服装更适于上镜。避免水平条纹，因为它们会突出宽度而非长度，会使人身体的中间部分显得更宽。

### 质地与细节

由于电视经常采用特写镜头，因此必须特别注意衣服的质地和细节。只要图案不是过于杂乱或反差太大，有纹理的衣料和领带在镜头中的效果比平纺的更好。即使是最好的摄像机，也不一定随时都能对付过于细密的格子图案或反差极大的图案，如黑白人字纹和方格面料。电视图像的电子扫描会和衣服上反差强烈的图案频率发生“共振”。这种混乱状态会导致摄像机发生频率失真，使呈现在屏幕的颜色和图案模糊，产生**波纹效应**（moire effect）。

醒目而反差大的水平条纹会延伸到衣服之外，渗透到周边的设备和物体上，使你看上去好像与百叶窗的条纹重合在一起。另外，图案上的细节如果过于精细，那么显示在屏幕上的效果则要么杂乱无章，要么像一些污点。

可以通过增加珠宝、鲜艳领带或围巾这类细节赋予自己的着装必需的质感。虽然你更愿意佩戴自己喜欢的珠宝饰物，但不要戴得太大或太多。太多的珠宝会在特写中显得俗气，哪怕珠宝本身品质很好。

### 颜色

同样，选择什么颜色也并不完全取决于你自己的喜好，必须满足某些技术要求。比如说，如果你周围的布景以米黄色为基调，那么米黄色的衣服肯定会被湮没其中；如果节目要做嵌入处理（比如一位气象播报员站在嵌入处理前的气象图前），则要避免穿深色衣服，特别是与背景色相同的蓝色。请回忆一下，嵌入过程即是将所有蓝色物体变成透明的，让背景从中透过来。因此，如果你戴的是蓝色领带或穿的是蓝色衣服，那么在屏幕上，扣像前原本蓝色衣服的地方就会出现嵌入的背景。

也许你喜欢红色，但摄像机却不喜欢。除了最高挡的摄像机，大多数摄像机会将高度饱和的红色表现成颤动的红色，并渗透到其他区域。这种视频问题被称为非自然信号（失真），在光线较暗的环境中特别明显。

避免穿亮度对比大的颜色，比如深蓝色与白色，或黑色与白色。如果在反光的白衬衫外边穿一件黑色夹克，摄像机就很难决定是该按照白色的高亮度值还是黑色的低亮度值来调整镜头。如果摄像师为了看到阴影的细节而将黑色区域调亮，那么白色区就会曝光过度，出现耀眼的“眩光”；如果摄影师通过“降低白色”的方法来控制过亮的区域，那么阴影区则会完全陷入暗区，皮肤的色调也会变暗。显然，如果你的肤色较黑，就不要穿白色衬衫或上衣。如果穿了深色上装，可以穿一件色调柔和的衬衫而非白衬衫来降低亮度上的对比。

这种反差问题在摄像机使用自动光圈时尤其突出。自动光圈将在画面中自动找到最亮点然后缩小光圈，以便控制这部分的亮度。结果，画面中其他区域便会相应地变暗。比如，如果你穿着很亮的白色外套站在比较暗的餐厅布景里，自动光圈必然会缩小光圈孔径，以降低衣服的亮度。但这必然会使原本已经很暗的背景显得更暗，只是在亮度不够的布景前得到了一件曝光正常的上衣。

## ◎化妆

所有化妆都出于三种原因：（1）突出外貌；（2）修饰外貌；（3）改变外貌。

大多数电视节目都要求用化妆来突出容貌而不是改变容貌。对于女性主持人来说，正常的化妆即可在镜头上表现良好，而男性主持人的化妆则主要是为了减少额头上的光反射，遮盖皱纹或皮肤上的瑕疵。无论是哪种情况，化妆都必须适应摄像机的技术要求和特写镜头的近距离审视。

**要点8 化妆的目的是为了突出、修饰或改变外貌。**

### 技术要求

比起冷色调（偏蓝）的颜色，摄像机更喜欢暖色调（偏红）的颜色，尤其是在高色温照明条件下（室外或偏蓝色的荧光灯），偏蓝的红色唇膏和眼影会呈现不自然的蓝色。而暖色调的化妆色，由于带有红色调，看上去更加自然，更有光彩，用在肤色较深的脸上特别合适。

无论你是属于肤色深的主持人还是肤色亮的主持人，都必须使用与自己肤色相配的粉底，粉底可以用各种粉饼来打。如果你经常出汗，不妨将粉底打厚一点。粉底不会妨碍你出汗，但却能让摄像机少看到汗水。

### 特写

由于摄像机经常近距离拍摄你，因此你的化妆必须平滑而精细。这种要求与舞台表演的化妆恰恰相反。在舞台表演中，为了让离舞台远的观众也能看清，演员的化妆比较夸张；而在摄像机前，化妆的要求正好相反。好的电视化妆应当突出你的五官同时又不露痕迹，即使在特写镜头中也应该如此。

如果可能，可以让镜头拍一个你在表演区内的特写，检查自己的妆化得如何。你也许会觉得这种检查方式太奢侈，但它的确有益于你的表演。

化妆应该在录制节目的灯光条件下进行。如果在用偏蓝的荧光灯（5600K色温）照明的房间里化妆，但表演却在正常的演播馆照明（色温较低，3200K）条件下进行，那么你化的妆在镜头中就会显得太偏红，脸看上去呈粉红色。反之亦然，如果你在低色温的红光下（色温低于3200K）化妆，那么，当你进入正常的室内照明（3200K）表演区域时，尤其是转移到室外时（5600K），你的妆看上去就会呈现不自然的蓝色。

如果你必须用化妆来改变容貌，务必请专业化妆师来化妆。

**要点9 化妆时的照明色温应该与实际表演时的色温相同。**

### 材料

你很容易找到各种适于出镜的优质化妆品，大多数大药店都经营这些有助于改善主持人容貌的化妆品。通常说来，女主持人在使用化妆品方面拥有丰富的经验和技巧，而男士们，至少在刚开始的时候，则需要一些建议。

最基础的化妆品指那些可以遮盖面部瑕疵、减少油性皮肤反光的粉底。水基粉底比麻烦的油基粉底更受欢迎，Krylon CTV-1号—CTV-12号粉底系列基本上可以满足大多数化妆要求，其颜色从可供肤色较白的主持人用的暖色淡象牙色到肤色较暗的主持人用的深色调粉底。

只要红色中包含的蓝色成分不太多，女士就可以使用自己的口红或胭脂。其他材料如眉笔、睫毛膏和眼影，通常都是主持人化妆箱中的必备品。一些额外的材料，诸如发夹，甚至橡皮面具，则是专业化妆师化妆箱内的物品，这些材料在大多数非戏剧性节目制作中用途不大。

对电视制作技术基础知识的扎实掌握不仅能极大地帮助你的幕后工作，也能极大地帮助你在镜头前的工作。事实上，那些了解基本制作技术的演员确实比那些对此知之甚少或一无所知的演员在摄像机前显得更放松，在实拍中对突发事件的处理也更从容。

即使你不渴望成为一名电视主持人或演员，Triple-I的工作人员也非常希望你能理解演员，能与演员们成功地交往，能给那些第一次上镜的演员提出一些专业建议。

### 再次重申，请记住：

◎**出镜人**

出镜人指在摄像机前工作的人，包括主要从事非戏剧性表演的主持人和扮演他人的演员。

◎**主持技巧**

主持人必须将摄像机当成自己的交流伙伴，在直接面对观众陈述时与镜头保持目光交流；操作各种话筒以达到最佳拾音效果；在不让观众察觉的情况下使用台词提示器。

◎**表演技巧**

优秀的影视演员要学会在高科技性环境下自如地工作，调整自己，使自己适应小屏幕、频繁的特写镜头以及重复表演，同时始终保持同样的情绪。

◎**提词设备**

除了现场导演的提示，主要的提词设备是IFB（可中断回馈系统）、演播馆或外景地电子提示器以及提词板。

◎**服装**

上镜头的服装在剪裁上应纤细，质地和颜色不要过于繁琐，颜色的对比度不要过大。摄像机不喜欢间隔较小、对比强烈的人字形波纹以及高度饱和的红色。

◎**化妆**

化妆的目的是为了突出、修饰和改变人的外貌。

## 要点

☞ 出镜人指影视节目中的主持人和演员。主持人只扮演他们自己，演员则扮演他人。

☞ 与摄像镜头建立目光交流就等于与观众建立目光交流。

☞ 如果拍特写镜头，手势必须轻微缓慢。

☞ 在调试音量时，应该用实际播出的音量讲话，尽量让话的长度达到足以让调音师将声音调至理想状态的长度。

☞ 务必对现场导演的提示迅速做出反应。

☞ 如果是在影视媒体上表演，必须去感受角色而不只是将表演外化。

☞ 每次实拍都必须严格遵循排练时的走位，如果看不见摄像机镜头，说明你没有被摄入镜头。

☞ 化妆的目的是为了突出、修饰和改变人的外貌。

☞ 化妆时的色温务必与演出现场的照明色温相同。

第 *14* 章

# 制作环境：演播馆

## 重要术语

cyclorama **弧形背景幕布** 一种用做布景或表演背景的帆布或薄棉布，呈U字型。内墙幕布长期安装在演播室的一面或两面墙壁前，也简称为cyc。

flat **布景板** 一块充当背景或装饰房间墙壁的落地式布景板，分软硬两种。

intercom **内部通讯系统** intercommunication system的简写形式。所有参与拍摄的制作人员和工程人员都会用到这个设备。用得最多的一种系统配备有电话耳麦，借助多条有线或无线讯道进行声音联络。还有其他一些系统，如IFB和移动电话。

master control **主控室** 控制即将播出中的节目的输入、存储和检索。同时从技术上对所有节目素材进行质量监控。

monitor **监视器** 用于演播馆和控制机房的高级视频接收机。监视器不能接收广播信号。

P.L. **专用线路／电话线** private line/phone line的缩写形式。演播馆内主要内部联络设备。

props **道具** properties的缩写形式，指演员和主持人用于表演或用作布景装饰的家具和其他物品。

S.A. **演播室播音系统** studio address system的缩写形式。从控制室向演播室讲话的一套播音扩放系统，也称为演播室对讲系统或播音系统。

studio control room **演播馆控制室** 紧挨着演播室的一个房间，导演、制片人、制作助理、技术导演、音响导演（有时还有导演）在这里完成各自的制作工作。

现在该去参观一下演播馆了。尽管Triple-I自己拥有一间小小的演播室，但在制作大型节目时，他们通常会租用当地的演播馆。

那么，为什么必须用演播馆呢？毕竟便携式摄像机和灯具可以让我们在室内外任何一个地方录制电视节目，而且，如果与便携式传输设备和卫星上传线路连接起来，整个世界都可以成为你的舞台。之所以大家广泛地使用演播馆，主要是因为它们不受天气情况的限制，还可以最大限度地控制整个制作过程，最好地使用制作设备。演播馆可以提供适宜的环境，协调主要的制作元素——摄像机、灯光、声音、舞台布景，以及各种制作人员和主持人。总而言之，演播馆可以提高制作节目的效率。

◎**演播馆**
物理布置与主要设备

◎**演播馆控制室**
画面控制与声音控制

◎**主控室**
各种功能

◎**演播馆辅助区**
舞台布景与道具保存，化妆

◎**舞台布景；道具与布景装饰**
软、硬布景板；固定与小型道具；布景装饰

◎**布景设计**
传播讯息；场地布局图；道具清单；装备；场地布局图评估

## ◎演播馆

演播馆的设计目的不仅是为了方便多机拍摄和团队合作，同时也能为单机拍摄提供更理想的拍摄环境。大多数演播馆呈长方型，空间巨大，地面光滑，天花板很高，上面悬吊着照明设备。演播馆内还有其他一些适应不同录制需要，能提高录制工作效率的技术设备（见图14.1）。

**要点1　演播馆可以最大限度地对录制过程进行控制。**

**图14.1　演播室**

设计好的演播馆可以为多机和单机拍摄提供理想的控制环境，便于团队合作和协调主要录制要素。

### 物理布置

看一个演播馆的好坏，不仅要看它拥有什么电子设备，还要看它的物理布置——面积大小，地面是否光滑，天花板是否够高，门、墙和空调如何。

**面积大小**　如果只是做采访节目，或一名主持人在特写镜头中向观众讲话那样的节目，一间小小的演播室即可。但是，如果你策划的节目比较大，比如大型小组讨论，或一场音乐会或戏剧表演，那就需要比较大的演播馆。总的说来，在大型演播馆录制小节目要比向一间小演播室里硬塞一个大型节目来得容易。不过你很快就会发现，大型演播馆往往也比小演播室更难控制。从某种程度上讲，在大型演播馆内进行拍摄比在小演播室内需要更多的能源、更长的视频／音频线、更多的照明设备，有时甚至还需要更多的制作人员。

如果可以选择的话，尽量选择最适合节目要求的演播室。如果只拍摄一个两人访谈节目，完全不必动用好莱坞大片那样的布景。实际上，很多新闻布景就安排在新闻编辑室的中央。不过，千万不要因为小演播室更容易操作就将一台大型舞蹈演出硬挤在一间小演播室里。

由于演播馆通常还要储存舞台布景和大型道具，因此演播馆的实际可用空间要比场地布置图显示的小。因此，所有布景设计都必须以可用场地空间为准。

**地面和天花板** 好的演播馆地面坚硬、平坦，这样摄像机才能在上面自由而平滑地移动。大多数演播馆的地面都是磨光的混凝土地面，或者在上面覆盖着硬塑料或无缝油地毡。木制地板太软，经不住布景、重道具、升降台和摄影车的频繁移动和碾压。

判断一个演播馆是不是好，其中很重要的一项设计特点就是看其天花板是否够高。天花板必须高得能放下普通的10英尺高布景，同时为灯具和支架提供足够的空间。尽管某些天花板最小高度为14英尺的小演播室也能满足你的要求，但大多数专业演播馆的天花板距地面都在30英尺以上。如此高的高度，便给照明人员往非常高的布景上悬挂灯具提供了条件，同时还可以在其上留出足够的散热空间。

**门、墙和空调** 如果不是因为进进出出地搬运布景、家具和大型设备，你也许还意识不到演播馆门的重要性。尺寸太小的门不仅会让剧组人员沮丧，而且还经常毁坏设备和布景。好的演播馆门应当隔音效果良好，即使很大的噪声也无法传入演播馆内。

演播馆的墙和天花板一般采用吸音材料做成，以便使演播馆"死一般寂静"。隔音良好的演播馆还可以将回音减到最低限度，也就是说，声音碰到墙壁后无法反弹回来。

通常，演播馆的两三面墙上覆盖着**弧形背景幕布**（cyclorama），即挂在一根钢管或幕布架上的整块帆布或棉布。淡灰色或淡蓝色的背景幕布能给各种布景充当合适的中间色背景，如图14.1所示。地面压条是放在背景幕布前方地面上的一块弧形布景，目的是协助将垂直的背景幕布压进演播室地面，从而合成一个天衣无缝的背景（见图14.2）。

有些背景幕布从两根轨道上垂下来，前面一轨用来支撑各种附加幕布，被称作垂幕。最常用的垂幕是抠像垂幕和黑色垂幕，前者由一大块抠像蓝幕组成，后者则用于特殊照明效果。

有些演播馆内还有硬的背景幕布，直接嵌在演播馆墙上，而地面压条则是硬背景幕布的一部分（见图14.3）。

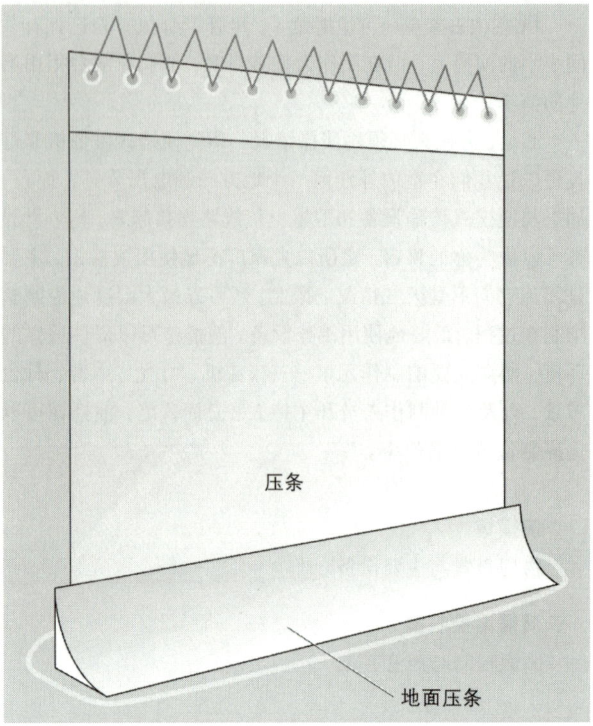


**图 14.2 地面压条**

地面压条是放在背景幕布前面地上的一块弧形布景，其用处是将两者融合成一块完整的背景

硬背景墙的好处在于，即使长时间使用也不会褶皱或撕裂，脏了容易粉刷；其缺点在于声音的反射率高，容易产生不必要的噪音，同时占据的空间相当大。

许多演播馆都会遇到空调的问题。由于灯具会产生大量热量，因而空调系统必须超时工作。在空调系统工作时，即使是最昂贵的系统也会产生噪音，而敏感的演播室话筒将不可避免地拾取到这些噪音，并通过调音台将其放大。因此，你必须决定是让空调继续运行产生噪音，还是关掉它但将演员、剧组人员和设备置于不舒适的高温之下。

## 主要设备

无论面积大小，所有演播馆的基础设备都大同小异，都有灯光、墙式电源插座、内部通讯系统、监视器和演播室播音系统等这些设备。

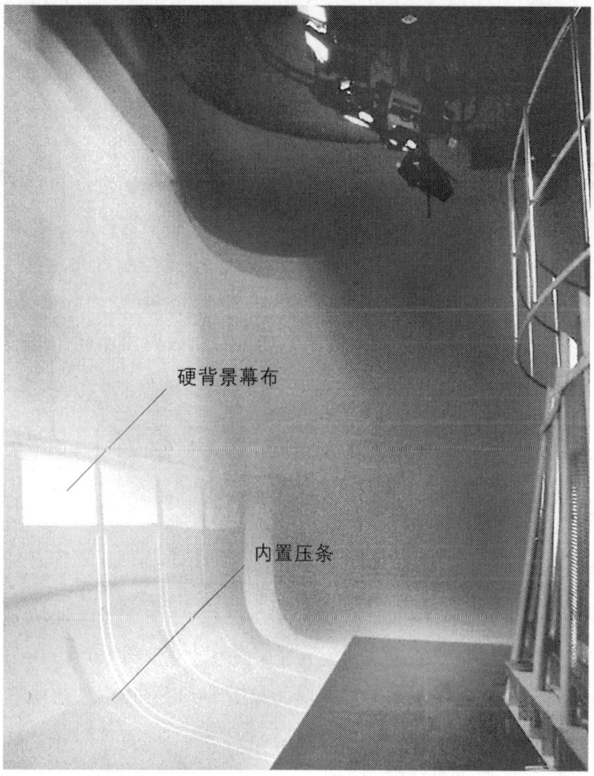


**图 14.3 硬背景幕布**

硬背景幕布由纤维板做成，放在演播馆的墙前面，地面压条嵌在上面。

**灯光** 第 7 章讲过，大多数用于演播室的灯具都固定在灯架或活动支架上，如图 14.3 所示。如果将灯具置于舞台布景和表演区的上方，可以使灯具处于摄像机的活动范围之外，从而使摄像机和人员得以自由移动，进而缩短照明时间。许多演播馆都有自己的配电盘（由它将各个灯具的线路归到一个调光器上），甚至真正的调光控制装置。如果采用计算机照明控制单元，你会发现主要控制单元在主控室里，但演播室里还有一个同样的控制单元。演播馆里的控制单元用于布景和彩排，而控制室里的控制单元则用于演播馆实拍。

**电源插座** 如果不是因为发现电源插座不够用或位置不对，你或许根本就意识不到它们在演播馆设计中有多么重要。演播馆的四面墙上一般都应该分布几组用于摄像机、话筒、监视器、内部通讯系统以及常规交流电的插座。如果所有电源插座都集中在一面墙上，拍摄时就不得不用很长的电源线，这样才能够着对面，使设备在布景周围的预定位置上自由活动。

所有电源插座都必须清楚地加以标示，以免插错插座。比如，如果将头戴式耳机用的 XLR 插头插进了普通话筒的插座而非内部通讯用的插座，那么，无论导演的声音有多大，你都听不到他的指令。反之，如果将 XLR 话筒线插在内部通讯插座上，也会中断预期的信号流。如果电源插座在弧形背景幕布的后面，这种标示更为重要，因为那里通常比较暗，而且调整的空间非常狭小。

**内部通讯系统** 性能可靠的**内部通讯系统**（intercom）是演播馆中最重要的技术配备之一。演播馆的正常内部通讯采用P.L.和I.F.B.系统（即专用线路和可终止回馈系统），而P.L.可以让所有制作人员和工程技术人员彼此保持连续的声音交流。每一位制作人员和技术人员都戴着配有小型对讲话筒的头戴式耳机。这种系统既可能是有线的（通过摄像机电缆或单独的内部通讯线路），（在一些的大型演播馆中）也可以是无线的。大多数 P.L.系统至少有两个讯道，以便同时分别与不同的人沟通。

如你所知，I.F.B.系统可以让导演或制片人在实录时与戴着微型耳塞而非电话式耳麦的演员直接交流。

**监视器** 演播室内至少需要一台比较大型的监视器，以便让现场的每个工作人员看到输出的画面。制作人员通过看输出的画面，可以提前设想一些制作项目。比如，摄像师可以让还没进入播出状态的摄像机趁机调整景别，以避免与正在播出的摄像机重复同一景别；现场导演可以判断自己应该与演员保持多远的距离，才能既拾取到必要的信号同时又不至于让出镜人闯入摄像机的拍摄范围；而拿吊杆话筒的人则可以测量话筒在不入画的前提下可以低到什么位置。

新闻和天气预报节目通常需要多台监视器来显示输出图像、外来信号和录像带回放画面。由于天气预报员经常站在嵌入背景屏之前，指着虚拟气象图上的各个区域，因此如果能有一台监视器显示完整嵌入效果（包括气象图），则对指导出镜人的手势至关重要。如果是有现场观众参与的节目，必须动用若干台监视器来显示节目播放到屏幕上的效果。

**演播室扩音器** 演播室扩音器之于节目声音就像监视器之于视频。演播室扩音器可以将节目声音和其他音响——音乐、电话铃声、碰撞的噪音——送入演播室，使之与动作同步。扩音器也可以用于S.A.（演播室对讲）系统，又叫P.A.（演播室播音）系统，它可以让控制室中的工作人员（通常为导演）向没有戴耳机的演播室工作人员喊话。S.A.系统显然不能在实拍中使用，但在召集全体人员回来彩排，提醒大家彩排所剩时间，或通知他们戴上P.L.耳机时却非常有用。

## ◎演播馆控制室

**演播馆控制室**（studio control room）是紧挨着演播室的一个独立区域，专门供那些在录制过程中拍板的人用，同时也用来安放录制过程中对视频、音频进行控制的设备。

在控制室中工作的通常为导演、制片人和他们的助手，如技术导演、字幕机操作员以及音频工程师，有时还有灯光指导。

控制室中的设备是专为配合整个录制过程而设计和安排的。具体而言，它们有助于从现有视频画面中选择和组接画面，有助于选择和混合各路输入声音，以及控制灯光。有些控制室有窗户，可以让控制室内的人看到演播室内的情况。不过，更多的时候，你主要还是通过看监视器里不同角度的摄像机拍摄的内容来了解演播室内的情况。

**要点2 控制室是为协调演播室的录制过程而设计的。**

### 画面控制

画面控制部分包括用于选择和组接不同视频输入，协调视频与音频，与制作人员、技术人员和演员交流沟通所必需的设备。

**监视器** 走进控制室，看到层层叠叠的**监视器**（monitor），你也许会不由得感到非常震撼（见图14.4）。在中型演播室的控制室里见到30或更多监视器根本就不足为奇。每一台监视器都显示着各自的图像。

**图14.4 控制室内的监视器**
控制室内的监视器显示出所有的可用图像信号，比如，演播室摄像机、外景摄像机、录像机、字幕机、电子静止帧存储系统分别输出的图像以及特技效果等。大型彩色监视器显示预览图像（即将切入的镜头）以及输出画面（正在传送入录像机或发射设备的镜头）。

**图 14.5　简单的监视器架**

即使是简单的控制室，也必须配备 14 台监视器，具体分配如下：摄像机预览 3 台、录像机 3 台、外景信号 2 台、字幕机 1 台、帧存储系统 1 台、特技 1 台，用于预览、输出和播出的大型彩色监视器各 1 台。

即使是一个小规模的控制室，也必须配备相当数量的监视器。让我们来清点并认识一下它们的功能（见图 14.5）。

| | |
|---|---|
| 摄像机预览 | 3（每部摄像机 1 台） |
| 录像机 | 3（每台回放的录像机 1 台） |
| 外景信号 | 2（外景信号输入，也可用于附加的摄像机） |
| 字幕机 | 1 |
| 帧存储 | 1 |
| 特技 | 1 |
| 预览 | 1 |
| 输出 | 1 |
| 播出 | 1（如果是直播或有线电视的工作室，该监视器还会显示观众在家中收看到的内容） |
| 总计 | 14 台监视器 |

这些监视器以各种形式排列在导演或技术导演的面前，预览（或预置）和输出监视器通常体积稍大，为彩色监视器，并排放置；播出监视器也是大型彩色监视器；所有其他预览监视器则是比较小的黑白监视器。字幕机操作员拥有一台独立的彩色监视器用于合成字幕，然后将字幕传送给预览监视器或独立的彩色字幕监视器。

你也许会问，一个人怎么能同时看所有的监视器呢？实际上，你不必一直都全神贯注地看着所有监视器，只需留心显示最重要图像的那几台。尽管如此，你必须知道其他监视器的显示内容。这种总揽全局的本领必须经过训练才能获得，就像指挥家在指挥整个乐队的同时还可以看复杂的乐谱一样。

**内部通讯** 导演同样熟悉内部通讯系统的各个切换开关，这些切换开关用来控制专用线路、演播室播音系统和可中断回馈系统。坐在导演旁边的副导演也用这些内部通讯切换开关，而坐在导演身边（更多的时候是坐在导演的后面）的制片人则另外有一套完全相同的内部通讯切换开关。这套附加装置可以使制片人在不打扰导演的情况下，与各部门的制作人员及出镜人进行沟通。

**要点 3 性能可靠、灵活方便的内部通讯系统对在演播室内执行多机拍摄任务的高效团队工作至关重要。**

**节目音响** 除了观看预览监视器，给各个制作人员下达指令以及留心专用线路的声音以外，导演还必须监听输出的声音，以便让画面和声音同步。独立的音量控制装置可以让导演调整控制室扩音器（监听器）的音量而不影响输出音频的音量。你会发现，监听节目声音对于新导演来说是一件很难的事。

**切换台** 视频切换台就在导演的身旁，距离上的接近使得技术导演（通常负责切换画面）可以与导演使用同一台监视器，并能紧挨着导演坐。这样，导演不仅可以通过专用线路同技术导演交流，还可以用手势命令技术指导采用多快的速度进行叠画。

如果需要快速切换，某些导演更愿意亲历亲为（但必须征得工会的允许），或打个响指指挥切换人员，而不是等到镜头已经准备就绪才发出切换指令。这种肢体指令比口头指令更迅捷、更准确（见图 14.6）。在小型制作中，导演经常自己切换，而这种做法显然不适于复杂的节目制作。

**要点 4 在控制室里，导演与技术指导必须坐在一起。**

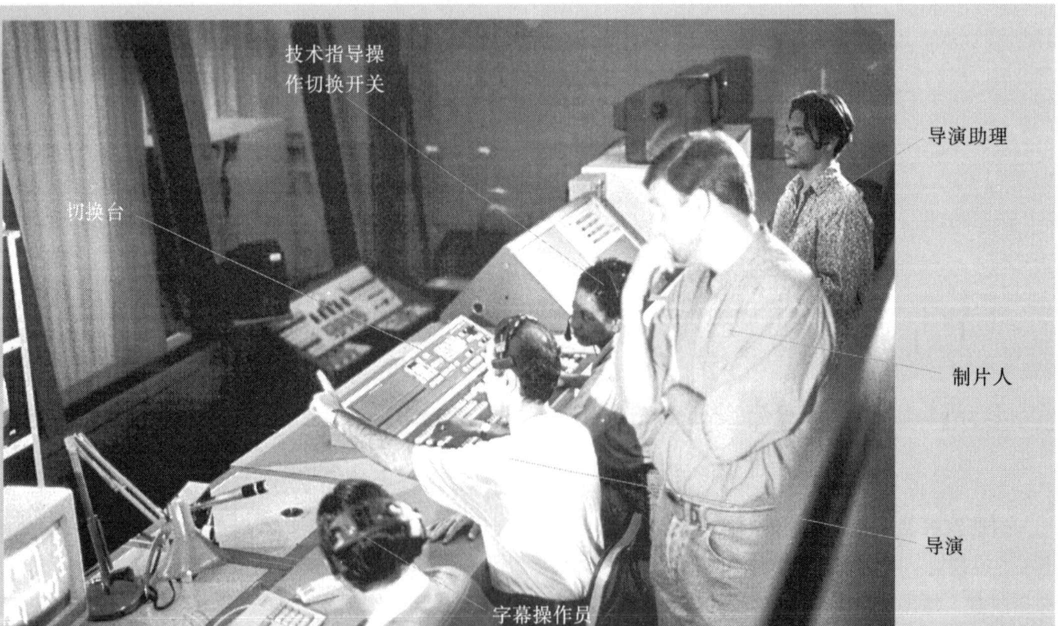


**图 14.6 控制室里的现场切换**
现场切换人员坐在导演身旁。

**字幕机**　字幕机和字幕机操作员也在控制室里。虽然大部分字幕在录制前已经准备好，但制作中总会有些改动，特别是在直播节目或实况播出节目的录制过程中，导演或制片人有时会要求打出事先并没有准备的字幕。如果让字幕操作员坐在控制室里，这种改动便容易沟通，问题也能很快解决。

**时钟与秒表**　这些计时工具对于以秒为计划单位的广播操作来说至关重要。即使是为后期制作录制素材，时钟也能使你知道录制过程是否在按计划进行，而秒表则会引导你在哪个时间插入录好的素材。数字秒表（其实是一种小型时钟）可以让你选择是从节目开头开始计时，还是从节目结尾倒计时。如果选择倒计时，秒表显示的是节目剩下的时间。有些导演更愿意用模拟时钟和秒表，以便通过观察指针的移动“提前准备”，让剩下的节目同时间配合得更精确。

**照明控制与摄像机控制装置**　有些控制室还配有照明调节装置，并为每台摄像机配备了摄像机控制器。在控制室内配备这些附加设备的好处是：所有的影像控制集中在一个地方，便于各方的交流；缺点是，控制室会因这些附加设备和人员的存在而变得拥挤不堪。

## 声音控制

录音间是附属于控制室的一间小音频工作室。通常情况下，录音室和视频控制室分开，以便音频工程师不受别人谈话的干扰。大多数录音间都有窗户，音频工程师可以通过它看到控制室内的活动，甚至能看到导演的预览监视器。尽管配备良好的录音间有一台预览和一台输出监视器，但如果能有更多的预览监视器，则更有利于音频工程师在紧急情况下发出和执行音频指令。

录音间通常由调音台、接线板、各种数字录音机、数字卡带和CD机组成。音频工程师通过专用耳机或小型提示扩音器接收导演的声音，通过专用线路和演播室播音系统与控制室和演播室沟通。节目声音则通过高级扩音器监听（见图14.7）。

**图14.7　音频控制室**

音频控制室包括各种音频控制设备，如调音台、CD机、接线板、数字录音机、扩音器、内部通讯系统以及视频输出监视器。

## ◎主控室

如果演播馆只用于制作录像节目，那就无需主控机房，只要在控制室内放一台摄像机控制装置即可。但大多数非广播性的大型制作机房内都有一个设备与通讯核心单元，即主控室。如果要通过有线或无线系统播出节目，那么主控台肯定是非常重要的电子神经中枢。

**主控室（master control）**主要包括演播室摄像机控制装置、各类备播录像带和电脑控制卡式录像机、视频服务器、电子帧存储系统和各种监控设备。后者用来监控每一秒钟送入发射器和有线电缆的节目的技术质量。非广播制作的主控机房包括摄像机控制设置、录像机和其他视频 / 音频录制设备、字幕机以及各种监视器和内部通讯系统。

在电视节目的制作中，主控室的基础功能是监控所有节目素材的技术质量，控制节目的输入、储存和检索。节目输入意味着主控设备必须跟踪所有输入的节目，不管它们是通过卫星、电缆还是邮件输入。所有已录制的素材储存在主控室的存储空间或其他指定储存空间里。但是，为了便于检索每一个节目，无论其长短，都应该有一个识别代码，即我们常说的“内部识别号”。节目检索意味着对节目素材进行挑选、排序和发送（直播、有线或卫星传输）。

节目时间表能为节目检索提供线索，并能决定节目的播出时间。在它上面列出了每一天每一秒要播出的节目以及其他一些重要信息，如每个节目的标题、类型及其来源（本地直播、录像带或电视网信号）。时间表通过计算机屏幕显示在电视台的每一个地方，同时也打印分发给各相关人员（见图 14.8）。

节目与节目之间的真正切换由计算机执行。不过，为了防止计算机发生问题，设有专人监督计算机的自动切换，并随时准备启动主控室的人工切换（见图 14.9）。

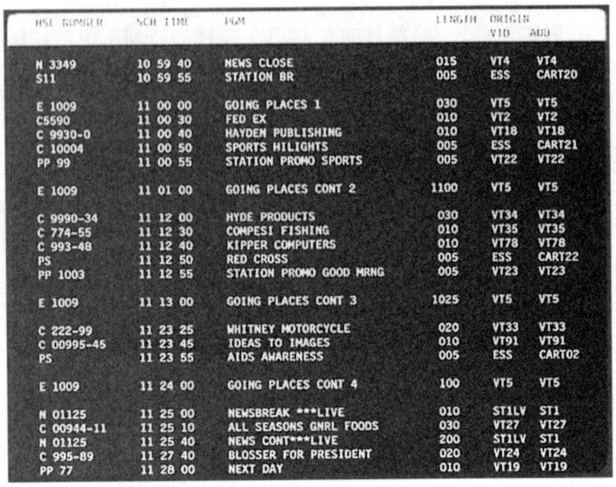

| HSE NUMBER | SCH TIME | PGM | LENGTH | ORIGIN VID | AUD |
|---|---|---|---|---|---|
| N 3349 | 10 59 40 | NEWS CLOSE | 015 | VT4 | VT4 |
| S11 | 10 59 55 | STATION BR | 005 | ESS | CART20 |
| E 1009 | 11 00 00 | GOING PLACES 1 | 030 | VT5 | VT5 |
| C5590 | 11 00 30 | FED EX | 010 | VT2 | VT2 |
| C 9930-0 | 11 00 40 | HAYDEN PUBLISHING | 010 | VT18 | VT18 |
| C 10004 | 11 00 50 | SPORTS HILIGHTS | 005 | ESS | CART21 |
| PP 99 | 11 00 55 | STATION PROMO SPORTS | 005 | VT22 | VT22 |
| E 1009 | 11 01 00 | GOING PLACES CONT 2 | 1100 | VT5 | VT5 |
| C 9990-34 | 11 12 00 | HYDE PRODUCTS | 030 | VT34 | VT34 |
| C 774-55 | 11 12 30 | COMPESI FISHING | 010 | VT35 | VT35 |
| C 993-48 | 11 12 40 | KIPPER COMPUTERS | 010 | VT78 | VT78 |
| PS | 11 12 50 | RED CROSS | 005 | ESS | CART22 |
| PP 1003 | 11 12 55 | STATION PROMO GOOD MRNG | 005 | VT23 | VT23 |
| E 1009 | 11 13 00 | GOING PLACES CONT 3 | 1025 | VT5 | VT5 |
| C 222-99 | 11 23 25 | WHITNEY MOTORCYCLE | 020 | VT33 | VT33 |
| C 00995-45 | 11 23 45 | IDEAS TO IMAGES | 010 | VT91 | VT91 |
| PS | 11 23 55 | AIDS AWARENESS | 005 | ESS | CART02 |
| E 1009 | 11 24 00 | GOING PLACES CONT 4 | 100 | VT5 | VT5 |
| N 01125 | 11 25 00 | NEWSBREAK ***LIVE | 010 | ST1LV | ST1 |
| C 00944-11 | 11 25 10 | ALL SEASONS GNRL FOODS | 030 | VT27 | VT27 |
| N 01125 | 11 25 40 | NEWS CONT***LIVE | 200 | ST1LV | ST1 |
| C 995-89 | 11 27 40 | BLOSSER FOR PRESIDENT | 020 | VT24 | VT24 |
| PP 77 | 11 28 00 | NEXT DAY | 010 | VT19 | VT19 |

**图 14.8 节目时间表**

节目时间表逐秒显示一天中所要播出的所有节目。它显示预计开始时间、节目标题和类型、视频和音频源（磁带、直播或外来信号）、内部识别号以及其他相关的播出信息。

**图 14.9 主控台切换区**

显示主控台在节目播出或以其他方式发送（卫星或有线）前，对所有节目素材进行最后的视频和音频控制。计算机执行所有的主控功能，同时主控技术员监看自动执行的运转情况，一旦有必要，他会在紧急情况下进行手动操作。

**要点 5 主控室负责检查所有节目的技术质量并协助完成节目的输入、储存和检索。**

## ◎演播馆辅助区

没有辅助区，演播馆便很难正常运转。辅助区包括储存布景和道具的区域、化妆间以及更衣室。但遗憾的是，即使是一些大型的和相对比较新的演播馆，通常也缺少这样的辅助区。结果不得不占用演播馆的一部分场地用来存放布景，甚至充当化妆间和更衣室。

### 布景与道具储存

布景与道具储存的最大特点在于是否易于检索。现场辅助人员必须能找到并取出每一块布景片，而不是将它从什么别的东西下面挖出来。道具区和道具箱必须清楚地加以标示，尤其是当你在道具箱中放了各种不同的小道具的时候。

### 化妆

无论什么时候用到化妆，都必须在与演播室相同的照明条件下进行。大多数化妆间都必须有两种照明方式：3200K的标准室内色温和5600K的标准室外色温。彩排前一定要在真实表演区用摄像机检查化妆效果，然后在正式表演之前再检查一次。

## ◎布景、道具和布景装饰

布景和道具的用途在于为表演创造特定的环境。在电视制作中处理布景与道具时，必须始终牢记一点：是摄像机，而不是剧组人员或临时探班的人在看舞台环境。因此，布景必须非常细致，必须经得起摄像机特写镜头的审视。不仅如此，还必须简洁，以避免画面杂乱无章，转移观众对主持人或演员的注意。如果使用高清晰摄像机，更要注意布景的细节。高清晰电视的高分解率会增加影像的深度感，甚至能使背景细节变得更加清晰。布景设置必须保证摄像机的最佳运动路线和拍摄角度，最佳的话筒摆设和活动空间，最恰当的照明并满足演员最大幅度的动作空间。这些都是布景设计时必须加以考虑的重要因素。

**要点6 布景必须创造出一个特定的演出环境，同时兼顾照明、声音拾取和摄像机的移动。**

### 布景

虽然设计和搭建布景要求经过特殊的训练和技巧，但你仍然应该了解标准的布景组件有哪些，了解如何利用它们搭建出一个简单的环境。这里，我们将讨论（1）软墙板；（2）硬墙板；（3）布景模块；（4）无缝壁纸和垂幕；（5）特殊景片、平台和以及滑轮车。

**图 14.10 软墙板**

由覆盖棉布的1 × 3木板制成。这些背景板必须用一些零件连结起来才能充当背景布景。

**图 14.11 用绳子连在一起的背景板**

背景板用一条凉衣绳绑在一起，并用木质框架支撑起来，然后再用沙袋或金属重物固定支架的下部。

**软墙板 背景板（flat）**是一块无需支撑的布景，用作背景或模拟房间墙壁。**软墙板（softwall flat）**属于背景用品，由轻型木框搭成，上面覆盖薄棉布。木框用 1 × 3 的木板粘在一起，边角处用 1/4 英寸厚的胶合板加固。为防止木框变形，可以再用交叉撑条和衬杆进一步加固。如果演播室地面坚硬，可以在背景板的底部加上金属滑轮，这样移动时便不至于损坏背景板或地板（见图 14.10）。

**图 4.12 硬质布景**

硬质布景由坚固的木框或铁框做成，上面覆盖三合板或纤维板。大多数硬质布景靠内置脚轮或放在小型移动车上移动。

传统的方法是用绳子将软墙板绑在一起，这种方法现在依然是最实用的一种方法。在连接两块背景板时，用固定在布景板木条上的晒衣绳把两块背景绑在一起，将绳子穿过固定用的角片，如同系鞋带一样（见图 14.11）。背景板由木架支撑——木架通过 C 形夹连接和加固背景板，然后用沙袋或金属重物压住底部以保持稳定。

标准的软墙板有统一的高度，但宽度各异。高度通常为 10 英尺，也有 8 英尺的，主要针对小布景或天花板较低的演播室。宽度从 1 英尺到 5 英尺不等。如果两块背景板连在一起，我们称之为两折板或书型板（因为它们能像书一样打开）；如果三块背景绑在一起，则称为三折板。

软墙板易于移动、组装和储存，但它们的简单构造同时也是一个缺陷。在关门或窗户或有人或物品碰撞它们的时候，容易摇晃。软墙板适于排练和要求不太严格的制作。

**硬墙板** 大多数专业电视制作的布景采用**硬墙板（hard-wall flat）**搭建。它们往往是专门为某个具体的节目而制作的，因此不一定能与标准尺寸的软墙板布景匹配。尽管硬墙板的制作并没有一定之规，但大多数背景板都采用坚固的木框或带沟槽的钢架搭成（看上去像一个大型装配设备），上面覆盖胶合板或纤维板。多数硬墙板都依靠装在其内部的脚轮移动，靠螺拴或 C 形夹连在一起（见图 14.12）。

硬质布景的长处在于其牢固性：如果有一场戏要求你使劲关门，你尽可以大胆地关，无需担心整个布景是否会摇晃。你也可以像在真正的墙上那样粘图片或海报。硬质布景的不足是它们制作成本高，难于移动和搭建，更难于储存。还有，硬质布景容易反射声音，产生不必要的回声。

**背景模块** 小型影像制作公司经常采用**布景模块（set module）**，其布景的要求仅限于新闻、采访、办公室场景或某种产品陈列和展示环境。一套模块由一系列硬墙板和三维景片构成，不管是垂直使用（正面向上），还是水平使用（侧面向上），它们的尺寸都与其用途相匹配。它们能以不同的组合方式组装起来，就像搭积木一样。比如，你可以在一次录制中将硬质模块用作硬墙板，而在下一次录制中用作平台。你也可以将一个桌子的模块拆开，用它的"盒子"（代表抽屉）和桌面做成一个展台。模具的式样繁多，非常经济实用。

**无缝纸和彩绘垂幕** 你应该还记得，弧形背景幕布是一块充当浅色背景的巨大无缝垂幕，如图 14.1 所示。如果找不到背景幕布，那么只需将一卷无缝纸（通常为 9 英尺宽，36 英尺长）展开，把它水平地钉在软墙板上即可搭建出一块中性表演区，尽管其大小有限。无缝纸卷有各种颜色，而且比较便宜。

与此同时，**彩绘垂幕（painted drops）**通常指上面画有仿真（更多时候为风格化）舞台背景的纸卷或帆布。

同样，你还可以用电子手段创造出逼真的背景。我们将在第 15 章讨论这种合成场景。

**特殊布景片、平台和滑轮车** 布景片包括落地式三维物体，如圆柱、三角柱、扇形屏风、折叠式屏风、台阶以及三角体。三角体是一个有着三个面，类似大型三角柱的物体，通过滑轮来移动或转动（见图 14.13）。

你或许想在三角体的某一面上画上不同图案，使其更变化多端。比如，如果将一个面画用于嵌入技术蓝色，而将另外两面仍然保留温暖的黄色，那么，只需将三角体（或一组三角体）旋转到蓝色的那一面，便可以提供嵌入所需的背景色。

布景片常常做成各种尺寸，这样它们就能以各种方式进行组合。有些布景片，如圆柱和三角柱，多少有些不稳定，需要加固，以免被剧组人员、演员和设备碰翻。在加固这个问题上，宁可让布景稳当过头，也不要稳定不够。

平台具有一定的高度，常见的平台高度为 6 英寸、8 英寸或 12 英寸高，可以摞在一起。平台通常用于采访和小组讨论的场景，这样，摄像机便可以从视平线的角度拍摄节目的参与者，而无需俯拍。如果在采访节目中使用平台，整个平台上都应该铺上一层地毯。地毯不仅可以使场景显得更好看，还可以吸收人们在平台上走动时发出的空洞声。还可以在平台内塞入泡沫橡胶或泡沫塑料，进一步减弱噪音。

某些 6 英寸高的平台带 4 个可承重的脚轮，于是平台变成了滑轮车，可以支撑布景和布景片。如果将沉重的布景放在一组滑轮车上，移动起来就非常方便，变换位置也更容易。一旦确定好位置，就用木楔或沙袋把滑轮车固定住，以防移动。

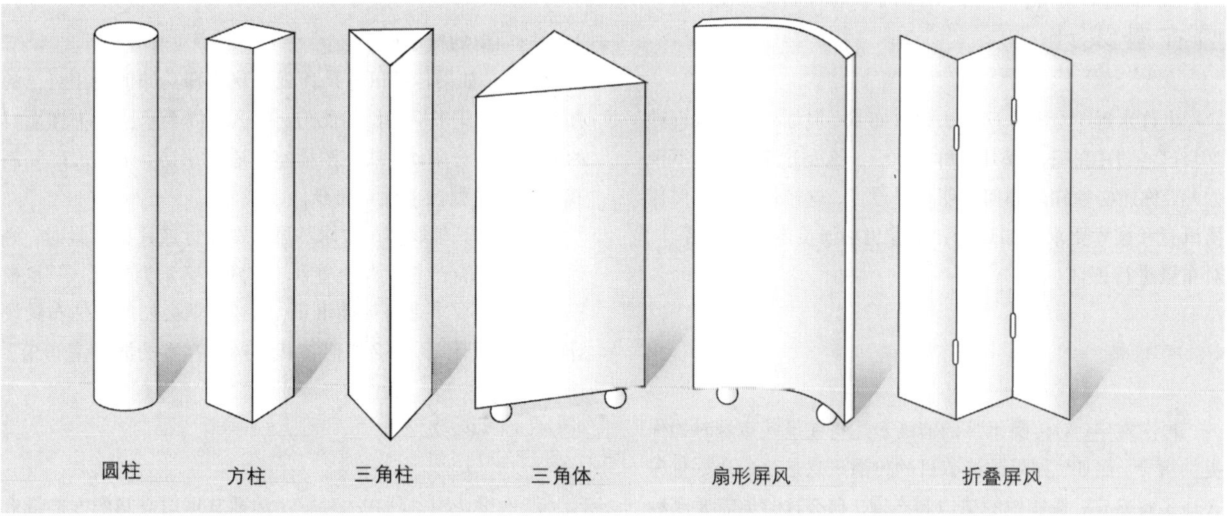


**图 14.13 布景片**

布景片是独立的立体布景，用作背景或前景。

### 道具

在电视制作中，**道具**（props）和布景装饰在强调某一特定环境时发挥的作用往往比背景更大。道具分为两类：**固定道具**（set props）和**小型道具**（hand props）。

**固定道具** 固定道具包括布景中所用到的家具，如采访用的椅子、小组讨论用的桌子、某公司经理发表其每周讲话时用的讲台、办公室场景所需的书橱和档案柜，或情景喜剧中必不可少的沙发等。

选择固定道具时，应该找那种可以用在各种场景中的多功能家具，比如，小巧简单的椅子要比配有软垫的大椅子实用，用途更广泛。多数常规沙发都太矮，演员在坐下和起身时都得尴尬地仰视镜头。可以通过垫高座椅或将整个沙发升高来纠正这个问题。某些固定道具，如新闻发言人用的讲台或讨论用的大桌子都是定做的，不要过多使用这类定做道具，尤其是如果大多数镜头都是演员的中景和特写。

**小型道具** 小型道具实际上是由演员操作的物件，如电话、台式计算机、盘子、银器、书、杂志、玻璃杯和花等。小型道具必须能用，而且必须是真的。如果瓶子到时打不开，就会耽误代价高昂的制作工作。由于小型道具是演员手势和动作的延伸，加上摄像机特写的近距离审视，假道具根本不可能蒙混过关。纸板做的高脚杯在舞台上看起来也许很华丽，但在屏幕上就会显得滑稽可笑。同样可笑的是背着一只空箱子却要装出很费力的样子。虽然剧场里的观众会对你的劳动表示几分同情，但电视观众却会认为这是一种喜剧套路，是令人遗憾的穿帮镜头。

如果拍摄时要用到食物，一定要确保其新鲜，盘子和银餐具都要非常干净。酒通常用水（替换透明的酒精饮料）、茶（替代威士忌）或软饮料（替代白葡萄酒和红酒）来替代。从写实的角度看，这种替换完全可以接受。

### 布景装饰

布景装饰包括为了使自己的生活空间更加漂亮或为了表达自己的品位和个性而摆放的一些物件。尽管背景板还与在其他节目中的一样，但装饰却会赋予每一个布景突出的个性特点，营造环境风格。布景装饰包括窗帘、相片、雕塑、招贴、灯、室内植物、桌上和书架上的饰物或童年时最喜爱的玩具等等。二手商店或跳蚤市场可以提供无数这样的东西。在紧急情况下，你甚至可以搜一搜自己的房间和办公室。与道具一样，布景装饰也必须真实，这样才能经得住高清晰电视的近距离审视。

**要点 7 道具和布景装饰决定了环境的特点和风格。**

## ◎布景设计

也许永远不会有人叫你去设计布景，但你必须告诉设计师自己心目中的环境是什么样子，为什么是这个样子。不仅如此，你还必须知道如何说明布景设计，这样你才能对照传播讯息和技术要求（如灯光、摄像机和演员走位、拾音等）对布景进行评估。

### 传播讯息

再次重申，对传播讯息的清晰表述将在设计布景时为你提供指导。例如，如果访谈节目的传播讯息是让观众尽量深入地了解嘉宾，探察她的感情和态度，那么这时你需要哪种布景呢？由于在节目的大部分时间里你要近距离拍摄嘉宾的特写，因此不需要精心制作的采访布景。在整洁的背景前放上两把简单的椅子即可。

但是，如果传播讯息是让观众观看嘉宾如何使用自己的办公室，以此来反映她的能力，那么最好要求主持人在嘉宾的办公室进行采访，或在演播室里进行采访，采用准确复制其办公室的做法来设计布景。

与所有其他媒体的要求一样，在设计或评估布景时，必须非常清楚自己想让观众看到、听到或感觉到什么。一旦根据舞台布景要求理解传播讯息，就必须学会如何评估布景设计（场地设计），学会如何将其转换成真实的演播室布景。

### 场地设计图

场地设计图是画在一种模拟演播室可用空间的方格纸上的布景和道具平面图。为了便于灯光师确定灯光在演播场地上的位置，照明设计图通常叠加在场地设计图上面，或像地图上的方位区域那样画在场地区域的上面。利用照明设计纸，场地设计图也可以用来画照明设计图。

精致的场景设计通常按一定的比例尺来画，如1/4英寸=1英尺，然后将常规的景片模型按一定的比例画上去，如桌子、沙发、椅子、床或衣柜等。当然，你也可以利用市面上销售的计算机程序软件来进行建筑设计或场地设计。

如果布景相对简单，艺术指导只需绘制一张显示背景布景和固定道具并标出大致位置的草图即可，然后将它交给现

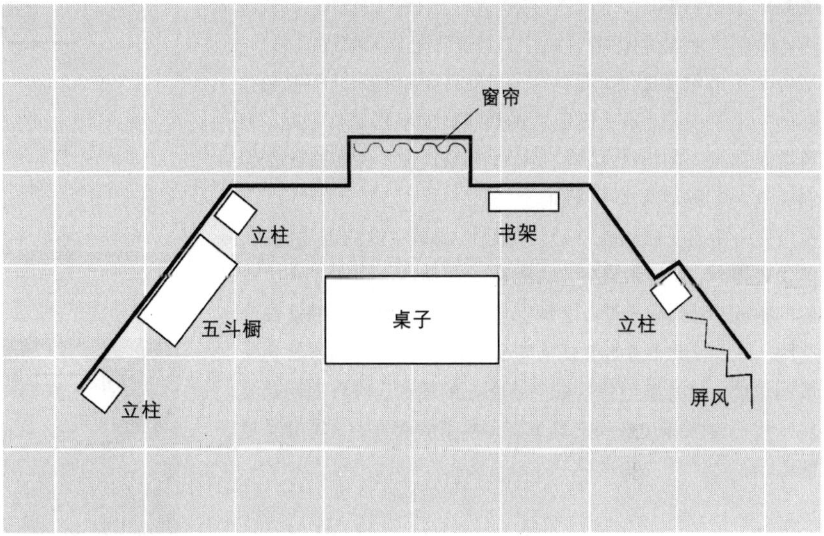


**图 14.14 简单的场地设计图**
场地设计图（通常也充当照明设计图）可以帮助确定布景和固定道具的位置。

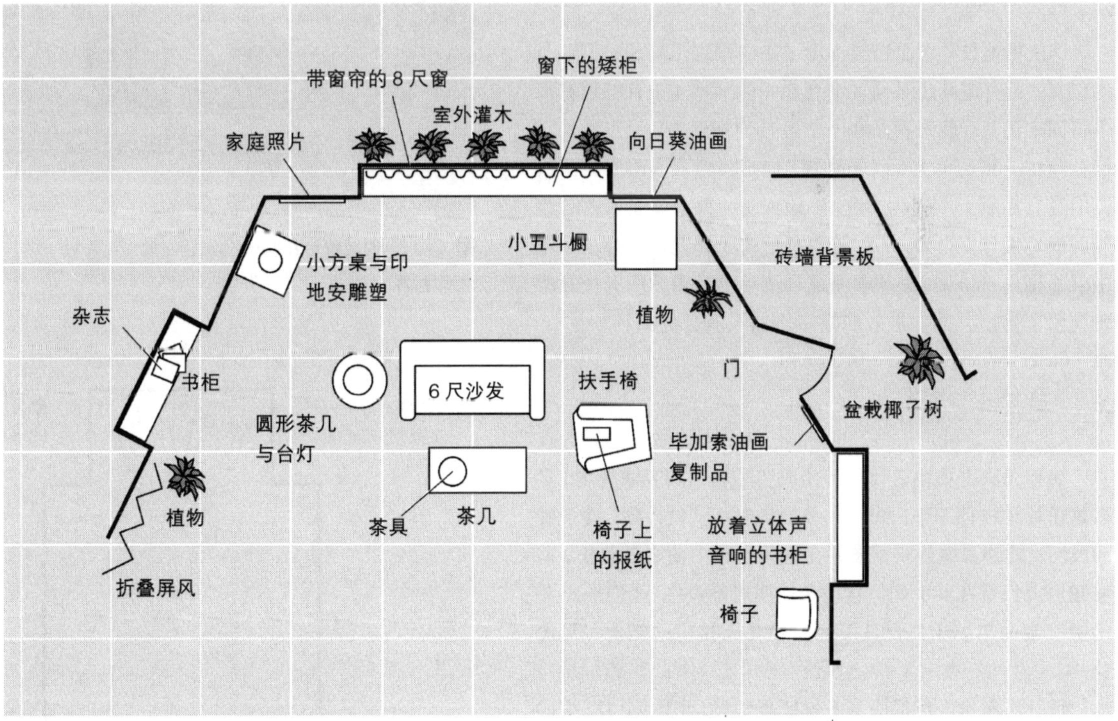


**图 14.15 带布景与小型道具的场地设计图**
更细致的场地设计图应该标明固定道具（家具、灯、雕塑、绘画）和主要小型道具（报纸、茶具、杂志）的类型和位置。

场导演，让他去落实这些摆设的具体位置（见图14.14）。你应该还记得，根据现有灯光——主光、副光、背光和背景光——来布置布景要比重新布灯来适应布景容易得多。场地设计必须标明所有的布景，包括门窗以及固定道具和主要小型道具的类型和位置。

绘制场地设计图时，要注意使陈设配合摄像机的操作，给各个拍摄角度提供充足的空间。没有经验的设计师普遍存在的一个错误是，不为固定道具和演员的动作留够空间。家具总是比预先的设计多占空间。如果场地设计没有按比例绘制，这一问题就会非常突出。

另一个常见错误是场地设计超出演播室内的可用空间，前文曾提到，幕布和演播室内储存的物品已经占用了不少可用的空间，因此场地设计必须标明实际上可以利用的这部分空间。为了帮助布置灯光的人避免将演出区后排的灯放到太偏的位置，同时避免背景板上不必要的阴影，所有的活动家具（演员实际会用到的家具）必须离背景板6—8英寸（见图14.15）。

## 道具清单

即使场地设计图上已经标出了主要固定道具和小型道具的位置，所有道具还必须详细列在一张清单上。有些道具清单将固定道具、装饰物品和小型道具分别列出，但可以将它们合写在一张清单上，以防遗漏。向道具负责人落实自己所要的道具在哪天或哪几天使用，检查每一件道具是否符合预想的场地设计。比如，一把维多利亚椅子在现代化办公设备中就显得很不协调。必须确保道具清单上列出的所有道具都转交给了自己，并在进入演播室之前没有任何损坏。

## 以平面设计为准布景

如果无法将场地设计图转化成实际场景和表演环境，那么这份场地设计等于白做。你必须掌握一些设计师、建设师的技巧：能够看懂建筑草图并在建筑过程中使之具象化，能够知道人们将在其中如何移动和使用内部设施。图14.16展示了一幅简单的场地设计图如何转化成相应的实景（见图14.14）。

每一位制作人员都应具备解读场地设计图的能力，好的场地设计能帮助现场导演和全体工作人员精确地搭建和装饰布景而无需设计人员的参与。导演可以圈出主要演员的位置和活动区，在进入演播室实拍之前设计出主要的景别、位置

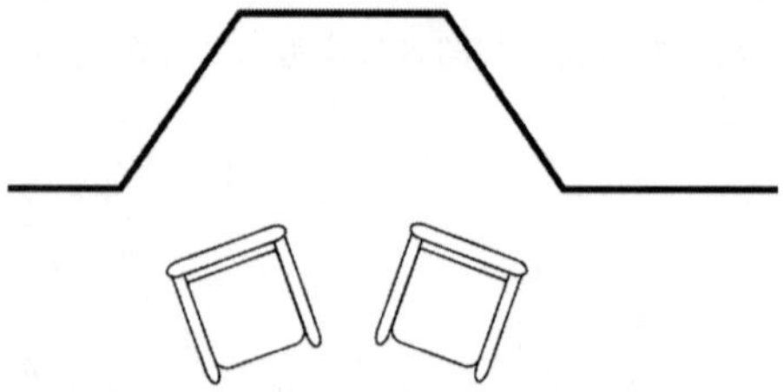

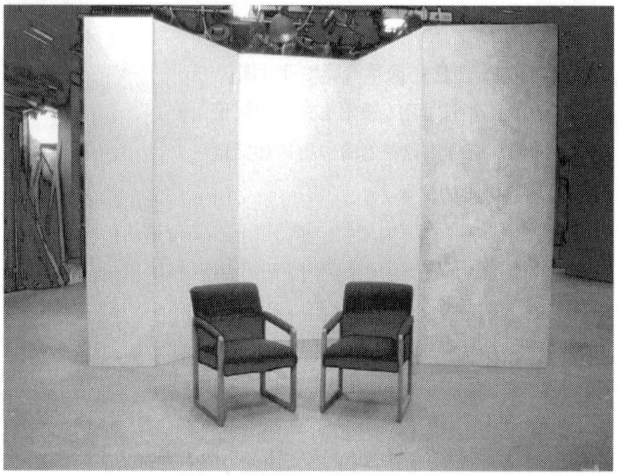

**图14.16 场地设计和实景**

简单布景

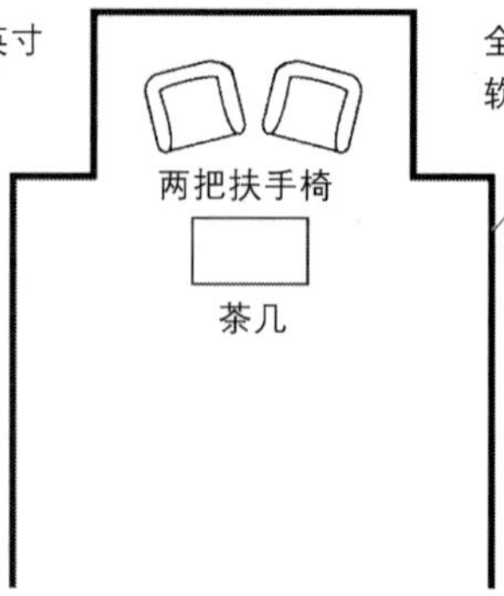


**图14.17 场地设计2号图**

采访布景

和运动。调音师可以决定话筒摆设的位置。通过学习如何解读场地设计图，你可以预先发现并解决一些制作上的问题。由于场地设计在保证制片效率中发挥着如此重要的作用，因此，即使只是一场简单的布景和制作，也应该坚持绘制一份场地设计图。

## 评估布景设计图

场地设计 2 号图表现的是一个双机拍摄访谈节目的布景，仔细观察并列出你能发现的所有潜在制作问题（见图 14.17）。

现在，让我们来对照一下自己的清单：

★假设背景板按常规的比例尺（1/4 英寸 =1 英尺）来画，那么后面的墙应该为一块 4 英尺的背景板，如此便很难容纳两把椅子和一张桌子。显然，椅子和咖啡桌的比例应该缩小。

★若想获得良好的照明，椅子距桌子和墙壁就太近了，后景光不得不以极偏的角度照射过来，主光只好从正面直接打在被摄物体上。这确实不是你想要的好照明。

★没有双机拍摄的空间。布景开口处过于狭窄，摄像机难以并排放置，也无法进行任何交叉拍摄。这种布景只能用单机正对着拍摄椅子那一点方形空间。

★过于紧凑的摆设容易产生声音问题，平行的两面墙将来回反射声音，产生糟糕的“嗡嗡声”。

让我们从同样的角度看一下场地设计 3 号图。这幅设计图显示的是一间办公室的内部情况，两位演员在一场工作面试中说明什么能做和什么不能做。针对双机实况拍摄，脚本要求频繁地拍摄过肩镜头和交叉镜头。现在，让我们先列出制作当中有可能发生的问题（见 14.18）。

现在来对照一下：

★招聘者的椅子离营造后景光的背景过近。

★文件柜和书橱多余，除非其中的一台摄像机拍摄极端直接的远景（在这种情况下，镜头将使后墙显得特别突出），否则文件柜和书橱会跑到摄像机的拍摄范围之外。

★应聘者的座位离演播室墙壁过近，没有留出余地，这就意味着我们将看到一块空白的演播室墙壁。同时，由于

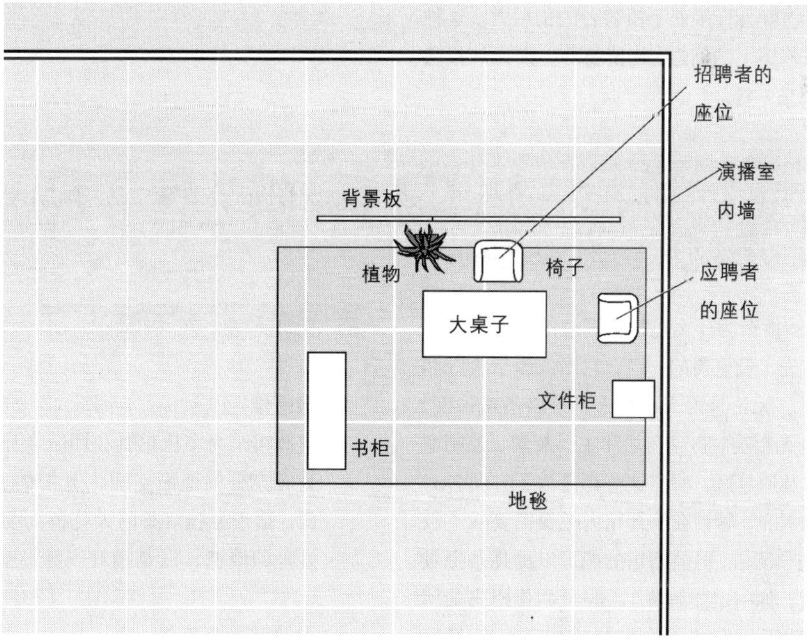


**图 14.18　场地设计 3 号图**

办公室布景

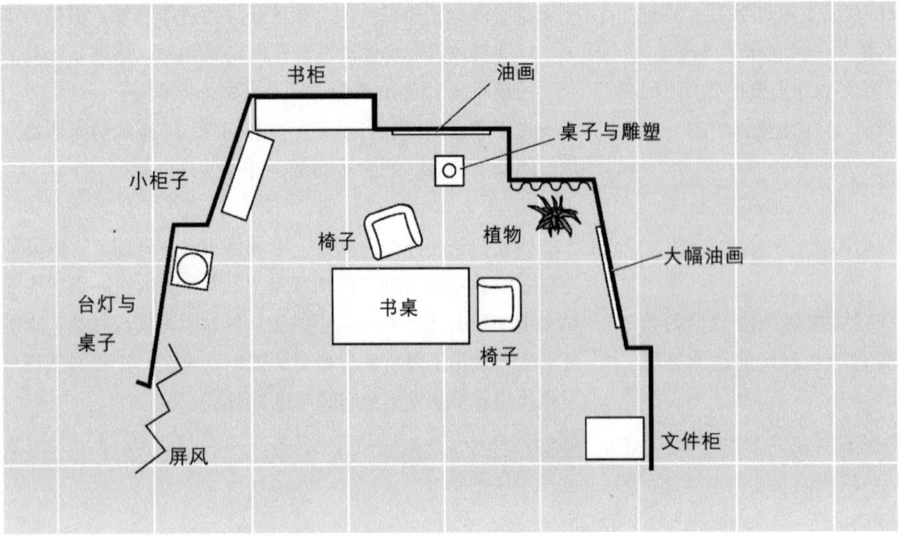


**图 14.19 修改后的场地设计 3 号图**
办公室布景

距离过近，也无法在靠近墙壁的地方悬挂后景灯。

★这种人物关系无法拍摄过肩镜头和交叉镜头。招聘者的背后没有摄像机的立足之地，而文件柜又使另一台摄像机根本无法挤进应聘者身后的空间。

★即使有足够的空间供摄像机拍摄合适的过肩镜头，地毯也将使摄像机在布景之间移动变得异常艰难。

★如果将文件柜挪开，设法使摄像机从应聘者的左肩俯拍，那么橡胶植物就会直接处于招聘者的正后方。这种安排必然会导致构图上的问题，使植物看上去像从招聘者的头顶上长出来一样。

你的对比结果如何？你是否预见到了大多数拍摄问题？你建议如何修改以使布景安排更加可行？修改后的场地设计 3 号图提供了一种可行的解决方法（见图 14.19）。

地毯不见了，摄像机也有了足够的空间拍摄过肩镜头。每一个镜头的背景都有趣但不会彼此争夺注意力，布景左侧的屏风和右侧的书柜能有效地提醒摄像师拍摄的最大范围，以免摄像机的拍摄超过界限。

**要点 8 场地设计，即布景和道具的图示，不仅能说明布景要求，还有助于前期策划工作。**

现在，也许你对演播馆为什么能提供理想的制作环境有了更深入的了解。首先，最重要的一点，它不依赖于天气和一天之内的时间变化，无论是雨天、晴天、早晨还是午夜，对制作节目过程都毫无影响。物理布局和主要装置、控制室设备、化妆、布景以及道具区，所有这些都是为了方便各式各样的录像制作而设计的。尽管在演播馆内拍摄需要一支较庞大且高度协调的制作队伍，但演播馆的确可以提高拍摄效率。参观完演播馆后，你一定能解答 Triple-I 向你提出的问题：为什么拍摄活动不一定非得在室外完成不可。尽管 Triple-I 的外景制片人读懂了你的心思，但他还是建议你在最后实习期里去参加一些室外拍摄。

## 再次重申，请记住：

**◎演播馆**

演播馆是为多机拍摄和团队合作而设计的，其主要特点是有充分的地面空间，光滑的、适于摄像机移动的地面，适于悬挂灯具的天花板高度，大大的门，经过声学处理的墙壁，以及相对安静的空调。

**◎演播馆主要设备**

演播馆主要设备包括照明灯架或活动支架、各种墙壁插座、演播室与控制室之间的内部通讯系统、演播室图像监视器以及演播室扩音器。

◎**控制室**

控制室的设计目的是为了协调整个制作过程中的各个工种，通常分为图像控制、切换、监视器架、内部通讯线路，有时还有照明控制台和音响控制，类似于一个带调音台和各种录音和回放设备的小型视频控制室。

◎**主控室**

主控室对于电视台而言非常重要，其基本功能是质量检查、节目输入、节目储存和节目检索。大多数主控室配备有摄像机和控制单元、各类联机录像机、视频服务器和其他自动视频回放设备和发射连接系统。有时，非广播性的制作公司也有主控室，包含的设备有摄像机控制设备、录像机和各种通讯系统。

◎**演播室辅助区**

演播室辅助区包括布景和道具储藏室、化妆间以及更衣室。

◎**布景与道具**

主要布景包括软质和硬质背景板、弧形幕布和各种垂幕、景片、平台以及滑轮车；道具则包括固定道具（如家具），小型道具（通常为演员使用的物品）以及布景装饰（艺术品、灯具和装饰性植物）。

## 要点

☞演播室能对拍摄环境进行最大限度的控制。

☞控制室的用途是为了协调整个录制过程。

☞性能可靠、使用方便的内部通讯系统在演播室录制中对进行多机拍摄的团队的高效合作至关重要。

☞控制室内，导演和技术指导必须紧挨着坐在一起。

☞主控室负责检查所有节目的技术质量和与之相关的节目的输入、储存与检索。

☞布景必须营造出一定的表演环境，同时兼顾理想的灯光、音频的合理拾取和摄像机的运动。

☞道具和布景装饰决定了环境的特点与风格。

☞场地设计，即布景和道具的图示，不仅能说明布景的要求，还有利于前期策划工作。

第 15 章

# 实地制作与人造环境

## 重要术语

contact person **联络人** 指那些熟悉并容易接近外景地和关键人物的人，也叫联系人。

EFP **电子实地制作** electronic field production的缩写形式，指在演播室外进行的录制工作，通常是为后期制作而拍摄（非现场直播）。

ENG **电子新闻采集** electronic news gathering的缩写形式，指利用便携式摄录机、照明设备和音响设备，拍摄非计划性日常新闻事件的做法。电子新闻采集的目的通常为直接转播或快速后期制作。

field production **实地制作** 指在演播室外进行的任何影像制作活动。

remote **实况拍摄** 为现场直播或实况转播而进行的大型、计划性事件的拍摄。

remote survey **外景勘察** 主要制作人员和技术人员对外景的勘察活动，以此来决定如何搭景，如何使用制作设备。也被称为外景调查。

remote truck **转播车** 载有控制室、音频控制、录像单元、视频控制单元以及传输设备的车辆。

synthetic environment **人造环境** 通过嵌入技术或计算机等电子手段生成的布景。

uplink truck **上传转播车** 将视频和音频信号传给卫星的小型卡车。

virtual reality **虚拟现实** 由计算机模拟出来的环境，可与用户互动并可根据用户的要求变换环境。

实地制作并不意味着你必须将自己的制作班底带到外景地，而是指在演播馆以外进行拍摄。你在Triple-I录像带上看到的在大街上拍摄的MTV就属于实地制作。实地制作还包括在外景地拍摄的纪录片以及记录体育盛事或感恩节游行的直播节目。

如果将设备搬到演播馆外面，那么整个世界都可以成为你的舞台。不过，将拍摄从演播馆内搬到演播馆外无疑会增加控制的难度。在实地制作中，你很难营造和控制特定的环境，只能去适应它。如果是室外拍摄，天气往往是一个潜在的危险；如果是在室内，虽然房间有可能不讨你的喜欢或不利于拍摄有效的画面和声音的拾取，但通过一些手段，你完全可以让环境为你服务而不是与作对。本章将介绍一些如何提高实地制作效率的手段，包括电子新闻采集、电子实地制作和大型实况转播。从实地，我们最终将走进部分或全部由计算机生成的人造环境。

◎**电子新闻采集**
新闻的采集与发送

◎**电子实地制作**
前期制作，包括实景勘察、考察队伍和外景草图；制作，包括设备清点和室外、室内拍摄；后期制作

◎**大型实况转播**
转播车与现场发送

◎**人造环境**
计算机生成布景，虚拟现实与互动视频

**要点1 在实地制作中，你必须适应环境。**

## ◎电子新闻采集

从本质上讲，新闻事件发生的时间、本质和地点都无法预料，因而对这种事件的报道或ENG（电子新闻采集）也无法提前计划，你所能做的，就是追踪突发性新闻事件，尽最大的努力去报道它。但这并不意味着你应该放弃对制作程序的控制。ENG的前期制作意味着你必须随时准备好自己的设备奔赴任何地方，而且无论在哪里、在哪种情形之下，都必须保证自己的设备能正常拍摄。

### 新闻采集

作为一名新闻摄像师，你不仅要拍摄新闻报道的内容，还必须决定如何表现这些内容。在突发事件中，你必须对形势做出判断，让设备正常运转，抓住事件的本质。所有这一切都要在几分钟之内完成。你很难有时间去问自己的新闻制片人或其他人发生了什么或应该如何拍摄。不过，即使情况紧急，优秀的摄像师也能给后期编辑提供构图出色的镜头，使他们剪辑出流畅的顺序。

如果能在出发的同时带上一名记者，多少可以减轻新闻采集过程中的忙乱。在安排记者的报道位置和选择报道的最佳镜头上，你一般都拥有一定的灵活性。你可以选择能够突出主要情节的地点作为记者的报道背景（如市政大厅、大学校园、县医院或机场）。

如果可能，尽量让记者站在阴影区，尽量避免站在强烈的太阳光下或反光的建筑物前（后者更糟），强光将加快光的衰减，产生浓重的阴影，而明亮的背景也将使记者呈现出剪影的效果。尽管你可以用反光板减弱逆光，但将记者改换到阴影区总比与过强的阳光斗争来得容易。千万不要忘记在每一种新的光照条件下调节白平衡。注意观察记者的身后，防止路标、树木或电话竿看上去像从记者头上长出的那种情形。

**要点2 尽可能使记者站在阴影区而非强烈的阳光下。**

留心所有的音频要求，不要让记者在风大的街角进行报道，找到一个相对避风的地点，墙壁裸露的小房间或走廊一般会产生回声，或使记者的声音听上去像从桶中发出的一样。每次拍摄之前都应该先调整音量，在往录像带第二讯道

上记录环境声的同时，应该始终让摄像机话筒处于运行状态。在报道的最后，至少录一分钟环境声，以帮助编辑人员在剪辑点顺利地进行声音的切换。

## 发送

如果要求对新闻报道进行现场播出，就必须带一辆装备了发送设备的转播车，通过它将视频和音频信号传回电视台，最终送往电视台的发射器或卫星（见图15.1）。

图15.1 电子新闻采集车

在电子新闻采集和常规制作中，大型汽车和电视台货车可以发挥转播车的作用。如果信号必须传回电视台进行现场直播或录像，则会动用带录像机、字幕机以及微波发送设备的转播车。

图15.2 卫星上传转播车

卫星上传转播车犹如一个活动电视台，可以将视频与音频信号直接上传给卫星。

信号可以通过普通摄像机电缆或与摄像机相连的小型三角架微波发射器从摄像机直接传送到转播车上，然后再从转播车上通过微波将信号传送到发射器。如果信号必须直接上传给某通讯卫星（位于距地面23300英里的高空），就会用到带卫星传输设备的卡车，即**上传**（**uplink**）转播车（见图15.2）。专门用于上传新闻的转播车叫**SNVS**（**卫星新闻车**），然后，卫星将信号放大，发射回地面接收站，即**下传**（**downlink**）。

尽管信号的传输通常由合格的工程师来完成，但你至少应该知道需要什么设备才能将信号从摄像机传送到发射器。你会看到，如果演播室中的主持人要和处在世界各个角落的嘉宾聊天，必然会动用大量的技术设备和知识。

## ◎电子实地制作

**电子实地制作**（electronic field production，简称EFP）包括除新闻和大型现场直播外的所有演播室外制作活动，相对于单机室外制作，EFP更接近于多机演播室制作。在室外拍摄的纪录片、杂志新闻、调查报道、旅游节目和运动节目等，这些都属于电子实地制作节目。由于所有室外拍摄活动事先都经过计划，因而可以在前期制作阶段做一些准备。电子实地制作的前期准备工作越充分，成功的几率就越大。实际上，电子实地制作所要求的准备工作最仔细。与在演播馆内不同（那里你所需的大多数设备已经安装完毕），实地制作时必须带上拍摄所需的每一件设备，哪怕只是弄错或忘记带一根电线，都可能使制作延误几小时，甚至导致整个节目的取消。

## 电子实地制作前期准备：实景勘察

除了电子新闻采集，所有的室外制作活动都要求进行认真的前期制作准备。由于必须适应具体的环境，因此必须在演员、制作人员和大量设备到达拍摄现场之前先去看一看。

现场勘察或实景考察称为**实景勘察**（remote survey）。即使外景制作比较简单，如在饭店房间内进行的采访，你也应该进行实景勘察。事先察看饭店房间将有助于你判断让嘉宾和采访者坐在哪里，将摄像机架设在哪里。与此同时，勘察还能给你提供一些重要的技术信息，比如是否在照明和声音上有什么特殊要求。

举例来说，一张小桌子和两把椅子就足以得到采访者和嘉宾的理想镜头，但桌子后面的大块玻璃将会造成照明问题。如果对着窗户拍摄，那么嘉宾和记者都将变成剪影；但如果放下窗帘，就要求在采访区域增加便携式照明设备。

那里是否有充足而方便的电子照明设备电源？也许你可以将桌椅从窗前移开，那么新的布景对采访者和嘉宾，特别是摄像机，是否仍然合适？背景的趣味程度是否合理？是否会对拍摄造成什么影响？在房间内听一听，是否比较安静？能不能听到来自门窗外或空调的噪音？是否可以切断电话线使之不在采访期间作响？即使这么简单的室外制作，前期考察工作也大有助益。

**考察队伍** 如果是比较复杂的制作，那么对实景的认真勘察便成了一项至关重要的前期准备工作。你必须了解是什么事件，将在哪里发生，怎样调整环境使之适应媒体的要求，必须采用什么技术才能拍摄和播出这个事件。如果是比较简单的实地制作，考察小组通常便由导演和制片人组成；但如果是复杂的实地制作，则必须再增加一位技术专家、技术指导或工程专业人员。如果可能，在做第一次考察时不妨带上一位联络人。

**联络人** **联络人**（contact person）指熟悉外景地并协助你将环境调整到符合各种制作要求的人。以饭店内的采访为例，联络人不是你即将采访的嘉宾，而是了解并有权使饭店做某些事的人。如果照明设备造成电路超负荷，联络人应该能迅速使饭店工程或维修部门恢复电路。为防止电话在采访期间作响，联络人应该能让饭店工作人员拦截打进的电话，或让维修人员暂时切断电话线，否则，联络人就应该能找到更适于录制采访的空房间，而不只是嘉宾住的那间。

如果实地制作涉及报道一些你无法真正控制的计划内事件，如游行或体育赛事，那么联络人必须对全局非常熟悉，能向你提供重要信息，比如入场的游行队伍的名字和顺序。更重要的是，联络人应该帮助你获得进入禁区的权利，应该在正常封闭期间帮助你进入封闭区。一定要得到联络人的全名、职务、邮箱和电子信箱地址、呼机、手机、传真、单位和宅电的号码。另外，还要有一位候补联络人。在第一次勘察实景时应该让他们中的一位陪同前往。

**实施勘察** 如果可能，尽量在与拍摄相同的时间段勘察拍摄场地，这样才能看见太阳的具体位置。如果是在户外或在装有大窗的室内拍摄，太阳的位置将最终决定摄像机的位置。

与演播室内场地设计相同，你要准备一张场地设计图。户外拍摄的场地图应该标明主要街道和建筑物以及主要室内特征，如走廊、门、窗和主要家具。即使在外景地拍摄，场地图也应该画出拍摄场地的大致面积、主要交叉路口以及太阳的位置，另外还应该包括停车场、电子制作车或转播车的位置以及最近的厕所的位置（见图15.3和图15.4）。实景勘察表上还应该列出主要考察事项和需要解决的问题（见图15.5）。

如果你打算在户外进行拍摄，那么遇到雨雪天怎么办？很明显，更换拍摄日期不失为一个好办法，除非事件本身无论在什么天气条件下都必须进行，如足球赛或感恩节游行。

**要点3 对除电子新闻采集外的所有实地制作而言，实景勘察都是一项重要的前期准备活动。**

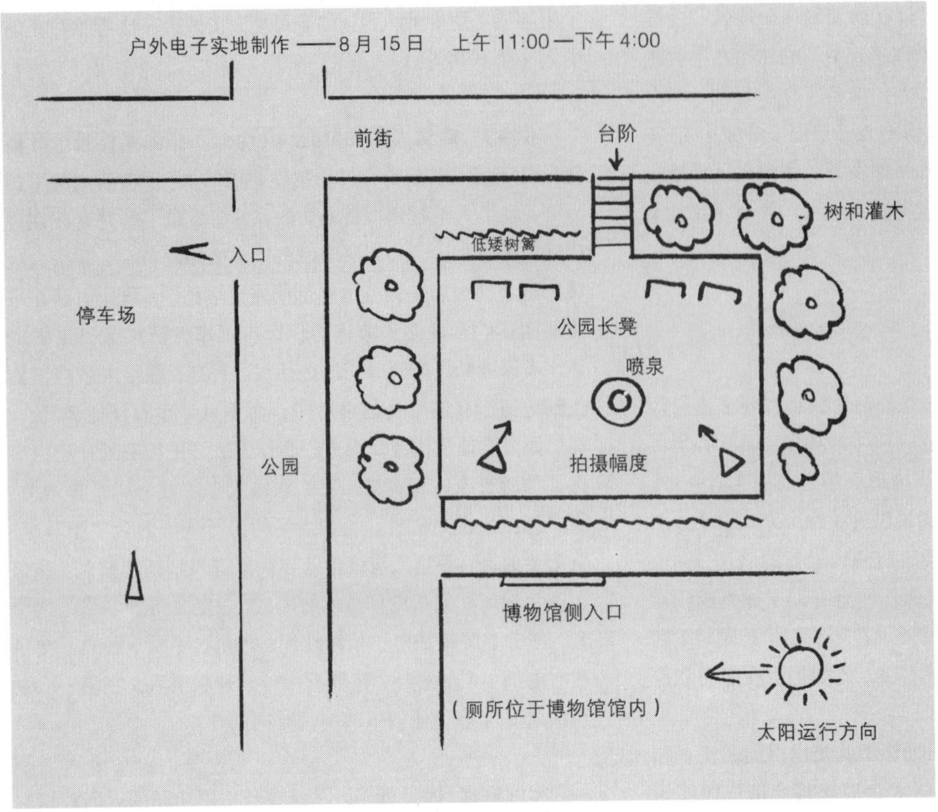


**图 15.3 户外拍摄场地图**

户外拍摄场地图应该标明主要街道、建筑物以及与制作相关的其他地区。同时还应该标明电子实地制作车的停车位置和最近的厕所位置，标出拍摄期间太阳的位置。

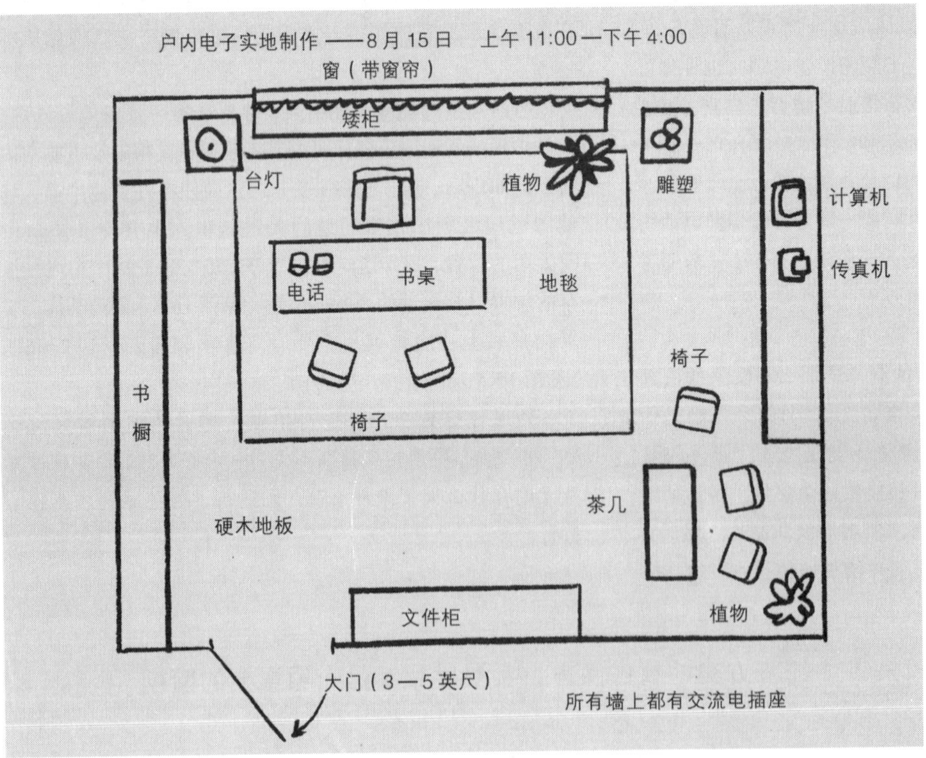


**图 15.4 户内拍摄场地图**

户内拍摄场地图必须标明主要制作区域（房间、走廊）窗、门和主要家具，如桌椅、植物或文件柜的位置。

图 15.5　实地勘察

| 考察项目 | 主要问题 |
|---|---|
| 联络人 | 谁是主要联络人？其职务、邮箱和电子信箱地址、办公室、住宅、呼机和传真号码？备用联络人是谁？其职务、邮箱和电子信箱地址、单位、办公室、住宅、呼机和传真号码？ |
| 地点 | 转播的确切地点在哪里？街道地址？电话号码？演员和工作人员在哪里停车吃饭？离得最近的厕所在哪里？ |
| 时间 | 现场转播的时间？在制作开始和结束时太阳处于什么位置？ |
| 事件 | 你心目中的活动属于什么类型？活动发生在什么地点？ |
| 摄像机（固定机位） | 摄录机的主要机位在哪里？什么时候开始多机拍摄？报道该事件需要多少台摄像机？尽量减少摄录机的数量。拍摄地点在哪里？不要从活动的两侧对着拍摄或架设机位。总体说来，摄像机之间的距离越近，越容易拍摄，并能减少剪辑中的混乱。顺光拍摄而不要逆光拍摄。尽量在整个拍摄过程中让太阳一直位于摄像机的后方或一侧。是否有大型物体遮挡摄像机的视线，如树木、电话杆或广告牌？实拍时是否还能得到同样的视野？观众会遮挡摄像机的视线，但在考察阶段这片区域的视野却畅通无阻。是否需要搭建平台来支持摄像机？平台应该多高？是否能在这里搭建平台？如果摄像机与电源或摄像机控制单元相连，其活动半径有多大？需要多长的电线？ |
| 照明 | 如果需要辅助照明，什么形式？什么地方？是否会用到反光板？安装照明设备是否方便？背景光是否能避开摄像范围？是否有可以让大量日光进入室内的窗户？是否可以遮挡，以免造成逆光或色温问题？每条电路能应付多大的功率？ |
| 音频 | 需要哪种拾音模式？应该在哪里设置话筒？哪种话筒最合适？音频设备能拾取到多大的活动范围？哪一支是固定话筒，哪一支是演员手持的话筒？是否需要无线话筒？如果不用，那么话筒线应该多长？是否需要特殊的音频安排，比如音频反馈系统和扩音系统？是否需要能远距离拾音的长距话筒？应该将它设置在哪里？ |
| 电源 | 是哪种电源？如果摄录一体机采用电池作为电力，灯光怎么办？联络人是否能找到电源？如果不能，谁可以？一定要保证联络人在直播和实录的现场。是否需要绝缘延长线或电源线？绝缘延长线是否与现场的电源插座匹配？ |
| 内部通讯系统 | 需要哪种形式的内部通讯系统？在多机拍摄时，你必须建立一个类似于演播室内部通讯系统的系统。需要多少条 I.F.B 讯道或电台？它们通向哪里？是否需要步话机来协调全组人员的工作？是否需要手机？ |
| 制作车位置 | 如果需要一辆大型制作车，比如转播车，你打算将它停在哪里？其位置是否非常接近拍摄现场？制作车是否会造成交通堵塞。一定要落实制作车和剧组人员专车的停车位。 |
| 其他 | 是否需要当地警方的支持或其他安全保卫服务来控制车辆、行人以及停车安全？ |

## 制作

每次实地制作都有其各自的要求和困难。尽管细致的前期考察工作能避免大量潜在问题，但还有一些不属于实景勘察范围的事须加以考虑：（1）设备清点；（2）户外拍摄、户内拍摄；以及（3）总体制作提示。

**设备清点**　制作的成功在很大程度上有赖于大量而全面的前期制作准备工作以及对拍摄计划的准备。与演播馆不同——在那里，主要器材和设备都已准备妥当，实地拍摄必须将每一件设备搬运到拍摄现场。

给所有的设备开一张清单，并确保清单上的每一件物品都装上了电子实地制作车。拆卸设备准备回程时也用这一张清单逐一进行对照。所需设备的种类和数量取决于制作要求，具体而言，取决于前期的考察。请检查以下电子实地制作时应该考虑的设备。

### 实地制作设备清单对照表

☑ **摄录一体机**　需要多少台？如果有备用摄像机，即使其质量稍低也应该将它带上。在紧急状况下，用家用数字摄录一体机拍摄的照明适度的采访总比根本没有摄录机好得多。

☑ **摄像机支撑物**　即使你打算将摄像机扛在肩上工作，也应该带上三脚架。你是否需要特殊的摄像机支撑物？如三脚移动车、吊臂或沙袋？

☑ **录像带**　你手上的录像带是否与摄像机和录像设备相匹配？并非所有的 1/2 英寸磁带都与所有的 1/2 英寸录像设备匹配？也不是所有的 1/4 英寸数字带都能适合所有的数码摄

像机。带上充足的卡带。如果你是游客，那么发生将录像带用光的事还情有可原，但如果是在进行实地制作，那就不行。检查磁带的实长是否与盒子上标明的长度吻合。如果发现磁带的转轮大而磁带少，说明该磁带的录制时间不会超过90分钟，哪怕标签上这样说。

☑ **电力供应** 你打算怎样给摄录机供电？电池是否充满了电？多带一些电池。如果采用交流电作为电源，你的电线是否够长，能够得着交流电插座？你还应该给便携式照明设备和现场监视器准备延长线。如果监视器由电池供电，你的电池是否合适？是否充满了电？是否给监视器准备了备用电池？是否需要发电设备？

☑ **音频** 除颈挂式话筒外，至少还应该再带一支枪式话筒和一支手持话筒。如果想将电子实地制作做得更好，话筒的位置就必须与声音的位置相符。话筒线是否够长，足以到达摄录机和混音设备？所有现场话筒都需要防风屏，枪式话筒还必须再加一个防风罩。是否需要支持设备？如夹子、立架或吊杆？是否需要混音器和备用录音带？带上充足的录音磁带或音频磁带。在将录音磁带和数字录音带运到拍摄现场之前，请务必对它们进行测试。别忘了给话筒操作人员和录音技术人员准备耳机。

☑ **电线和连接插头** 电线和连接插头是否合适？大多数专业设备的视频线采用BNC插头，音频线采用卡侬插头（见图8.25）。家用设备的音频线则采用RCA莲花插头与迷你护套（见图8.25）。带一些视频和音频线转接头。再三检查所有的连接头和配适器。如果要将摄像机与遥控单元相连，那么摄像机的电线是否够长？

☑ **监视器和检测设备** 一定要带上供回放用的监视器，如果用切换台进行多机电子实地制作，那么每一路摄像机输入都各自需要一台预演监视器。如果需要一位解说员来描述整个活动，那么还要为他准备一台监视器。如果实地制作在画质上要求高，就必须为每台摄像机准备一台遥控单元和特殊检测设备（波形监视器和向量观察仪）。通常情况下，这些设备由技术指导负责，但你必须知道它们是设备箱中不可缺少的成分。

☑ **照明** 通常情况下，你需要至少一两个便携式灯具箱，每一个灯具箱内都有若干照明设备、挡光板、保险丝、灯架以及备用灯泡。若是对大面积进行照明，可以采用泛光灯（柔光灯）或柔光伞。备用灯泡是否与照明设备匹配？它们发光时的色温是否符合要求（3200K或5600K）？如果需要提高或降低色温，用淡蓝色和淡黄色滤光片放在照明设备上，除非照明设备上本身已经附带了色温过滤装置。白色柔光材料常用于降低阴影。也许你还需要在窗上加几张淡黄色的纸，以便将室外的高色温转换成室内的低色温，或者用几块中灰度片在不改变色温的情况下降低光的强度。反光材料（白色卡片、泡沫粒、铝箔或者折叠式反光板）对室外拍摄来说至关重要。即使是在室内拍摄，操作反光板也比增加照明设备来得容易。

灯具箱里通常还有：一块覆盖摄机镜片上的软布；一块阻挡多余反光的黑布；柔光伞、光尺、备用灯架以及固定灯架的夹子和沙袋。除非你能得到高级伸缩支架，否则就带1 × 3的木条，用它们来固定小型灯具。包一卷铝箔，用它来制作反光材料、隔热伞或折叠式挡光板。带上充足的、能与各种室内电源匹配的交流电延长线和接头。

**内部通讯** 小型实地制作根本无需精致的内部通信设备，但必须在基地留一个电话号码，以备情况紧急时能找到你。如果你的大部分时间都在做电子实地制作，那么手机必不可少；如果是做大型实地制作，则需要一只低能量的扩音器或步话机，以便让分散在四处的工作人员听到你的声音；如果使用多机拍摄或切换系统，那就建立一个固定的专用内部通讯系统。

**其他** 每次电子实地制作时都应该携带以下物品：备用脚本与拍摄日程表、现场日志表、胶带与记号笔、雨天保护设备和剧组人员的几把大雨伞和“雨衣”（塑料布）；调白平衡用的白色卡纸；在直播或记录的同时给演员写提示或其他信息的报纸或记号笔。如果可能，最好带上带电池的遥控台词提示器以及所有必要的电线、电工胶布、化妆胶条、白色粉笔、别针、化妆盒、一大瓶水、一只塑料碗、纸巾、扫帚和垃圾袋以及沙袋。

在将上述设备装上电子实地制作车之前，逐一检测每一件设备，至少应该用摄像机试录一下，看看视频和音频部分是否能正常工作。如果没有电池检测器，可以将它们一个个放入摄像机里检验它们是否都充满了电。装车前检查每一支话筒和每一件灯光设备。你也许觉得所有这些检查都是在浪费时间，但如果看到由于自己疏于检查而出现故障而导致摄录机、话筒或灯具无法使用，你就不会这么想了。

**要点4 准备一张设备清单，务必在将所有设备运到演播现场之前对它们进行检测。**

**户外拍摄** 如果是在户外进行拍摄，制作环境取决于电子实地制作的具体地点，你所能做的就是决定拍摄环境的哪一部分。

**天气** 户外拍摄受一些因素的制约，因此应该始终防备坏天气。前文提到为摄像机带雨衣（情况紧急时一块塑料防水布也可以）、为剧组准备防雨措施。你会看到，这些做法固然老套，但大雨伞却是使工作人员和设备免受雨淋的有效办法。

如果从寒冷的室外移到室内，应该先让摄像机或录像带设备预热一下。温度的急剧变化会造成录像带记录的停滞，并自动关机，而这种关机必然会影响到拍摄计划的完成。在极冷的天气条件下，变焦镜头甚至磁带转动都有可能卡住。如果摄像机暴露在冷天气里，为了防止镜头和录像带被冻住，可以将摄像机放在车内，然后运转一小会儿。在极低的温度条件下，话筒也可能无法正常工作，除非有防风套的保护。一定要准备一份备用方案，以防碰上下雨、下雪天气。

最重要的一点是，观察天气，这样才能保证拍摄的一致性：如果录像的主场景是两个人的谈话，而这段拍摄大概要持续一小时左右，在最初的几次拍摄中，背景可能是一片无云的天空，而到最后背景却可能变成有云的天空。这种夹在一问一答中雨云的变化自然不利于背景的一致性。如果你知道有可能出现这种问题，就要努力去找一个不容易泄露时间进程的背景，或者设法改变拍摄计划，使时间的变化不至于为难后期编辑。

**前景** 如果镜头中有主要的前景——比如树、篱笆、邮箱或交通标志，那么场景便可以得到极大的改观，使构图更加生动，更有立体感。如果现场没有天然形成的前景，也可以种上一棵。如果找不到一棵大树，也可以用手拿着或伸出一根树枝，让它进入镜头。观众会凭借自己的想象力将树的剩余部分补齐。

**背景** 不要只注意主要活动的前景，还应该同时注意观察其背景，以免出现前景与背景并列的现象。必须在后期制作中注意保持背景的一致性。例如：如果镜头1中的背景有一棵大树，而在接下来的镜头中，同一场景中少了这棵树，那么当两个镜头剪辑到一起时，这棵树看上去就会像神秘消失了一样。敏感的剪辑师肯定不会认可这样的剪辑镜头。

无论是前景位置的轻微改变还是后景的调整，都会导致跳切。为了避免后景的跳切，一定要尽量保持一条主要水平线或特别明显的背景物体，比如让远山上的一棵树在连续镜头中始终处于屏幕上的相同位置。

**要点5 在户外拍摄中，观察天气和背景以保持镜头的一致性。**

**室内拍摄** 室内拍摄也许要求对家具（通常还有墙上的照片）的位置进行调整，以获得理想的镜头。在开始移动物品之前，请务必先记录室内的原样（画一张草图或拍一张快照或用摄像机拍摄下来）。这样的记录可以在物归原处时给你帮很大的忙。

**照明** 一定要格外留心具体的照明要求。请再三检查所有可用的插座。在室内布灯时要极为小心，不要让电路超负荷。在不需要时，请将灯关掉。用沙袋固定所有的灯架，并在铝皮外加一层隔热板，尤其是当灯具靠近窗帘、沙发、书籍或其他易燃材料的时候。

即使在多云或有雾的天气，从窗外投射进来的室外光的色温也比室内光线的色温高。在这种情况下，你必须决定是提高室内光的色温，还是降低从窗子投射进来的室外光的色温。

**音频** 除简单的采访外，良好的音频效果似乎比良好的视频效果更难获得，这是因为话筒通常是在对室内声学条件或具体拾音要求考虑不足的最后时刻才开始布置的。因此，你应该在电子实地制作计划表中纳入音频排演这一项，这样，在录像前就可以检查音频的拾取情况。如果带的话筒型号比较多，可以选择在这一环境下声音拾取效果最好的话筒。

你应该还记得，在现场时将主音响和环境音响分别记录在录像带的不同轨道上要比将它们混在一起更好，尤其是如果要求将前景声与背景声仔细地合在一起的时候。这样后期制作时就更容易操作。如果在现场进行混音，就无法在后期制作中更好地进行调整。

**总体制作提示** 与演播馆内搭景时的日常操作方式大同小异，如盘电线、将摄像机放回固定的“停车地点”、打扫演播馆地面等等，电子实地制作也有一些通用的规矩。

**爱护财物** 一旦进入别人的财产领地，必须注意自己是客人，是自己带着录像设备和制作人员闯入了他人的空间。从事影像工作并没有赋予你进入民宅、打扰他人正常生活或对他人提出不合理要求的特权。如果在别人精心管理的花园中拍摄记录片，千万不要为了得到一个好机位就去践踏那些被精心呵护的花卉和植物，而在打蜡的地板和高级地毯上拖拽设备车或摄像机箱是对主人的不尊敬。即使受时间所迫，也不能在制作上出现不当的行为以至于双方失和。

**安全** 在演播室制作中，要时时留意安全防备问题。如果将电缆延长线拉到潮湿的室外环境中，千万不要对它们掉以轻心。将所有接头用胶带包裹起来，以便防水。如果不得不在忙碌的走廊或过道上铺设电线，将它们用电工胶布固定在地上，然后在上面盖一层橡胶垫。当然，最好是将它们固定在上方，这样人们就不致被绊到。在雨中拍摄时，要用雨衣保护好摄像机。可能的话，叫人为摄像机和操作人员打伞。在高速路和商业区拍摄时，可以向警方寻求帮助。

**场记** 拍摄期间，无论拍摄的镜头好坏，都应该做一份准确的场记。在磁带和盒子上做好标签，将它们放在专门传送录像素材的箱子里。打开磁带保护装置，以防素材带无意间被人抹掉。

**物归原处与现场清理** 如果在户内拍摄过程中需要重新调整家具或挂画的位置，必须事先征得主人的同意，并告诉主管人员为什么要这样做。在开始移动物品之前，画一张室内物品位置图或拍下室内物品位置的快照以备归位时对照。

拍摄完成后，确保将所有物品都放回原处。取下所有用来固定电线的电工胶带，将所有延长线、沙袋、特别是喝完的软饮罐和其他餐后残余物品收拾干净。曾经发生过这样的事情：有一个电子实地制作剧组经过制片人几个星期的苦苦哀求才获准进入一个古老而庄严的私人庄园进行拍摄，就因为剧组带了一把扫帚并将现场打扫得干干净净而受到了主人的赞许，邀请他们下一次还来这里拍摄。

**装载设备** 拍摄完成后往转播车里装载设备时，务必取出设备清单进行对照。检查所有的物品是否都踏上了归程，若有遗漏，应立即寻找遗失物品。制作后马上寻找总比几天或几星期后再来查找容易得多。检查所有素材带的标签是否正确，检查场记是否与对标签相符。在回到基地前，这些都应该放在自己的身边。

**要点 6 制作完成后，要确保现场的所有物品都物归原处并将自己带来的所有物品带回。**

## 后期制作：包装

后期制作工作的第一步是给所有素材带制作保护性拷贝，如果有必要，可以同时将制作保护性拷贝、复制供联机编辑用的带时码的高级格式以及制作供脱机编辑用的带时码视窗的 VHS 带这几个程序合而为一。如果使用的是高级摄录机（如 Betacan SP 系统）并在拍摄现场同时生成时间码，一定要为脱机编辑制作 VKS 复制带，将原始素材带留给联机编辑用。

和所有其他后期制作活动一样，现在，必须检查一遍磁带，同时准备一份详尽的录像场记，在上面标明所有镜头的入点和出点数字，标明镜头的好坏和主要轴线关系，列出与每个镜头相对应的主要声音。然后把磁带交给后期制作人员，由他们将所有素材带合成完成的讯息。如果一切顺利，经过后期编辑的磁带应该能传达出预定的传播讯息。

## ◎大型现场转播

虽然我们已经学了有关摄像的基础知识，但也许迄今为止还没有得到机会参加一次“大型现场转播”。不过，对什么是现场转播以及在现场可能用到哪些主要设备，你现在至少心中有数了。**现场转播（remote）**指按计划制作的大型现场直播或实况转播。

大型现场转播主要用于重大事件的报道，比如游行、体育赛事、重大国际事件以及政治集会等。无论从哪个方面来讲，大型现场转播都与演播室内的多机制作很相似，只是将演播室换成了直播现场——如市政大厅前的广场、主要运动场馆或参议院立法厅。当然，现场转播的事件并不是专门（至少不是刻意安排）为了录像才发生的。

所有大型现场转播都采用高级实地摄像机（带变焦镜头，可以从极端的远镜头拉至大特写）和高级电子实地制作用摄像机。所有摄像机通常都通过电缆与转播车连接。

**转播车（remote truck）**实际上相当于一个压缩的演播控制室和设备室，里面装配了如下内容：一个带预览和输入输出线路监视器的图像控制中心；一台带特技功能的切换台；一台字幕机；各种内部通讯系统（P.L.，P.A.以及高级I.F.B.系统）；带一台大型调音台、模拟录音机、监听扩音器以及内部通讯系统的音频控制中心；由可以完成常规录像功能、连续回放、做慢速与静帧运动的高级录像设备组成的录制中心；以及一个由摄像机控制单元、技术支持设备以及连接摄像机、音频、内部通讯和灯光线等的接线板组成的技术中心（见图15.6）。

虽然转播车可以通过高容量的电源获得电能，但大多数工程师仍然更愿意使用便携式发电机。由于大型现场转播通常为直播，因此转播车上通常都带有各种微波传输设备，小到连接摄像机和转播车的连接杆，大到将信号从转播车发送到发射器的发射装置。有些大型转播车甚至还有自己的卫星上传系统，另外一些则在需要将信号直接送入卫星时与**上传转播车（uplink truck）**连接。如果是更大型的转播，有时会增加一辆或几辆备用拖车，以备辅助制作和控制设备之需。

**要点7 大型现场转播与多机演播室制作相似，只是拍摄在演播馆外进行，而控制室在转播车上。**

## ◎人造环境

并非所有的环境都由镜头生成（即由摄像机拍摄），也可以由人工制造。**人造环境（synthetic environments）**由电子设备生成。

通过嵌入技术，我们可以制造出各种各样的背景。请回忆一下，嵌入程序采用一种特殊的颜色，一般为蓝色，作为嵌入各种静止图像或活动图像的背景。这样，出现在屏幕上的实际活动看上去就像在嵌入的背景中活动。由于可以采用任何照片、录像带或电脑特技作为嵌入的背景源，因此我们对背景的选择无穷无尽。

### 电脑生成布景

虽然我们现在已经掌握了诸多技巧，可以使现实环境适应电视拍摄的需要，但计算机仍然给我们提供了一种新的选择。我们可以通过类似于嵌入技术的各种蓝幕技术或全部或部分地织入室内布景，也可以通过电脑在后期制作中产生室内布景。正如图15. 7所示，两把在拍摄时放在演播馆软墙板前的椅子已经借助神奇的电脑和电脑艺术家的技术被放在了奢华的背景当中。当然，你可以采用同样的技术将一套真正的桌椅置于电脑生成的办公室环境中。常用的电脑布景是在后期制作时“铺设”天花板和演播馆地板，这样，在整个制作过程中摄像机的运动和照明便不会受到任何限制（见图15.7）。有好几种电脑程序都可以生成各种真实的或梦幻般的景色，若西区的大街和天上的月亮（见彩插8）。

### 虚拟现实

**虚拟现实（virtual reality）**由电脑生成的环境和模拟出来的真实事件组成。比如，你可以通过电脑生成的扭曲图形，将一名游客在一条日光充足的乡间小道上旅行的平静景象变成在龙卷风和乌云密布的背景下发生的恐怖事件。然后根据节目的需要，你还可以生成物体、动物甚至人，然后将它们置于虚拟环境中或让它们在这个环境中移动。如果在看屏幕的时候戴上三维眼镜，那么这些人造环境看上去就像立体的。

无论是否将蓝幕屏技术或虚拟现实环境与真实的演员或

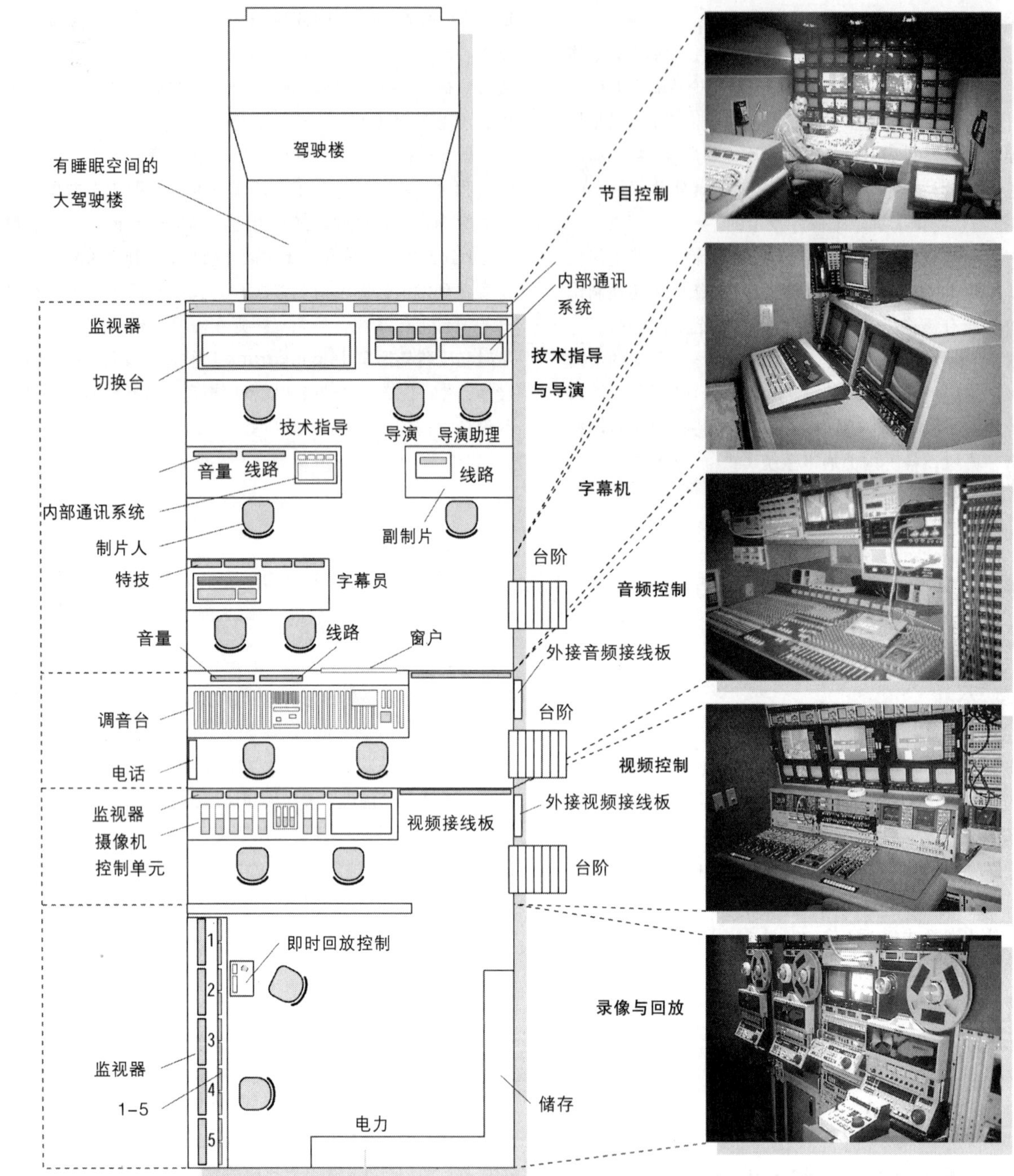


**图 15.6 转播车**

转播车实际上是一个有轮子的演播室控制中心，它包含了节目、音频和视频控制中心，以及一定数量的录像和传输设备。

**图 15.7 电脑生成背景**

该布景的背景由电脑生成，而布景用的道具是实物。

主持人结合在一起，你都必须特别注意照明，以便让人造环境中的阴影与其在实景中表演时相吻合。前景与后景的大小比例关系也是值得注意的重大问题。除非你想获得某种特殊效果，否则人造背景应与被嵌入的人物的维度相同并随着拍摄角度的变化而变化。

## 互动影像

前面章节已经讨论过，**互动影像（interactive video）**指观众对节目的选择和影像本身具有一定的控制能力。例如，有些仿真环境是根据场地设计图制作出来的，一旦建构出虚拟背景，你就可以尝试替换墙面、门窗和地面的颜色、图案和质地，如换掉蓝色的地毯，代之以红色或灰棕色，如果不喜欢还可以再替换——这一切只需通过轻点鼠标即可完成。另外，还可将虚拟家具放进布景中，然后用各种道具来装饰它们。也可以用鼠标从菜单上选择各种物品，然后将它们拖到自己希望放的位置上。如果不喜欢自己的选择，只需删除图像然后进行新的选择即可。

而其他的这类程序则可以让你给布景照明，菜单中设置了各种照明设备，你可以将它们拖入布景，将它们对准虚拟制作环境中的元素；还可以测试不同的照明设置，直到满意为止；最后，你还可以让虚拟的摄像机在虚拟的空间移动，借此观察从不同的角度和焦距能得到什么样的镜头；有些复杂的程序还可以生成虚拟主持人，并让他们在人造空间中自由活动。

即使你不用虚拟显示替换“真正的”制作背景，不同布景、色彩、机位以及演员位置的这种互动对后期制作工作也无疑是一种非常宝贵的帮助。

如果与真人的活动相结合，那么这种虚拟环境更会产生惊人的效果。高速台式电脑和大容量硬盘使非线编辑领域具备了生成虚拟环境的能力，而电视与电脑的联姻则打开了声画资源的新宝藏，给你的制作提供了更大的方便。现在，你所需要的就是对摄像基础知识的全面掌握，以及丰富的想象力。

## 要点8 人造环境可以部分或全部由电脑建构。

### 再次重申，请记住：

◎**实地制作**

所有在演播室外进行的制作都叫实地制作，包括ENG（电子新闻采集）、EFP（电子实地制作）和大型现场转播。

◎**电子新闻采集（ENG）**

这一过程涉及到对正在发生的新闻事件迅速做出反应的新闻从业人员和设备。这些事件要么被记录和编辑供常规节目播出，要么在非常重大的情况下进行现场直播。通常情况下，前期制作活动只关注是否为出发做好了准备工作而非去进行实景勘察。

◎**电子实地制作（EFP）**

这些在演播室外进行的制作在前期策划中已经过周密的计划。电子实地制作包括纪录片、新闻杂志故事、调查报道、现场采访等等。电子实地制作过程中最重要的一个步骤是对现场或场地的考察。

◎**前期制作**

现场勘察对电子新闻采集以外的所有实地制作活动都非常必要。通过勘察，拍摄人员便能了解诸如电容量、照明和音响要求；而导演则能借此了解应该在哪里安置摄像机。在前期制作过程中，是否能找到一位可靠的联络人非常关键。

◎**制作**

无论是将设备送到现场还是带回来，都应该拿一张设备清单进行对照。如果是在户外拍摄，天气变化和意料之外的声音无论在什么时候都会对制作活动造成损害，一定要严格监控。对照明条件的改变应该做到了如指掌，因为照明条件的变化很有可能对编辑的一致性造成严重的影响。爱护他人财物，牢记安全防备措施。如果是室内拍摄，注意架设灯具的位置和方法，仔细监听声音的拾取。

◎**大型现场转播**

大型现场转播主要用于计划内重大事件的直播和实况转播，诸如游行、体育赛事和重大国际事件。大型现场转播由转播车来协调调度。转播车上装备了完整的节目控制室、音频控制、内部通讯设备、录像和视频控制单元以及各种其他技术设备和传输设备。

◎**人造环境**

环境可以通过电子手段，借助嵌入程序或电脑生成的背景获得。互动虚拟现实程序可以生成完整的人造电脑生成环境。不仅如此，这些程序还可以模拟某些制作情况（如机位、场景颜色或灯光），用户可以随意改变这些制作环境，直到找到最好的那一个为止。这种模拟无疑对前期准备阶段大有助益。兼具电视和电脑传播功能的互动影像，使我们得以获得大量的声画信息，得以对节目进行选择。

### 要点

☞ 在实地制作中，你必须适应环境。

☞ 尽量让记者站在阴影区而非强烈的阳光之下。

☞ 除电子新闻采集外，实景勘察对所有实地制作而言都是一项十分重要的前期准备活动。

☞ 准备一张所需设备的清单，在将所有设备带到拍摄现场之前检测它们。

☞ 在户外拍摄时，留心天气和背景，以便保持画面的一致性。

☞ 制作完成后，确保现场的所有物品保持原样，物归原处。将带出的所有物品带回。

☞ 大型现场转播与演播室多机制作相似，只是事件拍摄在演播室外进行，而控制室设在演播车上。

☞ 人造环境可以部分或全部由电脑生成。

# 后记

祝贺你！现在，你已经圆满完成了在Triple-I的艰巨实习任务，总导演会把你叫回来，最后再给你交代“再次重申，请记住”的建议。

现在，你已经掌握了有力的交流说服手段，请善用这种能力。无论自己的观众是属于平头百姓、大学生、银行雇员还是世界性观众，你都应该尊重自己的观众，热情地对待自己的观众；无论你在制作团队中扮演什么角色——拖拉电线或指导复杂的节目——你都应该尽自己最大的努力做到最好。这样，当你的节目最终完成时，无论它们看上去多么低调，都会与众不同，并帮助我们从更高的层次，以更愉悦的心理来看待整个世界。

**北京市版权局著作权合同登记图字**:01－2002－0601

**图书在版编目(CIP)数据**

摄像基础:第3版/〔美〕泽特尔(Zettl,H.)著;王宏,张晗,陈明译.--北京:中国传媒大学出版社,2005.3(2021.8重印)

书名原文:Video Basics(3)

中国传媒大学影视艺术学院中美大学生影视艺术专业在读精品教材

ISBN 978-7-81085-159-6

Ⅰ.摄… Ⅱ.①泽… ②王… ③张… ④陈… Ⅲ.影视摄影－高等学校－教材－汉、英 Ⅳ.TB878

中国版本图书馆CIP数据核字(2005)第014437号



**摄像基础**(第三版)
**SHEXIANG JICHU** (DI-SAN BAN)

| | |
|---|---|
| **著　　者** | 〔美〕赫伯特·泽特尔 |
| **译　　者** | 王　宏　张　晗　陈　明 |
| **策　　划** | 李兴国 |
| **审　　校** | 程　平 |
| **责任编辑** | 程　平 |
| **封扉设计** | 阿　东 |
| **责任印制** | 李志鹏 |

| | | | |
|---|---|---|---|
| **出版发行** | 中国传媒大学出版社 | | |
| **社　　址** | 北京市朝阳区定福庄东街1号 | **邮　　编** | 100024 |
| **电　　话** | 86-10-65450528　65450532 | **传　　真** | 65779405 |
| **网　　址** | http://cucp.cuc.edu.cn | | |
| **经　　销** | 全国新华书店 | | |

| | |
|---|---|
| **印　　刷** | 艺堂印刷(天津)有限公司 |
| **开　　本** | 850mm×1168mm　1/16 |
| **印　　张** | 黑白 17.25　彩插 0.5 |
| **字　　数** | 463千字 |
| **版　　次** | 2005年5月第1版 |
| **印　　次** | 2021年8月第13次印刷 |

| | | | |
|---|---|---|---|
| **书　　号** | ISBN 978-7-81085-159-6/N·159 | **定　　价** | 48.00元 |